AF346804

JRS PRATIQUE

D'APICULTURE

(CULTURE DES ABEILLES)

PROFESSÉ AU JARDIN DU LUXEMBOURG

PAR

H. HAMET

Secrétaire de la Société centrale d'Apiculture et d'Insectologie générale,
Directeur de l'*Apiculteur*,
Membre correspondant de la Société des Amis des sciences de Moscou,
des Sociétés d'Apiculture de l'Aube, de la Gironde, de la Somme, de l'Yonne, etc.,
des Sociétés d'Agriculture de Joigny, Poligny ; de la Société d'acclimatation
de Palerme ; de la Société Linnéenne du Nord, etc.

QUATRIÈME ÉDITION

PARIS

LIBRAIRIE CENTRALE D'AGRICULTURE ET DE JARDINAGE

RUE DES ÉCOLES, 6 (ancien 8), PRÈS LE MUSÉE DE CLUNY

— Auguste GOIN, éditeur —

COURS

D'APICULTURE

PARIS. — IMPRIMERIE PIERRE LAROUSSE

49, RUE NOTRE-DAME-DES-CHAMPS, 49

COURS PRATIQUE

D'APICULTURE

(CULTURE DES ABEILLES)

PROFESSÉ AU JARDIN DU LUXEMBOURG

PAR

H. HAMET

Secrétaire de la Société centrale d'Apiculture et d'Insectologie générale,
Directeur de l'*Apiculteur*,
Membre des Sociétés d'Apiculture de l'Aube, de la Gironde, de la Somme, de l'Yonne, etc.
des Sociétés d'Agriculture de Joigny, Poligny ; membre correspondant
de la Société des Amis des sciences de Moscou, de la Société d'acclimatation
de Palerme ; de la Société Linnéenne du Nord, etc.

QUATRIÈME ÉDITION

PARIS

AUX BUREAUX DE L'APICULTEUR, RUE MONGE, 59

ET DANS TOUTES LES LIBRAIRIES AGRICOLES

MDCCCLXXIV

HUBER (François)
Observateur des abeilles.

NOTICE SUR F. HUBER

Dans le vaste champ que nous ouvre l'histoire naturelle, rien n'est plus curieux que les mœurs et les travaux des abeilles. Que d'activité, d'industrie, d'ordre et d'harmonie parmi ce peuple d'insectes! Que de leçons il peut nous donner!

Aussi, de tout temps, les philosophes et les agronomes se sont-ils occupés des abeilles. Beaucoup s'en sont faits les historiens; mais beaucoup, comme Aristote et Virgile, ignorant une foule de secrets sur leurs instincts, leurs travaux et leur génération, ont fréquemment semé l'erreur à côté de la vérité. Il était réservé aux Swammerdam, aux Maraldi, aux Schirach, aux Réaumur et aux Huber de découvrir ces secrets, et d'être les historiens des abeilles. Les minutieuses et savantes observations de ce dernier ont surtout amené des découvertes aussi admirables par elles-mêmes que surprenantes à l'égard de celui qui les a faites : car Huber était aveugle.

Laissons-le nous l'apprendre lui-même; laissons-lui aussi le soin de nous faire connaître celui qui lui prêta des yeux.

« Par une suite d'accidents malheureux, je suis devenu aveugle dans ma première jeunesse, mais j'aimais les sciences, et je n'en perdis pas le goût en perdant l'organe de la vue. Je me fis lire les meilleurs ouvrages sur la physique et l'histoire naturelle; j'avais pour lecteur un domestique (François Burnens, né dans le pays de Vaud), qui s'intéressait singulièrement à tout ce qu'il me lisait. Je jugeai assez vite, par ses réflexions sur nos lectures, et par les conséquences qu'il savait en tirer, qu'il les comprenait aussi bien que moi et qu'il était né avec les talents d'un observateur. Ce n'est pas le premier exemple d'un homme qui, sans éducation, sans fortune et dans les circonstances les plus défavorables, ait été appelé par la nature seule à devenir naturaliste. Je résolus de cultiver son talent et de m'en servir un jour pour les observations que je projetais.

» La suite de mes lectures m'ayant conduit aux beaux *Mémoires* de Réaumur sur les abeilles, je trouvai dans cet ouvrage un si beau plan d'expériences, des observations faites avec tant d'art, une logique si sage, que je résolus d'étudier particulièrement ce célèbre auteur, pour nous former, mon lecteur et moi, à son école, dans l'art si difficile d'observer la nature. Nous commençâmes à suivre les abeilles dans des ruches vitrées ; nous répétâmes toutes les expériences de Réaumur : nous obtînmes exactement les mêmes résultats, lorsque nous employâmes les mêmes procédés. Cet accord de mes observations avec les siennes me fit un extrême plaisir, parce qu'il me donnait la preuve que je pouvais m'en rapporter absolument aux yeux de mon élève. Enhardis par ce premier essai, nous tentâmes de faire sur les abeilles des expériences entièrement neuves ; nous imaginâmes diverses constructions de ruches auxquelles on n'avait point encore pensé et qui présentaient de grands avantages ; et nous eûmes le bonheur de découvrir des faits remarquables qui avaient échappé aux Swammerdam, aux Réaumur et aux Bonnet. »

François Huber naquit à Genève, le 2 juillet 1750, d'une famille aisée, qui, vers le xviie siècle, s'était déjà fait remarquer dans les sciences, les lettres et les arts. Dès son enfance, il manifesta un goût passionné pour l'histoire naturelle, et il se livrait à l'étude avec une ardeur inquiétante pour sa santé, lorsqu'à l'âge de 15 ans le reflet d'une neige éblouissante le frappa de cécité. Cet irrémédiable malheur n'éteignit pas toutefois sa vive et brillante imagination ; et, comme il nous l'apprend lui-même, il continua à se livrer à ses études avec le secours de sa femme, Marie-Aimée Lullin, qui ne craignit pas d'associer sa destinée à la sienne, et avec celui de son domestique Burnens, en qui il eut le bonheur de trouver à la fois un ami, un lecteur, un secrétaire et un coreligionnaire plein de zèle et de sagacité. Secondé par le dévouement de ces deux personnes, il parvint à découvrir sur les mœurs des abeilles des particularités qui avaient échappé jusque-là aux yeux des observateurs les plus exercés ; parmi ces particularités, il faut citer la fécondation dans l'air de l'abeille mère. Draw croyait que les faux-bourdons fécondaient les œufs de la femelle, à la manière des poissons, en les arrosant de leur fluide génital ; Swammerdam pensait que la vapeur seule du mâle suffisait à la fécondation des œufs ; Hattorf et Contardi avançaient que les femelles étaient fécondées par elles-mêmes ; Réaumur, qui pensait que la fécondation avait lieu dans la ruche, en avait certainement cherché la certitude. Il était réservé à un aveugle de découvrir la vérité sur ce grand acte.

Citons encore ses belles expériences sur le sexe des ouvrières, sur le combat des mères, sur l'architecture des abeilles et sur l'origine de la cire, qu'avant lui on croyait provenir du pollen des fleurs.

A l'apparition, en 1792, de ses *Nouvelles observations sur les Abeilles*, les savants demeurèrent frappés d'étonnement ; et n'y avait-il pas, en effet, quelque chose de merveilleux dans la précision des recherches d'un homme atteint de cécité ? Aussi l'Académie des sciences de Paris et d'autres Académies s'empressèrent-elles de s'associer l'auteur de cet admirable travail, qui eut deux éditions : la première en l'année que nous venons d'indiquer, et la seconde en 1814. Cette dernière fut augmentée d'un *Mémoire sur l'origine de la cire*, auquel Pierre Huber, son fils aîné, ajouta les fruits de ses propres expériences. Les *Observations* de Huber ont été traduites dans toutes les principales langues européennes. Les Allemands les ont augmentées des fruits de leurs recherches incessantes.

François Huber, que l'on peut appeler à juste titre le plus grand des apiphiles, s'occupa des mœurs des abeilles pendant plus de trente ans, et mourut à Lausanne, en 1832, âgé de près de 83 ans. Il avait habité quelque temps la France.

AVIS SUR LA QUATRIÈME ÉDITION

Nous répéterons ce que nous avons écrit en tête des éditions précédentes du *Cours pratique d'Apiculture* : l'ouvrage que nous offrons aux personnes qui s'occupent des abeilles ou qui se proposent de s'en occuper, étant le résumé du cours public que nous professons depuis dix-huit ans au jardin du Luxembourg, c'est-à-dire l'exposé des meilleures méthodes employées par nos bons praticiens, l'on n'y trouvera ni système personnel, ni invention de ruche exclusivement préconisée par l'auteur, comme cela se rencontre dans trop de traités d'apiculture.

Dans ces derniers temps, on a divisé l'Apiculture en deux écoles — celle du fixisme et celle du mobilisme — d'après la ruche employée (ruche à rayons fixes et ruche à rayons mobiles). Et cette dernière s'est attribué le privilége d'être seule rationnelle et... infaillible.

Avec la presque généralité des producteurs de miel qui alimentent la consommation, qui font de l'apiculture économique et rationnelle, qui produisent au prix de revient le plus bas, nous sommes de l'école du fixisme. Avec les amateurs, avec ceux qui veulent faire de l'apiculture pour s'instruire vite, pour se distraire ou pour s'amuser, nous sommes de l'école du mobilisme. Nous enseignons donc le fixisme et le mobilisme.

Une longue expérience et une pratique étendue nous ont appris que l'art apicole consiste moins dans un système de ruche que dans l'usage qu'on sait tirer de cette ruche ; mais qu'il consiste essentiellement dans les populations fortes. Les relations nombreuses que nous entretenons avec les principaux possesseurs d'abeilles des diverses régions nous ont démontré l'importance et l'universalité de ce précepte.

D'un autre côté, les excursions que nous avons faites aux expositions universelles de Londres et de Vienne, ainsi qu'au congrès allemand de Nuremberg, nous ont permis de comparer nos méthodes avec celles de nos voisins.

En outre, l'échange de notre publication mensuelle *l'Apiculteur* avec les principaux journaux apicoles de l'Europe et de l'Amérique nous a tenu au courant des progrès accomplis dans l'industrie abeillère, ainsi que des découvertes qui se sont faites dans l'histoire naturelle de l'abeille.

Nous avons consigné, dans cette quatrième édition, plusieurs opérations apiculturales que la pratique a adoptées, et rectifié quelques points d'histoire naturelle mieux étudiés (1). Nous avons, comme dans les premières éditions, emprunté au *Guide* de M. Collin plusieurs paragraphes entiers, et nous devons à l'auteur de cet excellent manuel, dont la 4e édition est attendue, des découvertes et des éclaircissements importants.

Quant au cadre du livre, que nous aurions pu modifier s'il ne se fût agi que d'un traité à l'usage des lecteurs ordinaires, nous l'avons conservé à cause de l'ordre que nous sommes obligé de suivre dans nos leçons du Luxembourg, ordre établi en vue des auditeurs du cours et des démonstrations pratiques qui y sont faites. On trouvera des leçons plus longues que d'autres. On constatera également des répétitions, que le professeur est quelquefois obligé de faire pour être bien compris.

Nous aurions pu aussi nous arrêter davantage sur les méthodes qui conviennent plus particulière-

---

(1) Il ne s'en est pas fallu de l'épaisseur d'une ancienne pièce de six liards que nous ne soyons parti dans l'autre monde — avec grand regret — sans pouvoir faire ces rectifications. A la fin du premier siége, nous avons failli être fusillé *les armes à la main;* nous l'avons, tout au moins, été sans succès, fort heureusement. Le 22 janvier 1871, nous revenions de porter un pot de miel aux mobiles de l'ambulance établie au Grand-Hôtel, et nous traversions la place de l'Hôtel-de-Ville, quand une fusillade horrible balaya cette place couverte de citoyens venus pour manifester leur indignation de la manière dont la défense de Paris avait été conduite. L'instinct de conservation nous conseilla de nous coucher sur le sol, dans le ruisseau, à côté d'autres personnes qui ne se relevèrent plus, et d'y rester pendant vingt-cinq ou trente minutes (un siècle !) que dura la pluie de balles meurtrières lancées par les *défenseurs de l'ordre* dont était bourré l'Hôtel de ville.

ment aux diverses localités et aux différents modes
d'exploitation. Pour cet objet, nous renvoyons à
l'Apiculteur, journal des cultivateurs d'abeilles.
dans lequel sont consignées *in extenso* les observations et les pratiques des bons apiculteurs de ces
localités.

On n'oubliera pas non plus que le *Cours d'Apiculture* étant un traité général, les données qu'il
renferme ne peuvent être que générales. C'est aux
lecteurs des diverses latitudes à les modifier selon
leur localité, l'étendue et le mode de leur exploitation abeillère. Poser des jalons pour tous et servir
de répertoire aux personnes qui suivent nos leçons
du Luxembourg, tel est le double but du *Cours
d'Apiculture*.

Paris, mai 1874.

———

Les trois premières éditions du Cours d'Apiculture se sont
placées à près de 10,000 exemplaires. — Le Ministre de l'agriculture a souscrit pour un certain nombre d'exemplaires envoyés
aux Sociétés agricoles.

———

Nota. — *Les chiffres qui se trouvent entre parenthèses dans le texte indiquent les paragraphes à consulter.*

MATIÈRE ET ORDRE DES LEÇONS

PREMIÈRE LEÇON. — Connaissance ou histoire naturelle des abeilles. — Définition et divisions de l'apiculture. — Famille des abeilles.—Sortes et espèces.—Physiologie de l'abeille commune.— Physiologie de l'abeille mère. — Physiologie du mâle. — Sens des abeilles.— Fonctions de chaque genre d'abeilles. — Fonctions de l'abeille mère. — Accouplement. — Fécondation anormale. — Ponte.— Ordre de la ponte. — Grande ponte. — Quantité d'œufs que l'abeille mère pond. — Parthénogénèse, ponte sans fécondation. — Fausses dénominations données et fausses fonctions attribuées à l'abeille mère. — Caractère de l'abeille mère. — Odeur des mères. — Aversion des mères. — Utilité de l'abeille mère. — Durée de son existence. — Fonctions des mâles. — Leurs mœurs. — Durée de leur existence. — Odeur particulière des mâles. — Fonctions des ouvrières. — Pourvoyeuses et cirières. — Durée de leur existence. — Mœurs des ouvrières. — Langage et odeur des abeilles. — Rappel. — Les abeilles ne sont pas agressives. — Elles s'apprivoisent.

IIe LEÇON. — Produits recueillis par les abeilles. — Du miel. — Cueillette du miel. — Emmagasinement. — Miellée ou miellat. — Usage que les abeilles font du miel. — Composition du miel.— Du pollen et de sa récolte. — Emmagasinement. — Usage du pollen. — Composition. — Surrogat de pollen. — Fécondation des plantes aidée par les abeilles. — Du rouget. —De la propolis : sa récolte, son usage, son emmagasinement et sa composition. — De la cire : son origine, sa composition et son usage.

IIIe LEÇON. — Architecture des abeilles. — Édifices des abeilles. — Rayons, gâteaux ou couteaux. — Cellules ou alvéoles. — Construction des cellules et des rayons. — Forme et disposition des rayons. — Orientation des rayons. — Épaisseur, poids, couleur et solidité des rayons. — Cellules d'ouvrières : dimensions et emplacement. — Cellules de mâles : dimensions, etc. — Remarque sur les cellules. — Cellules de mères. — Cellules maternelles artificielles, etc.

IVe LEÇON. — Travaux et soins intérieurs.—Couvain. — Répartition des travaux. — Appropriement. — Renouvellement de l'air. — Garde de l'entrée. — Du couvain. — Œufs. — Grande ponte. — Ver ou larve d'ouvrière. — Nymphe. — Couvain de mâles. — Couvain de femelles. — Identité des œufs de femelles complètes et de ceux d'ouvrières. — Ouvrières qui pondent. — Œuf d'ouvrière transformé en femelle. — Femelles retenues au berceau.

des ruches à hausses. — Réunion des ruches à hausses. — Avantages et inconvénients de ces ruches.

IXe LEÇON. — Suite des ruches. — Ruches à divisions verticales. — Ruches à deux et à trois division.—Avantages et inconvénients. Ruche à rayons mobiles. — Ruche grecque. — Ruche Dzierzon. — Ruches à cadres mobiles. — Ruches mixtes. — Ruches à divisions verticales et horizontales. — Ruches OEttl. — Ruches diverses. — Ruche d'observation.

Xe LEÇON. — Confection des ruches. — Confection des ruches en paille. —Description du métier OEttl à confectionner des hausses en paille. — Métier Lelogeais. — Métier Durant. — Aiguille à coudre les ruches. — Construction des ruches en bois. — Peinture des ruches en bois. — Boiseries des ruches. — Entrées. — Fermeture des entrées. — Manches et poignées.

XIe LEÇON. — Du rucher. —Rucher. — Emplacement convenable. — Effets de l'humidité, des rayons ardents du soleil, du froid et du vent sur les abeilles. — Orientation du rucher. — Lieux où l'on ne doit pas placer de ruches. — Rucher en plein air. — Distance des ruches. — Avantages du rucher en plein air. — Rucher couvert. —Avantages des ruchers couverts. — Plantations autour du rucher. — Tablier ou plateau des ruches. — Supports. — Surtouts, paillassons ou capuchons.

XIIe LEÇON.—Travaux à exécuter pendant le cours de l'année. —Affection qu'on doit avoir pour les abeilles et moyens de se familiariser avec elles. — Causes qui les irritent. — Annonce de l'attaque et moyen de l'éviter. — Masque ou camail. — Piqûre. — Composition de l'aiguillon. — Remèdes pour atténuer les effets de l'aiguillon. — Moyen de rendre les abeilles paisibles par l'état de bruissement. — Enfumoir.— Visite générale.— Achat des colonies. — Caractères d'une bonne ruchée. — Vieille ruchée. — Ruchée dont la population a souffert de l'hiver.— Ruchée orpheline. — Ruchée dépourvue de provisions. — Ruchée dont les abeilles sont mourantes. — Ruchée abandonnée. — Peuplade morte de froid. — Taille des rayons ou récolte de la cire.— Taille des ruches grasses. — Donner de la nourriture aux colonies qui en manquent pour atteindre la saison des fleurs. — Estimer le miel d'une ruche après l'hiver. — Placer de l'eau à proximité des ruches.

XIIIe LEÇON. — Suite des travaux apicoles du printemps. — Deuxième visite du printemps.—Rucher de 1er, de 2e et de 3e ordre. — Ruchée sans valeur. — Ruchée orpheline qu'il faut réunir. — Réunion en avril des ruchées sans valeur. — Détruire les insectes et surtout la fausse teigne. — Transport des colonies aux pâturages. — Transport en voiture. — Toiles à transporter les

ERRATA.

Les deux feuilles portant les *signatures* 9-10, 11-12, ayant été tirées pendant une absence de l'auteur, renferment des incorrections matérielles qu'il importe de signaler et de rectifier.

Page 169, ligne 12, il faut lire : « Dans sa modification *de* la fameuse ruche... »

Même page, ligne 12. Le *du* est à supprimer; il faut lire : « tout à fait au haut... »

Page 171, ligne 9, il faut lire : *Ces accessoires rendent ce rayon plus compliqué que le cadre.*

Page 173, lignes 17 et 18, lire : « forment une ruche *qui,* par l'addition ou la soustraction d'arcades, *peut* s'agrandir et se diminuer à volonté. »

Page 178, dernière ligne. Le mot *capacité* termine la phrase. Les deux premières lignes de la page suivante sont un non-sens et tout à fait inutiles.

Page 181, ligne 7, lire « *par* les amateurs... » et non *pour.*

Page 184, 5e ligne du renvoi, il faut lire : « *parce* qu'elle enseigne...» et non *pour.*

Page 185, lignes 9 et 10, il faut lire : « Son feuillet circule autour d'*un* piquet *planté*. . » et non *du* piquet *placé.*

Page 192. Le dernier alinéa de cette page, qui commence par ces mots : *L'aiguille que l'on emploie...* doit être placé avant le précédent, commençant par ces mots : *La figure ci-contre...* A la 3e ligne de ce paragraphe, les mots : *dans la figure ci-contre* avaient été indiqués par un *deleatur* pour être enlevés.

Page 207, ligne 22, lire : *fig.* 93 au lieu de 75.

Page 218, ligne 21, lire : *fig.* 99 au lieu de 80.

Page 220, ligne 18, lire : « chardon à *foulon* » au lieu de « fouler. »

Page 242, ligne 21, lire : « on le recouvre d'une toile *ni trop claire* ni trop serrée. »

Page 83. Les renvois ne correspondent pas à l'astérisque qui les précède. Le deuxième doit être le premier, et *vice versa.*

Quelques noms propres ont été estropiés par le compositeur.

Page 134, au 1er renvoi, lire : Maurice *Girard.*

Page 171, on a imprimé « Debeauveys » pour *Debeauvoys.* A la page 174, on a imprimé ce nom en deux mots au lieu d'un seul. Dans cette même page, ligne 21, on a imprimé « Borleps » pour *Berlepsch.*

La figure 22, page 50, est à l'envers. Les plus longs rayons doivent se trouver dans le sens vertical.

Il existe, en outre, quelques légères fautes typographiques qui n'arrêteront pas le lecteur.

COURS
D'APICULTURE

PREMIÈRE LEÇON

CONNAISSANCE OU HISTOIRE NATURELLE DES ABEILLES

Définition et divisions de l'apiculture.— Famille des abeilles.—Sortes et espèces. — Physiologie de l'abeille commune. — Physiologie de l'abeille mère. — Physiologie du mâle. — Sens des abeilles. — Fonctions de chaque genre d'abeilles. — Fonctions de l'abeille mère. — Accouplement. — Fécondation anormale. — Ponte. — Ordre de la ponte. — Grande ponte. — Quantité d'œufs que l'abeille mère pond. — Parthénogénèse, ponte sans fécondation. — Fausses dénominations données et fausses fonctions attribuées à l'abeille mère. — Caractère de l'abeille mère.— Odeur des mères. — Aversion des mères. — Utilité de l'abeille mère. — Durée de son existence. — Fonctions des mâles. — Leurs mœurs. — Durée de leur existence. — Odeur particulière des mâles. — Fonctions des ouvrières. — Pourvoyeuses et cirières. — Durée de leur existence. — Mœurs des ouvrières. — Langage et odeur des abeilles. — Rappel. — Les abeilles ne sont pas agressives. — Elles s'apprivoisent.

1. L'apiculture est l'art de cultiver les abeilles et d'en retirer des produits. C'est aussi une science dont la théorie embrasse l'histoire naturelle de ces insectes. Elle renferme donc : 1° la connaissance ou histoire naturelle des abeilles; 2° le gouvernement de ces insectes, ou leur culture proprement dite ; 3° la manipulation de leurs produits.

2. La connaissance ou histoire naturelle des abeilles comprend : la physiologie de ces insectes, leurs mœurs, leur architecture, leur couvain, leurs maladies, leurs ennemis, etc.

3. Le gouvernement des colonies, ou la culture proprement dite des abeilles, comprend : les soins pratiques de toutes sortes, la récolte et la préparation des produits.

4. Sous le rapport de l'exploitation des abeilles ou du mode de les cultiver et d'en obtenir des produits, on peut diviser l'apiculture : en grande et en petite, en apiculture sédentaire et en apiculture pastorale, et aussi en apiculture de producteur et en apiculture d'amateur. Chacune de ces grandes divisions a des pratiques particulières qui varient selon le climat, la flore locale, le système de ruches adopté et le débouché des produits. Comme le détail de ces pratiques diverses nous mènerait trop loin, nous nous bornerons aux principes généraux, qui sont partout les mêmes.

5. **Famille des abeilles.** — L'abeille est un insecte de l'ordre des hyménoptères (mouches à quatre ailes), qui vit en famille, colonie ou peuplade. Une famille ou colonie se compose de trois sortes d'individus : 1° d'une mère ou femelle développée ; 2° d'un grand nombre d'ouvrières ou femelles atrophiées ; 3° d'une certaine quantité de mâles ou faux-bourdons.

6. **Espèces et races d'abeilles.** — Il est un grand nombre d'espèces d'abeilles pour les naturalistes ; mais les apiculteurs ne doivent s'arrêter qu'à l'*apis mellifica* (abeille commune) de Linnée et Fabricius. Cette espèce compte plusieurs *races*, dont deux seulement se trouvent en Europe : l'*abeille commune*, celle que nous possédons et qui occupe la plus grande partie de l'Europe et de l'Amérique septentrionale, et l'*abeille italienne* (*abeille ligurienne*, Spinola, Latreille), qui occupe toute l'Italie et les cantons suisses avoisinant (*). Depuis quelques années, l'abeille italienne a été propagée dans tous les pays où l'apiculture a progressé (**).

(*) Outre l'abeille commune et l'abeille italienne, on distingue les races suivantes : l'*abeille fasciée* (*apis fasciata*, Latr.) ou abeille égyptienne, qui est répandue en Égypte et dont quelques colonies ont été importées en Allemagne, la première en 1864, par la Société d'acclimatation de Berlin, et en 1873, en France par M. Drory. Elle a les mêmes caractères que l'italienne et est un peu moins forte de taille. L'*abeille d'Adanson* (*apis Adansonia*, Latr.), qui diffère peu de la précédente, si ce n'est qu'elle est plus petite. Elle se trouve au Sénégal. L'*abeille unicolore* (*apis unicolor*, Latr.) qu'on trouve à Madagascar, à la Réunion, etc. L'*abeille de Perron* (*apis Perronii*, Latr.) qu'on trouve à Timor (île de la Sonde, Indes or.). L'*abeille indienne* (*apis Indica*, Fab.) que l'on rencontre au Bengale et à Pondichéry.

(**) Nous l'avons introduite en France en 1859. V. note à la fin du volume pour les moyens de se la procurer.

7. C'est à tort que des auteurs ont fait plusieurs races de notre abeille commune, entre autres celles qu'ils appellent *petite hollandaise* ou *petite flamande*, etc. Dans chaque race d'abeilles, comme dans chaque race des autres animaux, il y a des individus et des familles entières qui diffèrent en grosseur et en couleur : cela tient le plus souvent à la localité, à l'âge de l'abeille, à la quantité et à la qualité de la nourriture que l'insecte a reçue au berceau, à la nature de la mère, etc. Ainsi, d'un canton à l'autre, d'une colonie à sa voisine et dans la même colonie, on peut voir des abeilles différer quelque peu en grosseur et en couleur ; mais ce serait une erreur grossière de penser qu'elles sont de races différentes, lorsque, sauf ces modifications accidentelles, elles ont les mêmes caractères : ce que l'on peut admettre, ce sont de légères variétés dans chaque grande race établie par les zoologistes.

8. Physiologie de l'abeille commune. — Il s'agit ici de notre abeille ouvrière, qui, formant le gros de la colonie, est prise comme type de l'espèce. L'ouvrière (*fig.* 1 et 2), ainsi appelée parce qu'elle butine et s'occupe des soins intérieurs et extérieurs de la famille, a environ 15 millimètres de longueur sur 4 millimètres de diamètre ;

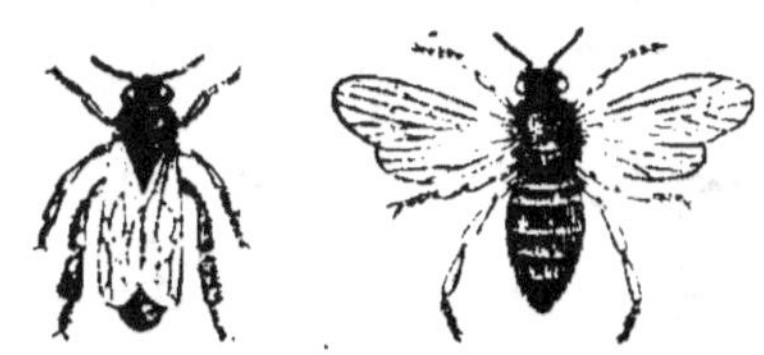

(*Fig.* 1.) Ouvrière vue en repos.   (*Fig.* 2.) Ouvrière vue au vol.

elle est d'un gris noirâtre, et elle est chargée de poils fins sur toutes les parties du corps, qui se compose d'une tête triangulaire, d'un corselet globuleux et d'un abdomen ovoïde et allongé.

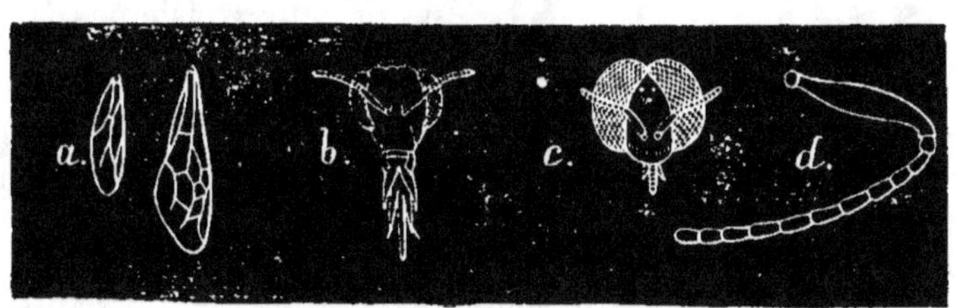

(*Fig.* 3.) *a* ailes d'ouvrière grossies ; *b* tête d'ouvrière, vue de face, grossie ; *c* tête de faux-bourdon, *dito* ; *d* antenne de l'ouvrière fortement grossie.

9. La tête, déprimée et triangulaire, porte : 1° deux yeux fixes à réseaux ovales situés sur les côtés *b* (*fig.* 3), et trois petits yeux lisses sur le sommet : ces yeux sont taillés à facettes, et chaque facette est plantée de poils excessivement fins, qui sont autant d'organes de la vision (*); on ne doit pas s'étonner si l'abeille distingue à une grande distance; 2° deux antennes brisées, de douze ou treize articles *d* (*fig.* 3); 3° les instruments du manger ou les organes qui accompagnent la bouche, organes importants à connaître, parce que c'est d'après eux qu'on a établi le caractère du genre, et parce qu'ils servent à pomper le miel et à façonner la cire. On y remarque donc une lèvre supérieure très-apparente, deux fortes mandibules, quatre palpes, deux mâchoires et une lèvre inférieure très-allongée, qui, réunies, forment une trompe ou langue, fléchie en dessous de deux pièces très-courtes.

10. Le corselet, auquel la tête et l'abdomen ou le ventre tiennent par des filets très-minces et très-courts, est presque globuleux. A sa partie supérieure et postérieure sont insérées, de chaque côté, deux ailes inégales *a* (*fig.* 3), transparentes, et à sa partie inférieure sont attachées six pattes en trois paires, dont la dernière, qu'on appelle le tarse, est divisée en cinq articles et terminée par deux crochets, A (*fig.* 4).

11. Ces trois paires de pattes ont des *brosses* à leur troisième partie intérieure; mais celles de la première paire sont arrondies et les autres aplaties, comme celles dont nous nous servons. Les abeilles emploient ces brosses pour réunir les parcelles de pollen qui tombent sur elles lorsqu'elles entrent dans les fleurs; et elles s'en ser-

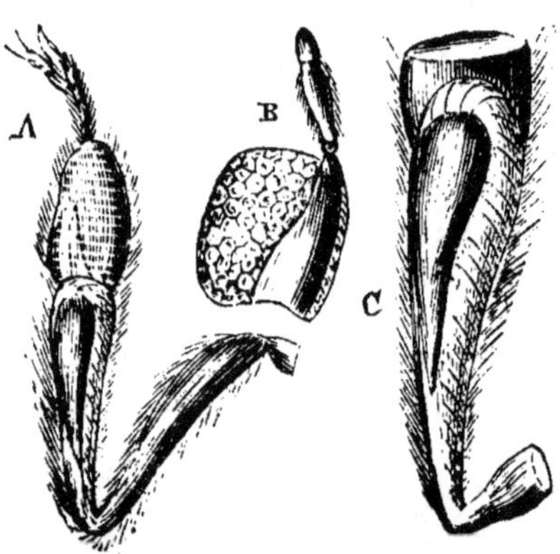

(*Fig.* 4.) Pattes et parties de pattes grossies de l'abeille ouvrière.

(*) Leuwenhoeck a compté huit mille facettes hexagonales sur un œil de mouche. L'œil de l'abeille en compte également un grand nombre.

vent également pour enlever la poussière ou les corps qui les gêneraient, en un mot, pour faire leur toilette. A la troisième partie extérieure des pattes de derrière se trouvent les *palettes*, sortes de cavités appelées *cueillerons* C (*fig.* 4), parce qu'elles servent à loger les pelotes de pollen que l'abeille recueille. — N'oublions pas les *stigmates* ou trachées, qui sont de petites ouvertures se trouvant près de l'insertion des ailes. Ces ouvertures laissent voir les organes respiratoires des abeilles. L'air qui en sort produit, dans certaines circonstances, une sorte de cri ou chant qui doit faire partie du langage des abeilles, dont nous parlerons plus loin (56). Le battement précipité des ailes produit ce qu'on appelle le *bourdonnement*. Le bourdonnement se fait entendre plus ou moins pendant le cours de l'année dans l'intérieur des ruches. En été, au moment des grands travaux, il est très-fort à l'entrée (115).

12. L'abdomen ou le ventre des ouvrières est ovale, allongé, et se compose de six segments, ou mieux est recouvert en dessus de six bandes écailleuses d'inégale largeur, diminuant de diamètre à mesure qu'elles s'éloignent du corcelet, et, en dessous, de demi-anneaux qui se recouvrent en partie les uns les autres. Sous ces demi-anneaux se trouvent des sacs membraneux dans lesquels vient s'épancher une graisse qui s'y durcit et en sort sous forme d'écailles très-minces : c'est la *cire* avec laquelle les abeilles construisent leurs édifices.

L'abeille *italienne* diffère de notre abeille commune par sa couleur plus claire. Les deux premiers anneaux de son abdomen sont d'un jaune terre de Sienne. L'anneau terminal est plus pointu. Elle a, du reste, à peu près la même taille et les mêmes caractères anatomiques.

13. Intérieurement, l'abdomen renferme deux organes essentiels : 1o un double estomac (*fig.* 5), dont la partie A, la plus rapprochée du corselet, sert à recueillir le miel, et la seconde, B, à le digérer, soit pour

Fig. 5) Double estomac de l'abeille ouvrière.

l'alimentation de l'abeille, soit pour l'élaboration de la cire ; 2o l'aiguillon, les muscles qui le meuvent et la vessie, qui contient le venin destiné à être répandu dans la plaie que fait cet aiguillon.

14. La matière cornée dont la tête, le corselet et l'abdomen de l'abeille sont recouverts rend cet insecte cuirassé pour ainsi dire comme les guerriers du moyen âge, et l'arme offensive dont elle est pourvue indique que l'abeille est destinée à être attaquée et qu'elle doit se défendre. Le Créateur, en l'armant ainsi, a doublement prouvé son utilité. Quoi qu'il en soit, les abeilles ont un grand nombre d'ennemis parmi les animaux, et se livrent souvent entre elles des combats, soit partiels, soit généraux.

15. Physiologie de l'abeille mère. — La femelle ou abeille mère (*fig.* 6) est plus longue et plus grosse que l'ouvrière, surtout au moment de sa grande ponte ; son corselet mesure 4 millimètres 5 dixièmes. Sa couleur est plus brillante, elle est plus rousse en dessus et plus jaunâtre en dessous. Lorsqu'elle vieillit, elle devient noirâtre ;

(*Fig.* 6.)
Abeille mère.

ses mâchoires sont plus courtes et sa trompe plus déliée. Ses pattes, plus longues et plus colorées que celles de l'ouvrière, n'ont ni brosses, ni cueilleron. Ses ailes sont beaucoup plus courtes que le corps ; elle a un aiguillon un peu plus fort et un peu plus recourbé que celui de l'ouvrière, dont elle se sert rarement, et seulement contre d'autres femelles, ainsi que nous le verrons plus loin. Des femelles sont quelquefois beaucoup moins grandes et moins grosses que d'autres : cela provient des berceaux plus petits où elles ont été élevées.

16. L'augmentation que l'abeille mère acquiert, lors du temps de la grande ponte, provient de la quantité innombrable d'œufs dont son ventre est rempli. Swammerdam en a fait le premier l'anatomie, et il résulte de ses observations qu'elle a deux ovaires allongés (*fig.* 7), composés d'un grand nombre d'oviductes ou sacs contenant des œufs très-difficiles à séparer les uns des autres. Cet observateur a compté plus de *six cents* de ces oviductes dans une seule femelle, et dans chaque oviducte il a distingué *dix-sept*

(*Fig.* 7.) Organes générateurs de l'abeille mère.

œufs, ce qui faisait au moins *cinq mille* œufs visibles.

17. Dans la partie supérieure des oviductes existent de petits canaux ou filets minces, dans lesquels on remarque encore des œufs à demi formés, et chaque ovaire se termine par un canal qui aboutit à l'anus, et qui se renfle avant d'y arriver. Les œufs passent dans ce renflement, auquel aboutit une sorte de vessie appelée *spermatèque*, S (*fig.* 7); et c'est là qu'ils reçoivent le baptême de la fécondation. Les œufs d'abeille sont donc formés avant que d'être fécondés (123), et ce n'est qu'au moment d'être pondus qu'ils sont fécondés (*).

18. **Physiologie du mâle.** — Le mâle ou faux-bourdon (*fig.* 8 et 9) est plus gros et un peu plus long que l'abeille ouvrière : son corselet mesure 5 millimètres 5 dixièmes; il est noir et a les extrémités du corps très-velues; sa tête est ronde *c* (*fig.* 3); ses machoires et sa trompe sont plus petites; ses ailes sont larges et longues; ses pattes sont dépourvues

(*Fig.* 8.) Mâle ou faux-bourdon (*Fig.* 9.)
vu au repos.   vu au vol.

de corbeilles ou cueillerons, et il n'a point d'aiguillon. Il fait entendre, en volant, un très-grand bruit tout différent de celui des abeilles; de là lui vient le nom de faux-bourdon que lui ont donné les apiculteurs, nom qui sert aussi à le distinguer du bourdon des champs. Le mâle exhale une odeur distincte de celle des ouvrières.

19. On rencontre quelquefois des mâles d'une plus petite taille que celui que nous venons de décrire; mais ils n'en ont pas moins les mêmes caractères. Nous verrons plus loin que ces mâles naissent dans des cellules d'ouvrières.

20. La cavité du ventre du faux-bourdon est occupée

(*) Un naturaliste allemand a découvert, il y a quelques années, que les œufs d'insectes sont percés d'un petit trou vers un point : ce serait, selon lui, par cette issue qu'ils sont fécondés.

par des vaisseaux et des réservoirs dont l'usage paraît être
de préparer et de contenir la liqueur fécondante et de la
déposer dans le corps de l'abeille mère par l'accouplement.
Lorsqu'on presse le ventre du mâle, on en fait sortir facilement le *pénis* et les vésicules séminales, qui, par cette
pression, se retournent en sortant et présentent une tête
de chèvre avec ses cornes. L'appareil générateur du faux-
bourdon est des plus complets : aucune des parties des
animaux les plus élevés n'y manque.

21. Sens des abeilles. — Huber, que j'aurai plus
d'une fois l'occasion de citer, a tenté, sur les organes des
sens des abeilles, quelques expériences qui lui ont fait
penser que la cavité de la bouche était le siége de l'odorat,
et les antennes celui du toucher (*). Le docteur Auzoux
place également le siége de l'ouïe dans les antennes, qui
seraient, en même temps et concurremment avec les trachées et les ailes, les organes du langage des abeilles.

22. Dès que deux abeilles se rencontrent, on les voit
de suite se toucher par les antennes, qui paraissent très-
sensibles ; et lorsqu'on leur coupe ces parties elles ne peuvent plus se diriger.

23. Lorsqu'on fait l'anatomie de l'abeille, on trouve
que les antennes sont le prolongement du cerveau, ou
plutôt que ce sont des ganglions formés par la moelle épi-
nière, lesquels ganglions constituent autant de cerveaux
ou de parties de cerveau qui se rattachent. On ne doit
donc pas être étonné du rôle important que jouent ces

(*) L'auteur de l'*Histoire particulière de l'abeille commune* place aussi l'organe du goût dans la bouche, non loin des organes de l'odorat, dont le siége
est dans les *antennules*. (Il appelle ainsi quatre petits filets mobiles qu'il
place dans la bouche.) « Leur rapprochement du siége du goût, dit-il, en
parlant de ces filets, pour en diriger les affections ou en prévenir les erreurs,
semble devoir nous engager à y fixer l'impression des émanations odorantes
et le discernement des fleurs qui les répandent. »

M. Ch. Lespès, dans un mémoire présenté en 1859 à l'Académie des sciences,
établit que ce sont les antennes qui portent réellement les oreilles chez tous
les insectes. Il a vu, sur ces organes, de petits vésicules transparents dont
les membranes lui ont laissé apercevoir l'épanouissement du nerf auditif.
(Consulter le *Traité élémentaire d'entomologie* de M. Maurice Girard (1873
au titre ; ORGANES DES SENS.

antennes. On ne doit pas non plus s'étonner de voir l'insecte vivre quelque temps encore après avoir été privé de la tête, qui ne contenait qu'une partie du cerveau.

24. L'odorat est très-délicat chez les abeilles, puisqu'on les voit, en sortant de leur ruche, attirées par les émanations des fleurs, voler en ligne droite l'espace de deux ou trois kilomètres, pour y chercher les plantes qui leur promettent une abondante récolte. Mais leur goût parait être assez indifférent et assez bizarre ; car, si elles recherchent avec empressement les liqueurs les plus douces et dont l'odeur est la plus suave, on les voit aussi butiner indifféremment le mauvais miel et les liqueurs sucrées quelconques. La quantité les attire plus que la qualité. Exemple, elles abandonnent la fleur du prunier pour celle du colza.

25. L'organe de la vision étant très-développé, les abeilles voient, le jour, à une très-grande distance; mais la nuit elles ne voient que de très-près. Selon des entomologistes, les trois petits yeux, désignés sous les noms d'*ocelles* ou de *stemmates*, donnent une vision très-nette, mais à courte distance : ce sont des yeux myopes, qui ne servent aux abeilles que pour les travaux dans la ruche. Tandis que les yeux à facettes ou réseaux seraient presbytes, et verraient à une grande distance. Chaque facette serait une sorte de télescope, braqué sur un point de l'espace, qui verrait très-distinctement. En effet les abeilles découvrent de très-loin les fleurs qui contiennent du miel. Mais l'odorat ne les guiderait-il pas autant que la vue? Nous serions porté à le croire ; car dès qu'une abeille sort de sa ruche pour une excursion, elle a soin de frotter ses yeux et ses antennes au moyen de ses pattes antérieures.

26. **Fonctions de chaque genre d'abeilles.** — Nous avons vu que les abeilles vivent en colonies, peuplades ou familles, et que chaque colonie se compose au printemps de trois sortes d'individus : nous disons au printemps, parce qu'à la fin de l'été les mâles sont mis à mort. Ces trois sortes d'individus, que nous avons appris à distinguer, ont des fonctions toutes différentes qu'il nous importe extrêmement de connaître à fond ; car c'est sur elles que nous devons la plupart du temps baser nos opé-

1.

rations apiculturales, en tant qu'il s'agit du gouvernement des colonies.

27. Fonctions de l'abeille mère. — Les fonctions de l'abeille mère sont de peupler la colonie, de multiplier l'espèce, autrement dit, de *pondre*. Elle ne butine pas, et, lorsqu'elle est fécondée, elle ne sort de sa ruche que pour l'essaimage.

28. Accouplement. — Quelques jours après sa naissance (*sept* jours si elle n'a pas été retenue prisonnière, — il y en a qui sont mûres pour la fécondation au bout de *six* jours), la jeune femelle, si le temps est beau, sort de sa ruche vers le milieu de la journée, à l'heure où les mâles prennent leurs ébats (*). Après s'être arrêtée un moment sur le plateau, elle prend son vol, tourne autour de son habitation afin de pouvoir la reconnaître et s'élève à une hauteur qui ne permet pas de suivre ses mouvements. Il est rare qu'elle soit fécondée dans cette première sortie, qui ne se prolonge pas au delà de huit à dix minutes. Mais un quart d'heure ou une demi-heure après, elle sort de nouveau, et, si elle rencontre un mâle ou si elle en est rencontrée, l'accouplement a lieu (**). Son absence est d'environ une demi-heure, et elle rentre dans sa demeure avec les signes de la fécondation, c'est-à-dire avec les parties génitales du mâle attachées à sa vulve. — Ainsi, la fécondation a lieu dans les airs, et un seul accouplement suffit pour rendre l'abeille mère fécondé pendant toute son existence, qui est de quatre à cinq années.

(*) La naissance de la mère date du moment où elle est arrivée à terme, et non du moment où elle sort de son berceau. Une mère peut rester six jours révolus prisonnière et, dans ce cas, elle est mûre pour la fécondation en sortant du berceau.

(**) Des auteurs prétendent qu'avant de sortir de sa ruche la jeune femelle fait choix du mâle qui lui convient. Non-seulement cette assertion manque de preuves, mais il arrive fréquemment que la future mère s'allie à un mâle d'une autre colonie, observant en cela une loi presque commune à tous les animaux, la loi de consanguinité qui les porte à repousser les unions de famille. Elle accepte ou prend un mâle de sa colonie quand elle n'en trouve pas d'autre.

29. Fécondation anormale. — L'abeille mère doit être fécondée dans les premiers jours de son existence, autrement sa fécondation peut être anormale. Régulièrement fécondée, elle pond beaucoup d'ouvrières et peu de mâles. Si, par une cause quelconque, la jeune femelle ne peut se faire féconder les premiers temps de sa naissance, elle pond parfois autant de mâles que d'ouvrières. Mais des mères fécondées tardivement, même deux mois après leur naissance, pondent encore régulièrement. Ce qui veut dire que la règle a des exceptions.

30. Aussitôt rentrée dans sa ruche, la femelle fécondée s'occupe de se débarrasser des organes du mâle qu'elle traine après elle. Pour cela elle se courbe, et, avec les crochets de ses pattes de derrière et ses mandibules, elle les enlève par lambeaux.

31. Ponte. — L'abeille mère, quoique fécondée dès le septième jour de sa naissance, ne commence sa ponte que le onzième jour de sa naissance, quelquefois le dixième; mais fécondée seulement le dixième jour et au delà, elle pond dans les vingt-quatre heures et continue sa ponte une grande partie de l'année dans les climats tempérés, et toute l'année dans les climats doux où les fleurs se succèdent, à moins toutefois qu'elle ne soit dérangée par une cause extraordinaire, telle, par exemple, qu'une maladie ou un désordre dans la ruche. — Elle ne pond qu'une sorte d'œufs, auxquels elle donne le sexe, ainsi que nous le verrons plus loin (123), et qu'elle dépose dans des cellules spéciales.

32. Ordre de la ponte. — La jeune femelle, fécondée normalement (29), pond, la première campagne, des œufs d'ouvrières en plus ou moins grand nombre, pendant environ dix mois. Elle pond peu d'œufs de mâles; souvent elle n'en pond pas du tout. (Il s'agit de la plupart des femelles nées à la suite d'un essaimage et placées dans nos latitudes tempérées.) Les campagnes suivantes, elle pond beaucoup d'œufs d'ouvrières, au début du printemps, dans les localités où les principales fleurs mellifères s'épanouissent en cette saison. Vers le milieu, elle pond une certaine quantité d'œufs de mâles, et, par intervalles, quelques œufs de futures mères. Quelquefois elle pond encore des œufs de mâles vers la fin de l'été, lorsque des fleurs abondantes permettent aux abeilles un butin nouveau. Ce qui veut dire que toute mère fécondée régulièrement peut pondre des œufs de mâles lorsque les circonstances le commandent. Ainsi, une jeune mère féconde pond des mâles en mai et en juin, si la colonie est forte et le temps favorable à l'essaimage. En général, la ponte est subordonnée aux fleurs.

33. Grande ponte. — La mère pond quelquefois toute l'année, avons-nous dit; mais elle pond davantage au retour de la belle saison, lorsque s'épanouissent les fleurs qui produisent beaucoup de pollen. C'est à ce moment qu'a lieu la ponte qui doit regarnir la colonie affaiblie par l'hiver, et former des colonies nouvelles qu'on appelle *essaims*. A cette époque donc, l'abeille mère pond du matin au soir sans interruption. C'est cette ponte continue, qui se termine par celle d'œufs de mâles, qu'on appelle *grande ponte*. Dans les localités de culture spéciale de sarrazin, la grande ponte n'a lieu qu'au commencement de la floraison de cette plante.

34. La grande ponte peut avoir lieu deux fois. Cela arrive, par exemple, lorqu'après avoir épuisé les fleurs d'une localité on transporte les abeilles dans une autre localité qui a des fleurs plus tardives.

35. Quantité d'œufs que l'abeille mère pond. — Le nombre d'œufs que l'abeille mère pond est plus ou moins grand, selon différentes circonstances : il est communément de *quarante* à *cent mille* par an; il peut s'élever de *deux cents* à *cinq cent mille*, et quelquefois davantage pour la durée de son existence. L'abeille mère pond plus dans les pays doux et parsemés de fleurs mellifères que dans les pays froids et arides ; en ruche spacieuse garnie de provisions et de population qu'en ruche qui ne réunit pas ces conditions ; dans une ruche à parois épaisses qui concentrent mieux la chaleur que dans une ruche défectueuse sous ce rapport ; quand elle est jeune que quand elle est âgée. Elle pond également plus, toutes choses égales d'ailleurs, dans une jeune cire que dans une vieille.

36. Les mères qui vieillisent ne pondent plus d'œufs de femelles et pondent peu d'œufs d'ouvrières. Il en est de jeunes qui s'obstinent à ne pas pondre d'œufs de femelles (*). Les mères mutilées, celles qui ont perdu leurs antennes, perdent leur instinct et ne savent où déposer leurs œufs, qu'elles laissent tomber partout où elles passent. Ces mères doivent être remplacées.

37. Parthénogénèse, ponte sans fécondation. — La mère peut pondre sans avoir reçu les approches du mâle, mais elle ne pond alors que des œufs qui ne donnent naissance qu'à des faux-bourdons, œufs qui ne sont pas fécondés au passage, comme le sont ceux qui donnent naissance aux ouvrières (**).

38. Fausses dénominations données et fausses fonctions attribuées à l'abeille mère. — L'abeille mère a été longtemps appelée *roi* par les anciens, qui, ne connaissant pas son sexe, étaient excusables ; le sont moins les modernes qui, connaissant ses fonctions, l'appellent *reine*. Cette abeille, étant une femelle, qui remplit admirablement son rôle, ne saurait porter d'autre nom que celui d'abeille mère.

« Les anciens apiculteurs, dit Bosc, se sont mépris grossièrement sur la destination des abeilles. Voyant qu'il y avait un ordre admirable dans la société de ces insectes laborieux, et un seul individu différent des autres, ils ont supposé que cet individu était un *roi*, dont les mâles étaient les *soldats* et les ouvrières les *sujets*. On ne voit pas sans peine des auteurs modernes conserver le nom de

---

(*) M. Collin pense que l'impuissance des unes et la mauvaise volonté des autres tiennent à ce que les constructions des ruches sont vieilles. Ces causes influent sans doute, mais il en existe d'autres communes à tous les animaux.

(**) La question de savoir si la mère peut, sans être fécondée, pondre des œufs viables, c'est-à-dire si la parthénogénèse existe chez elle, est un fait établi. On n'a, pour s'en convaincre, qu'à retenir une jeune mère prisonnière dans sa ruche, et l'on y trouvera des œufs de mâles. Si c'est une jeune mère provenant de couvains d'abeilles alpines, les faux-bourdons seront alpins. (V. l'*Apiculteur*, 7e et 8e années, aux travaux de Siebold, de Berlepsch, Dzierzon, Huillon, etc.)

reine à l'abeille mère, nom tout aussi impropre et tout aussi absurde que celui de *roi* ou *chef* (*). »

Il est vrai que quelques-uns de ces auteurs attribuent à l'abeille mère des velléités de commandement et de présidence à l'ordre des travaux intérieurs, et que, selon eux, elle déterminerait, par exemple, la direction à donner aux édifices publics, etc.; mais ces attributions ne sont que supposées et non prouvées. Les abeilles vivent en communauté et non en monarchie. Chez elles, le sentiment de la famille et de sa conservation est si développé qu'il absorbe toute leur action. Le corollaire de ce sentiment, celui du travail, devait se rencontrer chez l'abeille, Le désordre arrive dans la colonie lorsque la mère disparait, mais ce n'est pas à cause du manque de commandement, c'est parce que l'élément reproducteur, la *pondeuse*, n'y est plus (42).

39. Caractère de l'abeille mère. — L'abeille mère est d'un caractère timide. Si l'on pratique une opération dans sa ruche, elle fuit dans la partie la plus retirée. Pressée entre les doigts, elle ne sait pas même faire usage de son aiguillon. Elle se laisse maltraiter par une simple abeille étrangère. Celle-ci lui tire les ailes, les pattes, se dispose à la piquer. La mère, quoique plus forte, souffre tout, baisse la tête, resserre les anneaux de son ventre pour ne pas être piquée et fuit quand elle peut. Elle ne montre du courage que dans une seule circonstance : c'est contre les individus de son espèce et contre les ouvrières pondeuses.

40. Odeur particulière des mères. — Les mères ont une odeur particulière alcoolique, tenant de la mélisse, odeur assez forte, qu'elles communiquent plus ou moins aux abeilles de la colonie.

41. Aversion des mères. — Les mères ont une telle aversion les unes pour les autres qu'il ne peut y en avoir

---

(*) Le titre de reine qu'on a donné à l'abeille mère est le résultat d'idées préconçues : les anciens ont voulu voir chez les animaux, un reflet des institutions qu'ils avaient établies dans leurs sociétés. (J. FRANKLIN, *Vie des animaux.*)

deux en même temps dans une ruche, sans qu'elles ne se battent jusqu'à ce que s'ensuive la mort de l'une d'elles. Cette aversion s'étend aux femelles encore vierges, et existe pour les femelles nées contre celles à naître.

42. Utilité de l'abeille mère. — L'abeille mère est un membre si nécessaire à la colonie que, sans elle, tout tombe dans l'inaction ; sans elle et sans l'espérance d'en voir naître une autre avant peu, tout y est dans la langueur, l'abattement et la consternation. Mais cette circonstance n'est pas la plus commune, attendu que si l'abeille mère vient à manquer, lorsqu'il y a des œufs ou des larves d'ouvrières dans la ruche, les abeilles savent s'en procurer une autre, ainsi que nous le verrons plus loin.

43. Durée de leur existence. — Les mères vivent de quatre à cinq ans, avons-nous dit ; mais à quatre ans elles sont déjà vieilles et pondent moins que plus jeunes. Les apiculteurs intelligents ont soin de les remplacer avant cet âge. Les autres laissent ce soin aux abeilles et ils perdent un certain nombre de colonies ou n'en obtiennent que peu de profit. — Les ouvrières remplacent quelquefois leur mère de son vivant, lorsqu'elles jugent que cette mère disparaîtra prochainement. Mais parfois aussi la mère meurt sans qu'elle puisse être remplacée parce que le couvain d'ouvrière manque.

44. Fonctions des mâles. — La fonction des mâles est de féconder la jeune femelle ; et, parmi le grand nombre qui se trouve dans une ruche, un seul a cet insigne et fatal honneur, lorsque la femelle ne se fait pas féconder par un mâle d'une autre colonie. Je dis fatal, parce qu'en perdant ses organes générateurs dans le grand acte de l'accouplement, ce mâle trouve une mort inévitable (*).

(*) Selon quelques auteurs, entre autres Féburier, les mâles seraient encore utiles à entretenir la chaleur nécessaire à l'éclosion du couvain à un moment donné. Dans cette circonstance, leur grand nombre, qui dans l'état normal, est souvent proportionné à la force de la colonie, serait expliqué. D'autres pensent que par leur grande consommation de miel (de Berlepsch dit qu'un aux-bourdon consomme autant que trois ouvrières) ils rendraient service, en ce qu'ils éviteraient la pléthore des ruchées. Quoi qu'il en soit, une grande quantité de mâles est plus nuisible qu'utile, et l'apiculteur a tout

45. Mœurs des mâles. — Les mœurs des faux-bourdons sont très-douces et très-paisibles. Dans la ruche, ils restent cois et semblent se livrer au sommeil une partie du temps. Ils se tiennent ordinairement dans la partie la plus chaude de l'habitation, là où les abeilles se trouvent en plus grand nombre ; leur principale occupation paraît être de se tenir sur le miel, de s'en repaître, car ils ne mangent que cela, et leur estomac en est la plupart du temps rempli. Ils ne sortent que vers le milieu de la journée et par un beau temps, pour faire une promenade et accomplir diverses évolutions bruyantes aux environs du rucher. C'est dans ces courses vagabondes qu'ils rencontrent les jeunes femelles qui cherchent à se faire féconder. — Ils passent quelquefois d'une ruche à une autre sans que les abeilles en paraissent offensées.

46. Durée de leur existence. — La durée de leur existence est fatalement limitée et courte : ils ne vivent guère, dans nos climats tempérés, plus de deux ou trois mois, quoiqu'ils puissent vivre plus longtemps. On en voit passer l'hiver dans les ruches en décadence. Quelque temps après la saison de l'essaimage, ils sont mis à mort par les ouvrières qui détruisent également le couvain de faux-bourdon au berceau.

47. — La présence des mâles hors de la saison de l'essaimage pronostique que l'abeille mère est morte, ou bien qu'elle se trouve dans des conditions anormales. Les colonies qui conservent ainsi des mâles marchent à leur ruine : elles sont en décadence. Il faut les réunir à d'autres bien organisées. Exceptionnellement, a-t-il été dit (32), des mâles peuvent se trouver dans des colonies bien organisées à une autre époque que l'essaimage.

48. Odeur des mâles. — Dans le temps de l'essaimage, les mâles exhalent une odeur assez forte qui, avec le bruit qu'ils font entendre en volant, est sans doute, pour la jeune femelle qui veut se faire féconder, un moyen de les rencontrer dans l'air.

---

intérêt à limiter autant que possible leur développement. En les créant si nombreux, la nature a été, comme dans maintes circonstances, très-prodigue. Elle a voulu que les jeunes femelles pussent facilement en rencontrer.

Cette odeur prononcée présage la sortie des essaims.

49. Fonctions des ouvrières. — Les ouvrières exécutent seules tous les travaux d'alimentation, d'édification et d'entretien de la ruche. Les unes, et c'est le plus grand nombre, vont aux champs récolter la nourriture de la famille et apportent tous les matériaux nécessaires à l'entretien de la ruche. C'est pour cette raison qu'on les a nommées *nourricières* (on eût mieux fait de les nommer *pourvoyeuses*, et d'appeler nourricières celles qui s'occupent d'alimenter le couvain). D'autres sont chargées de la construction des édifices au moyen de la cire qu'elles sécrètent; on donne à celles-ci le nom de *cirières*. D'autres enfin s'occupent de l'éducation du couvain, de la garde de l'habitation, de sa propreté, de sa ventilation et de différentes autres fonctions, parmi lesquelles il en est une qui manque de terme pour être exprimée, mais qui s'approche de celle du vidangeur.

50. L'abeille mère, nous l'avons fait remarquer, ne sort de la ruche que pour la fécondation et l'essaimage; le reste du temps elle lâcherait ses excréments sur les rayons st des ouvrières, des sortes de porte-coton qui la suivent, n'étaient constamment aux aguets et ne lapaient ses déjections au fur et à mesure qu'elles se présentent. Ce sont des abeilles remplissant cette fonction plus que modeste que des auteurs peu sérieux ont prises pour des *dignitaires* faisant leur cour et rendant leurs hommages à la *souveraine*.

51. Pourvoyeuses et cirières. — Des auteurs ont, d'après Huber, donné à entendre que les travailleuses étaient nées avec des formes et des aptitudes spéciales; ils ont dit que les cirières étaient plus fortes que les pourvoyeuses et qu'elles allaient très-rarement à la picorée; ils ont dit aussi que les pourvoyeuses n'élaboraient pas la cire, parce qu'elles n'étaient pas constituées pour pouvoir le faire; ils ont dit enfin que les cirières étaient plus fortes et moins courageuses que les nourricières, et que celles-ci étaient plus ovoïdes et plus actives que celles-là.

52. L'observation nous a appris, ainsi que l'a remarqué de son côté Dzierzon, que les jeunes abeilles sont géné-

ralement les cirières, et les vieilles, les butineuses. La cirière devient essentiellement butineuse lorsqu'elle est vieille ; et elle est souvent butineuse et cirière à volonté lorsqu'elle est jeune. Elle paraît plus forte que la pourvoyeuse, parce qu'elle a plus d'embonpoint, plus de graisse, si je puis m'exprimer ainsi. Chez les abeilles, comme chez la plupart des autres animaux, les jeunes individus ont plus d'aptitude à s'engraisser que les vieux. Cependant il est de jeunes abeilles dont les organes sécréteurs sont défectueux ; mais on remarquera que cette prédisposition se rencontre encore chez quelques jeunes individus des autres espèces d'animaux. De même, quelques vieilles abeilles peuvent encore sécréter la cire ; mais généralement, après avoir sécrété beaucoup de cire, c'est-à-dire après avoir usé ses organes sécréteurs, l'ouvrière ne sait plus que butiner, et elle s'en occupe spécialement. C'est alors qu'elle paraît petite, maigre, décharnée ; cela se remarque surtout au moment où elle part pour les provisions ; car, lorsqu'elle en revient, son abdomen bien garni de miel lui donne la taille de la cirière la plus grosse. Dans telle circonstance, toutes les ouvrières sont *butineuses*, et, dans telle autre, une grande partie sont *cirières*. Lorsque, par exemple, la saison est favorable à la récolte du miel, toutes ou presque toutes les abeilles d'une ruche qui a des édifices s'occupent d'aller aux champs pendant le jour, et un certain nombre produisent la cire pendant la nuit pour operculer les cellules pleines. Si pendant le jour on examine l'intérieur de la ruche d'un essaim, on voit que la grande majorité des abeilles est absente et que l'apport du miel est abondant, mais que l'allongement des édifices est peu sensible ; tandis que si on l'examine le matin, on voit que le travail en cire a été très-grand la nuit. Donc, un grand nombre d'abeilles ont dû concourir en même temps aux mêmes travaux. Nous le répétons : peu d'abeilles s'occupent de sécréter la cire dans les ruches garnies d'édifices, et, au contraire, beaucoup s'en occupent dans une ruche où l'on vient de loger un essaim.

53. On peut remarquer au printemps que les abeilles des ruches dont on a fait une récolte de cire à la fin de l'hiver rebâtissent d'autant plus vite leurs édifices que ces ruches sont bien garnies de provisions, et que la ré-

colte qui s'ouvre est abondante. On peut remarquer aussi que les abeilles font moins de cire en mauvaise qu'en bonne année, en été sec qu'en été humide, en cantons pauvres en fleurs qu'en cantons riches : donc il faut du miel pour faire la cire ; donc aussi les travaux sont influencés par les circonstances, et non par l'organisation spéciale de certaines abeilles.

53 *bis*. Toutes les butineuses travaillent dans la campagne à ramasser le *miel* du nectaire des fleurs et celui produit par la miellée, le *pollen* des étamines des fleurs et la *propolis* des chatons et des écorces de certaines plantes. Au printemps elles sont dehors toute la journée, depuis l'aurore jusqu'au crépuscule. Mais en été, lors des grandes chaleurs, elles sortent beaucoup moins vers le milieu du jour. Comme c'est le matin que le plus grand nombre des fleurs s'épanouissent, c'est aussi le matin qu'elles sortent en plus grand nombre et font ordinairement leurs plus abondantes provisions. Par la pluie et le froid, les abeilles restent au logis. Celles qui s'aventurent périssent le plus souvent si elles s'éloignent beaucoup de leur habitation.

54. Durée de l'existence des ouvrières. — L'extrême limite de la durée de l'existence des ouvrières peut atteindre près d'un an : on voit quelquefois des colonies orphelines du mois de mai ou de juin n'être pas encore entièrement éteintes au sortir de l'hiver suivant. Mais les travailleuses en activité ne vivent guère au delà de deux à trois mois, et même moins dans la saison des grands travaux. On peut établir qu'une population de colonie organisée se renouvelle deux ou trois fois l'année. Une colonie indigène de 2 kilogr. et demi d'abeilles à laquelle nous avons donné une mère italienne après la suppression de la sienne au mois de juillet, et que nous avons portée du Jardin d'acclimatation du bois de Boulogne à proximité d'une raffinerie de sucre, n'avait plus aucune abeille indigène au bout de six semaines.

55. Mœurs des ouvrières. — La plus grande intelligence et la plus douce union règnent entre toutes les abeilles d'une colonie. L'entente des travaux est aussi admirable que parfaite. Mais, autant les ouvrières se supportent facilement entre elles, autant elles sont terribles pour les étrangères qui viennent dans leur ruche. Après avoir été examinées et reconnues étrangères, celles-ci sont impitoyablement mises à mort si elles ne parviennent à s'échapper avant que l'aiguillon fatal ne les ait atteintes. Nous verrons plus loin que les abeilles étrangères sont quelquefois supportées ; nous verrons aussi que des abeilles de la colonie, des abeilles vieilles ou mal conformées, sont impitoyablement expulsées et mises à mort par leurs compagnes (363).

56. Langage et odeur des abeilles. — Les abeilles ont une sorte de langage composé de cris et d'attouchements (*). En outre, les abeilles de chaque colonie exha-

---

(*) C'est improprement, dit Gélieu, que l'on attribuerait un langage aux abeilles, puisqu'elles ne profèrent aucun son articulé. Tantôt un petit sifflement, tontôt un bruit confus, tantôt un son plus aigu sont des signaux pour s'avertir d'un danger, pour se demander du secours. Cependant elles ont des moyens de se communiquer mutuellement leurs désirs, leurs craintes, leur état, leurs circonstances. Qu'on nomme ces moyens *langage*, ce n'en est pas un proprement, puisqu'elles n'expriment pas des idées distinctes. Quelque dénomination qu'on leur donne, ils suffisent pour établir un concert de volontés et d'actions absolument nécessaire pour atteindre un certain but. En voici quelques exemples :

Quand une ruche a perdu sa mère, on y remarque une agitation générale, un tumulte, une perplexité qui ne sauraient échapper aux yeux les moins attentifs. On la cherche de tous côtés ; si l'on ne peut la retrouver, il s'agit de la remplacer. Il faut pour cela abattre les parois des cellules qui sont près de l'œuf d'ouvrière avec lequel la colonie a décidé de former une mère (124). Cela suppose un accord de volontés, et comment le procurer sans une espèce de langage ?

Il faut aussi cette réunion de volontés et d'efforts quand il s'agit de repousser un ennemi commun. Il y a encore de l'entendement à exécuter l'ordre de proscription des mâles quand le moment est arrivé (46).

Losqu'une abeille a trouvé du miel, soit dans un bâtiment non fermé, soit dans une ruche étrangère où elle a pu pénétrer, elle en avertit ses compagnes, qui sortent bientôt par centaines et par milliers pour avoir part au butin. Comment pourraient-elles se donner cet avertissement sans une espèce de langage, entendu de chacune d'elles ?

Mais ce langage est confus et n'exprime pas distinctement leurs idées. Car si c'est dans une chambre que la première a trouvé du miel, les autres ne se dirigent pas d'abord vers l'embrasure de la fenêtre où elle a passé, elles voltigent autour de toutes les croisées du même bâtiment, jusqu'à ce qu'elles arrivent à celle qui y donne accès. Il en est de même d'une ruche dans laquelle une voleuse a pu s'introduire et enlever une charge de miel ; toutes les ruches du même apier et même des apiers voisins sont attaquées en même

lent une odeur *sui generis* particulière que nous ne savons pas apprécier, mais qu'elles distinguent facilement, ayant l'odorat très-développé. Comme nous l'avons vu, elles se palpent au moyen de leurs antennes, qui sont très-impressionnables, et elles se flairent en quelque sorte dans tous les sens pour se reconnaître (*).

56 *bis*. Appel, rappel, battre le rappel. — Dans certaines circonstances les abeilles s'appellent par un battement d'ailes particulier : on dit alors qu'elles battent le rappel (192 *bis*).

57. Les abeilles ne sont pas agressives. — Les abeilles ne piquent que quand on les tourmente, dans leur habitation ou aux alentours. Mais à une certaine distance de leur ruche, dans les champs, sur les fleurs, lorsqu'elles sont à butiner, elles fuient et ne pensent aucunement à attaquer ceux qui les tourmentent. On peut donc les examiner tranquillement et sans danger, se rendre témoin de la manière dont elles prennent le miel et le pollen. Cependant, si on les presse, elles lancent leur aiguillon.

58. Les abeilles s'apprivoisent. — Les abeilles qui sont souvent fréquentées sont bien moins farouches et

---

temps. Les pillardes ne persistent pas à forcer le passage dans celles qui leur opposent de la résistance ; elles continuent leurs recherches jusqu'à ce qu'elles aient trouvé celle qu'on leur a dite accessible, sans pouvoir la désigner. Si les abeilles pouvaient se communiquer des idées bien précises, ces recherches n'auraient pas lieu. (*Le Conservateur.*)

(*) Le sage auteur de la nature, qui a donné aux abeilles des moyens de défense, leur en a donné aussi de se reconnaître entre elles et de distinguer les étrangères. Qu'une abeille tombe par accident ou soit poussée par le vent dans une ruche qui n'est pas la sienne, elle est saisie et mise à mort à l'instant, comme suspecte de mauvais desseins. Quel est le signe de reconnaissance des abeilles? Quel en est l'organe et l'instrument? Sont-ce les antennes, ces espèces de cornes, flexibles en tous sens, qu'elles ont au devant de la tête? Cela est très-probable. Est-ce à l'odeur qu'elles se reconnaissent? Cela est très-probale aussi.

Le mot de ralliement ou le signe de reconnaissance des abeilles peut être quelquefois commun à plusieurs ruches, ce qui les met en état de se piller impunément. Mais dans ce cas, qui est heureusement bien rare, elles peuvent changer leur signe de reconnaissance et en substituer un autre à volonté. — GÉLIEU.

bien plus traitables que celles qui ne le sont pas. Elles s'habituent aux personnes qui les soignent et sont peu agressives contre les personnes étrangères.

On a prétendu que les abeilles finissent par reconnaître celui qui les soigne parmi d'autres personnes ; elles lui sont moins hostiles qu'à ces dernières. Mais la démarche différente paraît seule en être la cause. L'apiculteur se conduit envers ses abeilles d'une manière déterminée, réfléchie et convenable, tandis qu'un étranger est craintif, brusque et maladroit ; ceci excite la colère des abeilles. — Nous ajouterons qu'elles ont de la *mémoire*, et qu'elles se souviennent de l'endroit où est placée leur ruche, comme des bons et des mauvais traitements.

IIe LEÇON

PRODUITS RECUEILLIS PAR LES ABEILLES

Du miel. — Cueillette du miel. — Emmagasinement. — Miellée ou
miellat. — Usage que les abeilles font du miel. — Composition du
miel. — Du pollen et de sa récolte. — Emmagasinement. — Usage
du pollen. — Composition. — Surrogat de pollen. — Fécondation
des plantes aidée par les abeilles. — Du rouget. — De la propolis :
sa récolte, son usage, son emmagasinement et sa composition. —
De la cire : son origine, sa composition et son usage.

59. Les abeilles butinent le *miel* et toutes les matières
sucrées liquides, le *pollen* (*pollène*) et la *propolis* (53 *bis*).

60. **Du miel.** — Le miel est une sécrétion des végétaux qui se fait ordinairement par de petites glandes, tantôt saillantes, tantôt excavées, que les botanistes ont
appelées *nectaires*, d'où vient le nom *nectar* que les poëtes
ont donné à ce suc. Cette sécrétion se trouve sur les fleurs
de presque tous les végétaux (tous ceux qui ont des fleurs
simples), et est plus ou moins abondante, selon la chaleur
de la saison combinée avec son humidité : cela veut dire
que toutes les années n'en donnent pas également. Les
qualités du miel, son goût, son arome et sa couleur varient à l'infini, comme sa quantité, selon la nature des
plantes et du sol, et aussi selon le climat et l'état de l'atmosphère.

61. **Cueillette du miel.** — Le miel est la principale
nourriture des abeilles ; aussi s'appliquent-elles à en ramasser autant qu'elles en trouvent et qu'il leur est possible d'en mettre dans leur ruche. Lorsque la saison est
favorable, on les voit, dès le lever du soleil et même

avant, voler de fleurs en fleurs, introduire leur trompe dans la corolle et y lécher la liqueur sucrée, qui, comme nous l'avons vu, est logée dans le premier estomac, A (*fig.* 5, p. 17), pour être apportée dans la ruche où il se façonne, c'est-à-dire où la chaleur vaporise la trop grande quantité d'eau qu'il contient. Mais il conserve ses principes originels, le goût de la fleur, parfois même sa couleur et aussi le goût de terroir, que sait reconnaître l'amateur de ce suc. Il ne subit pas de transformation en passant par la bouche de l'abeille ; mais, dans certains cas, il subit une modification moléculaire. Ainsi, l'abeille change en suc de raisin, c'est-à-dire en miel, du sucre de canne (*).

62. Emmagasinement du miel. — Lorsque les abeilles sont suffisamment chargées, elles s'en retournent à leur habitation et dégorgent leur miel, la plupart du temps, dans le premier alvéole vide qu'elles rencontrent ; puis elles repartent pour une provision nouvelle, et cela jusqu'à l'approche de la nuit. Le temps qu'elles emploient pour remplir leur estomac est subordonné à la quantité de fleurs qu'elles rencontrent et à la quantité de miel que donnent ces fleurs. Sur certaines fleurs et par un temps favorable, l'abeille aura trouvé son approvisionnement en moins de cinq minutes, tandis que sur d'autres fleurs et en saison moins favorable, il faudra quatre fois plus de temps, et encore l'approvisionnement sera souvent moins complet. Le temps favorable à la sécrétion du miel est un temps doux, quelque peu humide et chargé d'électricité. Le temps froid et sec, avec un vent du nord, est contraire à cette sécrétion. Il faut environ deux minutes à l'abeille pour qu'elle ait dégorgé son approvisionnement de miel dans la ruche.

63. Les butineuses, avons-nous dit, déposent ordinairement le miel dans la première cellule vide qu'elles rencontrent ; ce suc est ensuite emmagasiné dans la partie supérieure de la ruche et dans les rayons des côtés, en commençant, la plupart du temps, par ceux qui sont le

---

(*) L'abeille ne fait pas subir de transformations chimico-physiologiques au suc des fleurs ; elle opère seulement une légère modification moléculaire dans les sucs cristallins. (CH. CALLOUD, *Mémoire sur les miels de Savoie.*)

plus éloignés de l'entrée de la ruche. Lorsque le miel est abondant, les rayons en sont emplis jusqu'à leur partie la plus inférieure ; et, lorsqu'une cellule est à peu près pleine, les abeilles bâtissent au-dessus une sorte de couvercle ou opercule qui bouche tout à fait cette cellule, lorsqu'elle est entièrement pleine. Ce couvercle ou opercule est plat, blanchâtre et transparent, très-mince, quelquefois même un peu déprimé, A (*fig.* 10). L'opercule empêche le miel de couler et lui conserve toutes ses qualités.

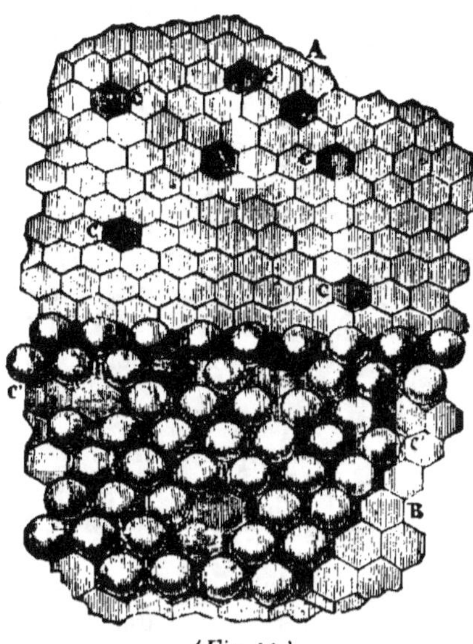

(*Fig.* 10.)

A. Partie supérieure, miel operculé.
B. Partie inférieure, couvain operculé.
CCC. Cellules contenant du pollen.

64. Miellée ou miellat. — Ce n'est pas seulement dans le calice des fleurs qu'il se produit du miel ; la tige herbacée de certaines plantes, entre autres les vesces d'hiver ; les feuilles de plusieurs arbres, tels que le chêne vert, le tremble, le mélèze, les épicéas, etc., en sécrètent aussi quelquefois très-abondamment. C'est cette sécrétion qu'on appelle *miellée* ou *miellat*.

Les excréments de deux variétés de pucerons sont encore du miel que les abeilles recueillent ainsi que la miellée.

65. On sait que les abeilles transforment en miel le suc de plusieurs fruits : c'est ce qui a conduit des apiculteurs à donner aux abeilles des sirops pour nourriture, lorsque le miel manque. Ces sirops sont plus ou moins bons, selon la quantité de matière sucrée qu'ils renferment.

66. Les abeilles transforment en miel, lorsqu'ils sont fondus, les sucres de canne (161), de betterave, de sorgho, de pomme de terre (la glucose), etc., la sève de plusieurs arbres et la manne sucrée de quelques autres. Le miel formé de sucre raffiné est moins sirupeux et a moins d'arome que celui recueilli sur les fleurs. Celui provenant de cassonade conserve plus son goût originel.

67. Usage que les abeilles font du miel. — Le miel est butiné par les abeilles pour leur nourriture, ainsi que nous l'avons déjà dit, et pour celle de leur couvain. C'est après avoir passé dans leur second estomac et avoir été transformé dans leurs organes qu'il donne la cire, dont nous parlerons plus loin (87).

68. Composition du miel. — La composition chimique du miel est assez complexe et variable ; on y trouve, selon M. Payen, du sucre cristallin (glucose) semblable au sucre de fécule, un autre sucre liquide incristallisable ; et, d'après M. Dubrunfaut, une petite quantité de sucre de canne dissous, qui se transforme spontanément en glucose, sous l'influence d'un ferment également contenu dans le miel. On a constaté, en outre, la présence de la mannite (matière sucrée que l'on peut extraire de la manne, du céleri-rave et de quelques sucs fermentés), de deux acides organiques, de substances aromatiques, d'une matière colorante jaune, enfin de substances grasses et de principes azotés, principes qui proviennent en partie de la présence du pollen ; de là ses dispositions à la fermentation. Hoffmann a également trouvé cette matière grasse que Tingry a découverte dans les feuilles : il n'est donc pas surprenant que les abeilles en fassent de la cire (*).

69. Le miel contient plus ou moins de matières saccharines, selon les fleurs sur lesquelles il a été butiné et se-

---

(*) Composition du miel de la vallée de Chamounix (Savoie) : sucre solide (glycose et sucre de canne), 55,35 ; sucre fluide (mellose), 33,00 ; eau d'hydratation, 8,00 ; matière colorante (mélichroïne), 0,60 ; mannite, matière muqueuse, acide libre, 3,05 ; total 100.

Miel de la plaine : sucre solide, 45,10 ; sucre fluide, 43,95 ; eau d'hydratation, 7,70 ; matière colorante aromatique, 1,15 ; matière muqueuse, acide libre, 2,10 ; total 100. — CH. CALLOUD.

Comme on le voit, la composition des miels diffère assez sensiblement.

lon le climat et les circonstances atmosphériques. La plupart des miels de France contiennent de 80 à 88 pour 100 de principes sucrés (sucre de canne, glucose et mellose), par conséquent sucrent moins que le sucre raffiné, et plus que le sirop de fécule (glucose) de 40 degrés (40 pour 100 de sucre).

70. Du pollen et de sa récolte. — Le pollen est la poussière abondante que l'on trouve sur les étamines épanouies des fleurs. Cette poussière, le plus souvent jaune, consiste en une infinité de petits globules formant la matière séminale des fleurs. Il y a du pollen rouge, orange, blanc, gris, noir.

71. L'abondance ou la pénurie du pollen répandu sur les fleurs est presque toujours proportionnée à la quantité de substance miellée qui suinte du nectaire de ces fleurs. Cependant il est des fleurs qui donnent beaucoup de pollen et peu de miel, et d'autres beaucoup de miel et peu de pollen. La quantité et la qualité du pollen sont, ainsi que la quantité et la qualité du miel, subordonnées à la nature des plantes, au sol, au climat et au temps.

72. Les abeilles ramassent le pollen à l'aide des poils dont leur corps est couvert, de leurs mandibules, de leurs jambes et des brosses dont celles-ci sont garnies, et elles s'en font des pelotes aux pattes de derrière. Lorsqu'elles viennent se poser sur les fleurs, nos industrieuses ouvrières saisissent avec les mandibules tout ce qu'elles en trouvent de répandu sur les capsules des étamines ou tombé sur les corolles ; elles s'élèvent aussitôt et voltigent un moment, pendant lequel elles mâchent, pétrissent et réunissent les grains de ce pollen, en l'humectant un peu, soit du miel qu'elles trouvent dans le nectaire de la fleur, soit de celui qu'elles portent, à cet effet, dans leur premier estomac. Après avoir ainsi pétri en volant la bouchée de pollen dont elles se sont emparées, et l'avoir passée de la première paire de pattes à la seconde, et de là à la troisième où se trouve le cueilleron, elles recommencent la même manœuvre jusqu'à ce que la pelote soit entièrement formée. Elles ouvrent quelquefois avec les mandibules les capsules qui tiennent le pollen enfermé : c'est dans ce moment que leur corps, couvert de poils, reçoit la poussière prolifique qui tombe dessus. Si quelques parcelles vont plus loin, elles s'empressent d'aller les saisir avec les dents ou avec les jambes. D'autres fois, elles se roulent en tous sens sur cette poussière, et elles en sont bientôt couvertes, de manière à en prendre la couleur ; tellement qu'une abeille paraît brune en sortant du calice d'une tulipe, et jaune en quittant celui d'une fleur de lis ou de concombre. Couverte de pollen, l'abeille se sert avec une dextérité incroyable des brosses qu'elle porte pour ramasser sur son corps ces poussières et les faire passer prestement sur la palette triangulaire que nous avons remarquée sur les jambes postérieures, C (*fig.* 4, p. 16). Cette petite cavité, entourée de poils, fait l'office de corbeille pour recevoir les graines de cette poussière ; ces graines y sont entassées et retenues, et forment une seule masse de la grosseur d'une petite lentille. Au moyen de plusieurs coups redoublés que les jambes mitoyennes donnent en tapotant sur cette masse, elles en forment une pelote, B (*fig.* 4), dont la consistance permet de supporter sans inconvénient son transport dans la ruche. Quelquefois ces pelotes sont très-volumineuses, mais mal polies ; d'autres fois elles sont petites.

73. L'abeille qui va à la cueillette du pollen se préoccupe peu du miel, et ne rapporte que cette matière. Cependant on en voit qui se chargent en même temps de pollen et de miel. Dans ce cas, l'approvisionnement de chaque partie est moins grand que quand il est d'une seule matière.

74. **Emmagasinement du pollen.** — Lorsque l'abeille, chargée de pollen, arrive à sa ruche, elle monte sur les rayons et cherche un alvéole où elle puisse déposer ses pelotes ; elle y introduit les deux pattes qui les portent, les frotte l'une contre l'autre et contre les parois de la cellule ; elle parvient ainsi, souvent en moins d'une minute, à se débarrasser de son fardeau ; puis elle repart pour une nouvelle charge. Lorsqu'elle rapporte en même temps un peu de miel, souvent elle ne prend pas la peine de le dégorger dans une cellule : elle présente la bouche à une abeille qui s'occupe des travaux intérieurs, et lui passe sa petite provision.

Les pelotes déposées dans les cellules sont tassées et pressées, au moyen de la tête et des pattes, par les abeilles, qui en font une masse solide et compacte. Les cellules qui contiennent le pollen n'en sont jamais entièrement remplies ni operculées, C C (*fig.*10, p. 37); mais il arrive que les abeilles placent du miel sur le pollen ; dans ce cas, les cellules peuvent être operculées.

75. Le pollen est emmagasiné particulièrement près du couvain, au milieu et en bas de la ruche, et spécialement dans les cellules d'ouvrières. Il est rare d'en rencontrer dans le haut de la ruche, et plus rare encore dans les cellules de mâles.

76. **Usage du pollen.** — Le pollen, que les anciens apiculteurs appelaient *pain* des abeilles, parce qu'ils pensaient que les abeilles s'en nourrissaient, et aussi *cire brute*, parce qu'ils ignoraient l'origine de la cire (ils croyaient que les abeilles s'en servaient pour la produire), le pollen sert à la nourriture du couvain à l'état de larve. Aussi, dans le temps de la grande ponte, au printemps, les abeilles s'empressent-elles de le ramasser dans la plus grande quantité possible. Il est des colonies qui, à cette époque, en récoltent plus d'un kilogramme par jour. C'est, comme nous le verrons plus loin (129), mélangé au miel et préparé sous forme de bouillie par l'ouvrière qu'il est donné au couvain (*). Les abeilles en ramassent plus ou moins pendant toute la saison des fleurs, et quelquefois même beaucoup plus qu'elles ne peuvent en utiliser ; mais si la mère périt ou cesse de pondre, les ouvrières en récoltent beaucoup moins.

77. **Composition du pollen.** — Suivant Fourcroy, le pollen contient de l'acide malique, des phosphates de chaux et de magnésie, une sorte de gélatine animale, une matière glutineuse ou albumineuse sèche.

78. **Surrogat du pollen.** — A la fin de l'hiver et au commencement du printemps, lorsque les fleurs ne sont pas encore épanouies et que le milieu du jour est beau, les abeilles butinent, en guise de pollen, les farines qu'elles

---

(*) Des apiculteurs allemands, entre autres M. Kleine, attribuent au pollen absorbé par les abeilles une plus grande production de cire avec la même quantité de miel (87).

2.

rencontrent ; notamment celles des légumineuses, telles
que haricots, pois, lentilles, etc. ; et, parmi les céréales,
celles de seigle, avec lesquelles, et faute de mieux, elles
alimentent le couvain. Aussi, dès que les fleurs donnent
du pollen, elles délaissent les farines, que l'on ne doit cependant pas négliger de leur présenter au sortir de l'hiver. Ce surrogat leur facilite le moyen de commencer le
couvain plus tôt, et de renforcer les populations plus vite.
Il faut les leur présenter sèches et les placer à une petite
distance du rucher, au soleil et à l'abri du vent. On appelle les abeilles à la provende en mettant auprès un peu
de miel ou d'eau miellée.

79. Fécondation des plantes aidée par les abeilles.
— Beaucoup de cultivateurs, fait remarquer Bosc (*),
ignorent que les abeilles, en butinant sur les fleurs, outre
les produits qu'elles en retirent, et dont ils doivent en
partie profiter, favorisent la fécondation des germes, et
assurent, par conséquent, la récolte des fruits. La nature
qui n'a rien fait en vain, et qui a toujours su combiner
ses moyens de manière à les rendre réciproquement utiles
les uns aux autres, a voulu que l'abeille, en déchirant les
capsules qui renferment les poussières fécondantes, facili-
tàt la dispersion de ces poussières, qu'elle les portât même
sur le pistil, non-seulement de la fleur à laquelle elles
appartiennent, mais même des autres fleurs du même
pied ou de pieds différents. Cette grande fonction est d'une
telle importance pour l'agriculture que ses avantages l'emportent bien des fois sur ceux que l'on retire du miel et de
la cire.

L'abeille, en portant le pollen d'une variété sur une
autre de même famille, a plus d'une fois créé des variétés
nouvelles.

80. Du rouget. — A l'arrière-saison, il y a toujours
dans les ruches une certaine quantité de pollen en magasin : c'est une provision qui servira à la nourriture du
couvain, que les abeilles commencent à élever dès le mois
de janvier. Quand ce pollen est placé dans des cellules
trop éloignées du centre de la population, il est aban-

(*) *Cours d'agriculture*, au mot ABEILLE. Édition Deterville.

donné ; il se durcit, se décompose, devient acide et impropre à l'usage auquel il était destiné ; il perd alors son nom propre pour prendre celui de *rouget*, de sa couleur ordinairement rouge. — Les fortes populations se débarrassent aisément du *rouget* en rongeant les cellules où il est entassé ; néanmoins, elles ne se livrent à ce travail qu'autant qu'elles ont besoin de cellules pour augmenter leur couvain. — On peut reconnaître, au printemps, la partie des rayons remplis de *rouget :* un petit duvet de moisissure en recouvre ordinairement la surface. On fait bien d'enlever cette matière immonde, c'est un travail qu'on épargne aux ouvrières. (COLLIN.)

81. De la propolis et de sa récolte. — La propolis est une substance résineuse, fort tenace, agglutinative, molle pendant les chaleurs, sèche et cassante par le froid, de couleur le plus souvent brunâtre ou rougeâtre, que les abeilles récoltent pendant toute la belle saison, et notamment vers la fin de l'été, aux bourgeons et à la tige des arbres, et aussi, selon quelques auteurs, aux anthères des étamines non encore poussiéreuses de certaines fleurs, et qu'elles rapportent sous forme de pelotes comme le pollen. Les arbres qui en fournissent le plus sont : le peuplier, le saule, le bouleau, l'orme, et quelques arbres à feuilles persistantes.

82. Usages de la propolis. — Le mot *propolis*, qui dérive d'un mot grec et veut dire *avant la ville*, nous indique que les abeilles se servent de la chose pour espalmer ou enduire l'intérieur de leur habitation, et en faire une espèce de circonvallation autour de leurs édifices. Aussi les parois intérieures des vieilles ruches, notamment de celles en petits bois (osier, troëne, viorne), sont-elles enduites d'une couche épaisse de propolis dont la récolte a dû demander beaucoup de temps aux abeilles, la cueillette de cette matière étant longue et difficile. Pour éviter la perte de temps occasionnée par la récolte et l'emploi de la propolis, il convient d'avoir des ruches à parois unies le plus possible.

Les abeilles se servent donc de la propolis : pour enduire les parois intérieures des ruches ; pour boucher les fentes et petites ouvertures qui leur sont inutiles ; pour rétrécir, dans certaines circonstances, l'entrée de leur habitation ; pour coller les ruches aux tabliers du support ; pour attacher et consolider leurs rayons ; et enfin pour recouvrir les cadavres des animaux qui se sont introduits au milieu de leur colonie qu'elles ont pu tuer à coups d'aiguillons et qu'elles n'ont pu traîner dehors.

83. **Barbe.** — Les colonies qui font la *barbe* collent aussi de la propolis à la partie extérieure de la ruche et du tablier où se fixe cette barbe. Les ruches sont dites faire la barbe lorsqu'un certain nombre d'abeilles sont groupées extérieurement, soit qu'elles se disposent à essaimer, soit que la chaleur les contraigne de sortir de leur ruche.

84. Les abeilles ramassent parfois de la peinture sèche et du mastic à greffer qu'elles emploient en guise de propolis, lorsque celle-ci manque.

85. **Emmagasinement de la propolis.** — Les abeilles n'emmagasinent pas la propolis, comme le pollen et le miel, dans les cellules : elles l'attachent sur le plancher et aux parois de leur habitation, où elles la reprennent et la travaillent lorsqu'elles en ont besoin. Elles peuvent se servir plusieurs fois de la même propolis ; on s'en convainc en mettant au soleil de vieilles ruches vides, où on les voit bientôt accourir et enlever dans les corbeilles de leurs pattes ce qu'elles ont pu extraire de cette propolis ramollie par la chaleur.

Nous avons dit que la propolis est difficile à récolter et à utiliser : nous devons ajouter que les abeilles ont de la peine à s'en débarrasser elles-mêmes. Lorsqu'elles en sont chargées, elles sont obligées de se cramponner sur quelque point de la ruche, et les travailleuses de l'intérieur viennent la leur arracher par fragments à l'aide de leurs mandibules. Ces fragments forment des fils mous et gluants de couleur assez transparente ; en vieillissant, la propolis devient plus opaque et plus brune.

86. **Composition de la propolis.** — La propolis chauffée donne une odeur aromatique ; par la distillation, on en obtient une huile essentielle très-suave. Si l'on en met sur des charbons ardents, elle exhale une odeur à peu près semblable à celle de l'aloès ou du baume du

Pérou. Par la chaleur, elle s'amollit; et, dans cet état, elle ne casse qu'après s'être allongée. La propolis se dissout dans l'ammoniaque, la térébenthine, l'esprit-de-vin, etc. Dissoute, on peut la passer dans un linge pour en séparer les matières étrangères; en la mettant ensuite dans de l'eau et la faisant chauffer, elle se réunit en masse au fond du vase; dans cet état, elle est friable, a une couleur rouge ou brune et une demi-transparence.

87. De la cire. — La cire n'est, à proprement parler, que le suif ou la graisse des abeilles : c'est le produit d'une sorte de digestion des sucs des plantes à travers les organes circulatoires, produit qui vient s'épancher, sous forme de pentagones irréguliers, dans les sacs abdominaux de l'abeille (12-67). C'est d'abord sous forme graisseuse que la cire s'élabore dans les sacs abdominaux ; puis c'est sous forme de lamelles ou de petites aiguilles qu'elle sort de ces sacs. Sous cette dernière forme, les abeilles s'en emparent et l'emploient pour la construction de leurs édifices. Ces lamelles sont si légères qu'il en faut des centaines pour égaler le poids d'un grain de blé.

On a cru pendant longtemps, ainsi que nous l'avons dit, que l'élément principal de la cire était le pollen, dont les ouvrières se nourrissaient. Ce pollen, pensait-on, était élaboré dans leur estomac, et dégorgé ensuite par la bouche sous forme de bouillie blanchâtre. Telle était l'opinion générale avant qu'un observateur de la Lusace et ensuite Duchet et John Hunter eussent découvert des lamelles de cire engagées entre les arceaux inférieurs de l'abdomen. Les recherches de Huber père et de Huber fils corroborèrent cette découverte et ne laissèrent aucun doute sur la véritable origine de la cire.

88. Pour que les abeilles produisent de la cire, il faut donc qu'elles absorbent du miel ou toute autre matière sucrée, qu'elles digèrent et transforment cet aliment. Pendant cette transformation, elles sont en repos et ont besoin d'une certaine chaleur. A quantité égale de miel absorbé, elles produisent plus de cire en été, lorsque la température est élevée, qu'en arrière-saison, lorsque la température est basse (*).

(*) Selon des expériences faites par Siebold, Leuckart et Schneider, la même

Des expériences de cabinet, faites par Huber et répétées en 1844 par MM. Dumas et Milne Edwards, ont établi que 500 grammes de sucre réduit en sirop et élaboré par les abeilles donnent 30 grammes de cire, et que la même quantité de miel ne donne que 20 grammes. Ce qui établirait le rapport de la cire au sucre comme 1 est à 20; et au miel, comme 1 est à 25. Berlepsch, et autres de la même école, établissent ce rapport comme 1 est à 10, 12 ou 15. Nous sommes convaincu que, dans certaines circonstances, ce rapport peut être établi comme 1 est à 2 ou 3, c'est-à-dire qu'il ne faut pas aux abeilles, à l'état libre, et dans certaines circonstances, plus de 2 à 3 parties de miel pour une partie de cire (*).

89. Composition de la cire. — Les chimistes disent qn'on doit considérer la cire comme une huile ou une graisse végétale très-oxygénée, mêlée à une petite quantité d'extrait. Elle fournit à la distillation : de l'acide sébacique, une huile épaisse, du gaz hydrogène, du gaz acide carbonique et du charbon. Elle contient une matière colorante qui varie selon la nature de l'élément qui l'a fournie.

90. Usage de la cire. — La cire sert aux abeilles, comme nous le verrons dans la leçon prochaine, à construire leurs édifices.

---

quantité de matière sucrée donne plus de cire lorsque l'abeille ingurgite du pollen. Le pollen ne produit pas la cire, mais il aide à sa production. (Voir l'*Apiculteur*, 18ᵉ année.)

(*) Consulter le *Guide* de M. Collin, le *Bulletin* de la Société d'Apiculture de l'Aube (1873), l'*Apiculteur*, 13ᵉ année et suivantes.

IIIᵉ LEÇON

ARCHITECTURE DES ABEILLES

Édifices des abeilles. — Rayons, gâteaux ou couteaux. — Cellules ou
alvéoles. — Construction des cellules et des rayons. — Forme et
disposition des rayons. — Orientation des rayons. — Épaisseur,
poids, couleur et solidité des rayons. — Cellules d'ouvrières : dimensions et emplacement. — Cellules de mâles : dimensions, etc.
— Remarque sur les cellules. — Cellules de mères. — Cellules
maternelles artificielles, etc.

91. Édifices des abeilles. — On nomme édifices des
abeilles les constructions en forme de gaufres que les
ouvrières bâtissent dans le logement où elles sont établies
pour élever la progéniture de la colonie et pour loger les
approvisionnements butinés. Ces édifices s'appellent
rayons, gâteaux, couteaux.

92. Rayons. — Par ces dénominations de rayons, gâteaux ou couteaux, on entend une suite de cellules ou
alvéoles réguliers formant une gaufre plus ou moins
allongée. On nomme plus volontiers couteau la gaufre
qui renferme du miel, et gâteau celle où il y a du couvain. Rayon est la dénomination commune. Dans quelques localités, on le nomme *brèche.*

93. Cellules ou alvéoles. — Les cellules ou alvéoles
des abeilles sont de petites cavités offrant la forme d'un
prisme hexagonal (*fig.* 11), terminé par une pyramide à
trois rhombes. Chacun de ces trois rhombes de fond est
commun à deux alvéoles ; autrement dit, les trois côtés

de la pyramide correspondent à autant de côtés d'alvéoles opposés (*fig*. 12, 13 et 14).

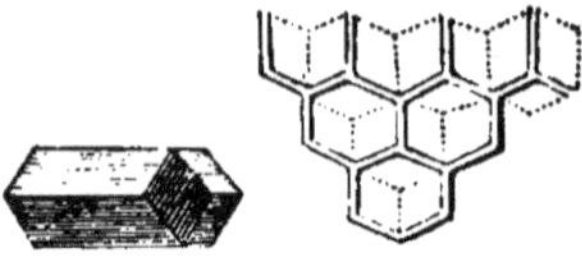  

Fig. 11.) Cellule. (*Fig*. 12.)   (*Fig*. 13.)   (*Fig*. 14.)

(*Fig*. 15.)
Cellules opposées.

Ce qui veut dire que le rayon a des cellules des deux côtés. Le fragment de rayon représenté par la *fig*. 15 montre la disposition des cellules.

Nous venons de voir qu'un rayon est une réunion d'alvéoles ou cellules régulières. Nous verrons un peu plus loin qu'il y a trois sortes de cellules, dont deux sont régulières et une irrégulière.

94. Construction des cellules et des rayons. — C'est à la partie la plus élevée de leur habitation que les abeilles commencent leurs édifices. Toutes les fois qu'il y a saillie au sommet, elles fixent leur premier alvéole ; s'il s'y trouve un reste d'ancien rayon, elles le continuent. Cette disposition indique les moyens de les déterminer à donner telle ou telle direction à leurs travaux : il ne s'agit pour cela, que de fixer au sommet intérieur de l'habitation une portion de rayon ou une planchette taillée en biseau.

Lorsque l'abeille veut construire, elle détache, avec ses jambes postérieures, les lamelles ou écailles de cire dont nous avons parlé (87), et qui se trouvent placées entre les segments écailleux de son ventre, et les porte à ses mandibules, puis les pétrit et en fait une espèce de pâte qu'elle applique au point où elle veut édifier. D'autres abeilles font le même travail jusqu'à ce que la construction d'un alvéole soit achevée.

Les abeilles commencent souvent plusieurs rayons à la fois et plusieurs alvéoles sur chaque rayon ; mais ces premières constructions ne sont d'abord qu'ébauchées. Plusieurs motifs concourent à ce qu'il en soit ainsi. D'abord, les abeilles ne peuvent pas toutes travailler au même rayon; ensuite le travail ébauché a le temps de prendre de la consistance; enfin, la réunion des rayons groupe la colonie et concentre la chaleur là où elle est nécessaire.

Pendant qu'un certain nombres d'ouvrières construisent les premiers alvéoles, qui ne sont d'abord qu'ébauchés à leur base, d'autres, suspendues par leurs pattes, formant des guirlandes, sont à l'état de repos et paraissent transformer en cire le miel dont elles sont gorgées. En effet, on les voit bientôt prendre la place des travailleuses et s'occuper des alvéoles ébauchés (*fig.* 16).

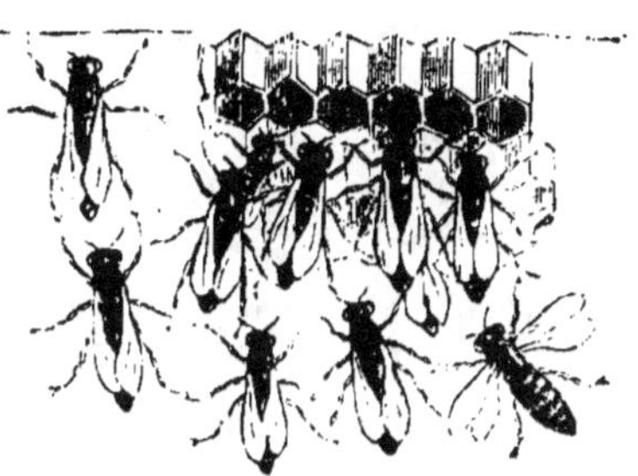
(*Fig.* 16.) Groupe d'abeilles sécrétant la cire.

95. Forme et disposition des rayons. — Les rayons sont commencés, avons-nous dit, à la partie supérieure de l'habitation et descendent verticalement (*fig.* 17). La *fig.* 18 montre un rayon vu de face, et la *fig.* 19 un rayon vu de profil.

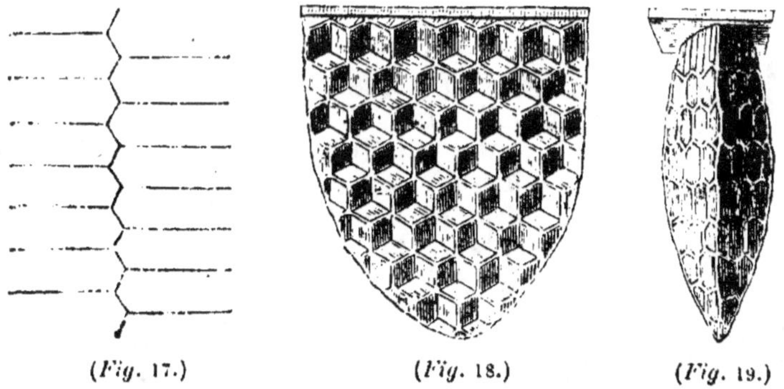
(*Fig.* 17.)   (*Fig.* 18.)   (*Fig.* 19.)

Ces rayons sont presque toujours parallèles (*fig.* 20 et 21); autrement, ils s'écartent à droite ou à gauche, sont demi-circulaires, ou forment des lignes brisées, comme dans la *fig.* 22. Dans tous les cas, les abeilles ne laissent jamais de grands vides entre eux, dussent-elles prolonger démesurément les alvéoles pour combler toute lacune.

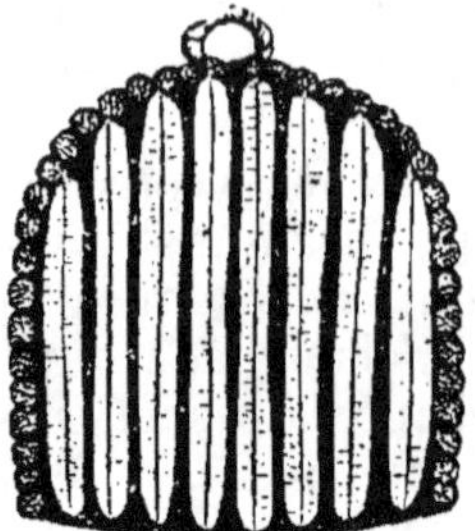

(*Fig.* 20.) Ruche coupée verticalement, montrant des rayons parallèles.

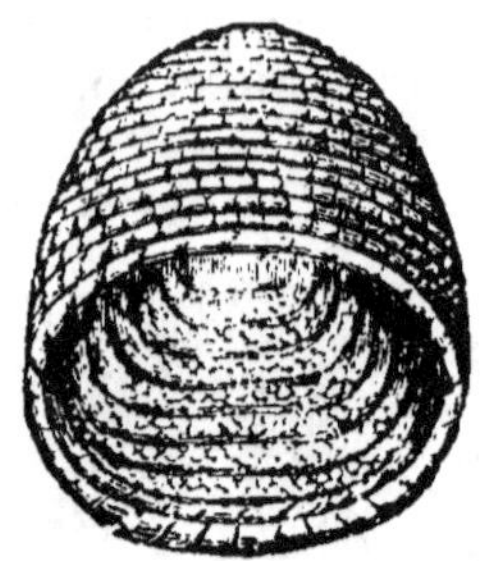

(*Fig.* 21.) Ruche demi-renversée. laissant voir des rayons parallèles.

96. Bien que, dans l'ordre normal, les abeilles construisent de haut en bas, accidentellement elles construisent de bas en haut. Lorsque, par exemple, on fait un vide dans le haut de leur habitation, elles édifient assez souvent en montant pour combler le vide. Cette édification est plus lente que celle en descendant.

97. **Orientation des rayons.** — Si les abeilles consultaient l'hygiène, elles orienteraient leurs rayons plutôt d'un sens que de l'autre ; jamais elles ne les édifieraient

(*Fig.* 22.) Rayons irréguliers (coupe horizontale.)

en travers de la porte d'entrée, comme cela arrive quelquefois (297). Mais tantôt elles les dirigent au hasard, et tantôt elles se guident sur un point culminant au plafond de leur loge (94), ou sur les boiseries dont cette loge est garnie (*). On peut obtenir la direction qu'on désire en

---

(*) La construction des gâteaux, dans le sens de la largeur, se fait suivant trois directions différentes et constitue les trois sortes suivantes : la *construction chaude*, lorsque la surface des gâteaux regarde la porte de sortie ; la *construction froide*, lorsque la tranche se dirige vers la porte, et enfin la *construction oblique* ou *diagonale*, qui tient le milieu entre les deux précédentes. La première est appelée *chaude*, parce que les gâteaux pendant en travers devant la porte, conservent mieux la chaleur durant l'hiver, et laissent moins pénétrer le froid que les gâteaux qui sont dans la position

plaçant un fragment de rayon au fond de la ruche, ou seulement une barrette taillée en biseau.

98. Les rayons ont ordinairement la largeur de la ruche, et souvent toute la hauteur (*fig.* 20.) La distance observée entre eux sert de rue aux abeilles et est combinée de manière que deux abeilles puissent voyager sur les gâteaux opposés sans se gêner.

Les abeilles ménagent des passages dans les rayons étendus, afin de pouvoir aller d'un point à l'autre de l'habitation sans de trop grands détours.

99. **Épaisseur et poids des rayons.** — Les rayons à cellules d'ouvrières bâtis régulièrement ont une épaisseur de 24 millimètres lorsqu'ils ont du couvain operculé de part et d'autre. Les rayons à cellules de faux-bourdons, garnis de couvain operculé, ont 34 millimètres; mais lorsqu'ils sont pleins de miel, leur épaisseur est quelquefois plus que doublée (*). C'est principalement dans le haut et sur les côtés de la ruche que se trouve la partie la plus épaisse des couteaux. Dans ce cas, deux abeilles ne sauraient passer de front entre les rayons.

Lorsque les rayons ne contiennent ni miel, ni pollen, ni couvain, ils sont très-légers; mais lorsqu'ils sont bien garnis de miel, ils acquièrent quelquefois un poids tel qu'on supposerait qu'il dût les faire rompre.

100. **Couleur et solidité des rayons.** — Dans les premiers temps de leur confection, les rayons sont blancs; ils sont alors mous et assez fragiles; mais quelque temps après ils prennent la couleur de jaune soufre, puis de jaune mat qui finit par brunir. Le bas des rayons qui ont séjourné quatre ou cinq ans dans les ruches est d'un gris sale, noirâtre même. En vieillissant, ils acquièrent de la consistance, et ce n'est qu'un choc violent ou bien la

---

opposée et que, pour cela, on nomme construction *froide*. ŒTTL. — Cette attribution est inexacte. Les constructions en travers de l'entrée empêchent le renouvellement de l'air, c'est-à-dire la ventilation, ce qui nuit à l'économie des abeilles : elles retardent le développement du couvain; donc elles sont *froides* et non *chaudes*.

(*) Il y a des rayons disposés pour le couvain d'ouvrières qui n'ont que 23 millimètres d'épaisseur.

chaleur du soleil qui peut les faire rompre, lors même qu'ils sont amplement garnis. Nous verrons ailleurs que certaines ruches conservent plus longtemps que d'autres leurs rayons frais.

101. Nous avons dit que les édifices des abeilles se composent de trois sortes de cellules : 1° de cellules d'ouvrières en grand nombre; 2° de cellules de mâles en nombre moins grand ; 3° de cellules maternelles en très-petit nombre. Les cellules d'ouvrières sont dans la proportion des sept huitièmes environ. Il y a des rayons composés uniquement de cellules d'ouvrières, d'autres de cellules de mâles, et d'autres enfin qui ont des cellules d'ouvrières en un point et des cellules de mâles dans un autre (*fig.* 24).

102. **Cellules d'ouvrières.** — Les alvéoles destinés à servir de berceaux aux ouvrières sont les plus petits; ils ont 12 millimètres de profondeur sur 5 millimètres 2 dixièmes de diamètre (*); mais, nous l'avons déjà dit, lorsque ces alvéoles servent de magasin au miel, ils ont quelquefois une profondeur double. L'épaisseur des parois est à peine d'un quart de millimètre pour les rayons nouvellement édifiés; mais cette épaisseur augmente lorsque les alvéoles ont plusieurs fois servi de berceau à des larves, lesquelles larves les tapissent d'une couche soyeuse qui, quoique excessivement mince (130), ne laisse pas d'amoindrir la capacité de ces berceaux.

Les alvéoles d'ouvrières se trouvent toujours sur les rayons du centre; il en existe aussi dans le haut et dans le milieu des rayons des côtés. Quelquefois ils occupent tout un côté de rayons et sont absents de l'autre.

103. **Cellules de mâles.** — Les alvéoles des mâles ont

(*) L'apothème ou petit rayon d'un alvéole d'ouvrière a une longueur de
2 millimètres 6 dixièmes. 2,6000
Chaque côté du même alvéole a donc 3,0020
La surface, en millimètres carrrés, est donc de 23,4156

Donc un gâteau de 1 décimètre carré renferme 427 cellules sur chaque face, ou 854 sur les deux.

(*Guide*, COLLIN.)

Dix-neuf cellules d'ouvrières mesurent 1 décimètre, à 1 millimètre près.

une profondeur un peu plus grande que ceux des ouvrières: elle est de 15 millimètres. Leur diamètre est aussi plus grand : il mesure 6 millimètres 6 dixièmes (*). Ces cellules occupent quelquefois tout un rayon à droite et à gauche de la ruche ; d'autres fois, elles ne sont que vers le bas des rayons de côté et dans la partie postérieure de l'habitation ; elles peuvent n'exister que d'un côté du rayon. C'est un mauvais symptôme d'en rencontrer dans les rayons du centre.

Les abeilles savent s'y prendre pour raccorder les cellules de mâles avec celles d'ouvrières sans que rien soit sensiblement dérangé dans la symétrie de leurs constructions (*fig.* 24).

104. Remarques sur les alvéoles de mâles et d'ouvrières. — Pour plus de solidité, les cellules sont garnies à leur entrée d'un mince bourrelet de propolis, le plus souvent rougeâtre. Les abeilles emploient aussi un peu de cette matière dans les angles intérieurs des cellules.

105. Les alvéoles de chaque sorte (ouvrière et mâle) sont de la même dimension, à de rares exceptions près ; ils forment des hexagones assez réguliers, hormis ceux qui terminent les rayons et ceux qui servent de support, c'est-à-dire qui touchent aux parois de l'habitation : ceux-là n'ont ordinairement que la forme d'un pentagone.

106. Les alvéoles d'ouvrières et de mâles ne sont pas tout à fait horizontaux ; ils sont un peu inclinés de haut en bas, de dehors en dedans, sous un angle de 4 à 5 degrés. Quelquefois cette inclinaison, dont le but est d'empêcher le miel de tomber, est beaucoup plus grande. Les côtés un peu relevés des alvéoles et leurs rebords grossis l'en empêchent aussi, quelque liquide qu'il soit.

107. Le nombre d'alvéoles contenus dans une ruche pleine de rayons est considérable. Une ruche jaugeant 27 litres en renferme plus de cinquante mille (52,624)

(*) L'apothème d'une cellule de bourdon est de. 3,3000
Chaque côté de cette cellule a donc. 3,8110
La surface en millimètres carrés est donc de. 37,7289
Quinze cellules de mâles mesurent 1 décimètre.   (COLLIN.)

sur une surface de 64 décimètres carrés de gâteaux, répartis de la manière suivante : 48,384 cellules d'ouvrières sur une surface de 56 décimètres carrés ; 4,240 cellules de faux-bourdons sur une surfaces de 8 décimètres carrés. Total : 52,624. Ce nombre considérable d'alvéoles peut être bâti en quatre ou cinq jours, tant est grande l'activité des abeilles ; mais elles ne construisent aussi rapidement que lorsqu'elles font partie d'une forte colonie logée dans une ruche vide, et que la production du miel est abondante.

108. Cellules ou alvéoles de mères, dites cellules d'essaimage. — Les alvéoles maternels n'ont rien de ressemblant avec les alvéoles d'ouvrières et de mâles ; ils n'ont pas non plus le même plan et ne sont pas placés dans le même ordre ; ils sont, au contraire, isolés et ont leur direction presque perpendiculaire. Ces cellules ont la forme de la cupule d'un gland lorsqu'elles ne contiennent pas d'embryon, M (*fig.* 23) ; leur surface est comme guillochée de petits trous presque triangulaires. Les abeilles emploient une grande quantité de cire mêlée avec un peu de propolis pour leur construction. Leur profondeur varie, et leur diamètre est d'environ 8 millimètres et demi.

109. Les alvéoles de mères, au nombre de cinq ou six seulement dans des ruches, de dix ou douze dans d'autres, de vingt et même de vingt-cinq dans certaines, sont ordinairement établis au tiers de l'emplacement et sur le bord des rayons dans les parties qui n'adhèrent pas aux parois de l'habitation, ou bien encore sur le bord central des rayons qui ne traversent pas l'habitation. Dans ce cas, les alvéoles maternels sont au centre et remplissent le vide formé par ces demi-rayons.

110. Cellules maternelles artificielles ou de sauveté. — Quelquefois les abeilles édifient des cellules maternelles au milieu des rayons : c'est quand elles ont perdu leur mère et qu'elles veulent s'en procurer une autre au moyen d'une larve d'ouvrière, ainsi que nous le verrons plus loin. Ces cellules sont dites *artificielles* ou *de sauveté*, M et L (*fig.* 27, p. 61).

Nous apprendrons à connaître plus amplement ces diverses cellules dans la leçon prochaine.

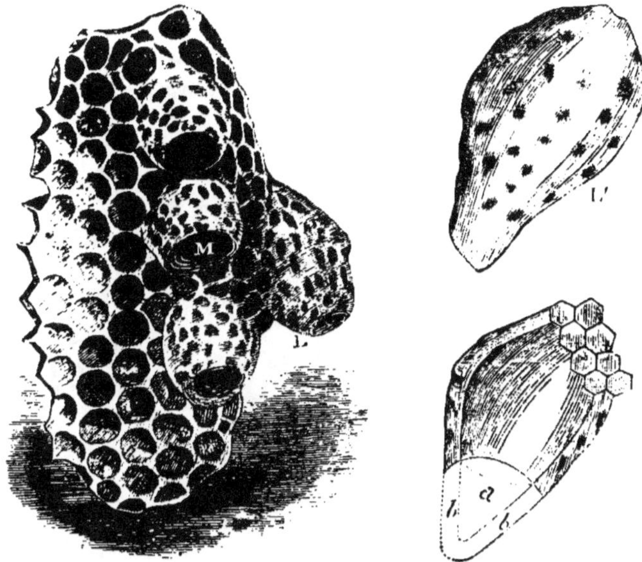

(Fig. 23.) Cellules maternelles.

(Fig. 24.) Rayon avec cellules d'ouvrières en A, et de mâles en B.

IVᵉ LEÇON

TRAVAUX ET SOINS INTÉRIEURS. — COUVAIN

Répartition des travaux. — Appropriement. — Renouvellement de l'air. — Garde de l'entrée. — Du couvain. — Œufs. — Grande ponte. — Ver ou larve d'ouvrière. — Nymphe. — Couvain de mâles. — Couvain de femelles. — Identité des œufs de femelles complètes et de ceux d'ouvrières. — Ouvrières qui pondent. — Œuf d'ouvrière transformé en femelle. — Femelles retenues au berceau. — Chant de la femelle. — Influence de l'âge des mères sur leur ponte et sur la valeur des colonies. — Attachement des abeilles au couvain. — Fureur des abeilles chargées de l'éducation du couvain. — Nettoiement des cellules. — Dévouement des abeilles pour leur mère. — Transport d'œufs.

111. Nous avons vu, dans la dernière leçon, que les édifices des abeilles sont construits régulièrement et disposés de la manière la plus favorable pour l'emplacement qu'ils occupent. Les constructeurs de ces édifices ont résolu un des plus beaux et des plus difficiles problèmes de la géométrie, en choisissant la forme de cellules qui occupe le moins de place dans une étendue donnée, tout en ayant la plus grande capacité possible ; ce qui n'a pas empêché Buffon de les appeler des automates. Mais, n'en déplaise à ceux qui pourraient penser comme ce célèbre naturaliste, nous n'accordons pas moins aux abeilles un degré d'intelligence, d'instinct supérieur, si l'on veut, dont elles nous donnent plus d'une preuve.

Les occupations des abeilles ne se bornent pas seulement à récolter le miel et à construire des édifices : elles s'étendent aussi aux soins d'élever une nombreuse progéniture et à toutes sortes de soins pour la conservation de la famille.

112. **Répartition des travaux.** — Les ouvrières se

répartissent les travaux selon leurs aptitudes, et selon les circonstances : celles qui ne sauraient élaborer la cire vont à la picorée. Nous avons vu qu'au moment de la grande production du miel toutes les ouvrières vont à la quête de ce suc, et nous savons que les butineuses habituelles, les vieilles abeilles, ne s'occupent pas de l'éducation du couvain, et très-peu de l'appropriement et de la garde de la ruche, etc.

113. Appropriement. — Les travailleuses de l'intérieur s'occupent de nettoyer la ruche, d'enlever et de porter au dehors toutes les ordures et tous les cadavres qu'elles rencontrent ; elles couvrent de propolis les ennemis qu'elles ne peuvent emporter et dont l'odeur les empoisonnerait.

114. Elles font l'office de balayeuses pour débarrasser les rayons des ordures et des corps étrangers que les butineuses apportent incidemment à leurs pattes ou autour de leur corps. On les voit, pour cette opération, trémousser leurs ailes d'une manière toute particulière, non plus comme lorsqu'elles cherchent à renouveler l'air ou à produire le bruissement, mais dans le but de balayer les ordures.

115. Renouvellement de l'air. — Les abeilles ont besoin de renouveler l'air de leur habitation et de le rafraîchir à l'époque des grandes chaleurs. On les voit alors, principalement à l'entrée de la ruche et sur le tablier, où elles semblent cramponnées par leurs pattes, on les voit, dis-je, agiter sans cesse leurs ailes. Ces battements sont si précipités qu'ils semblent n'être qu'un mouvement rotatoire continuel. Le bruit qui en résulte produit ce ronflement si caractéristique de leur force et de leur énergie. Les abeilles qui battent ainsi des ailes sont remplacées alternativement (*). Les faux-bourdons ne battent pas les ailes.

(*) Dans son traité, Debeauvoys a fait jouer ce rôle spécialement aux cirières. La vérité est que beaucoup d'ouvrières qui reviennent des champs battent plus ou moins des ailes en entrant dans leurs ruches, surtout lorsqu'elles sont fatiguées et qu'elles ont eu de la peine à retrouver le logis. Ce battement d'ailes n'a pas pour but de renouveler l'air : il faut y voir une

116. Garde de l'entrée. — Des ouvrières font une garde presque continuelle à l'entrée de la ruche pendant toute la bonne saison. Elles visitent les abeilles qui se présentent, et forcent quelquefois les butineuses qui reviennent de la picorée à leur donner le miel qu'elles apportent. Les gardes repoussent tous les insectes et toutes les abeilles étrangères qui tenteraient de s'introduire dans leur habitation ; et, lorsqu'un ennemi se présente et qu'un danger menace la colonie, elles jettent une sorte de cri aigu pour appeler du secours. Les abeilles qui s'occupent de cette garde se relèvent de temps à autre (*).

117. Du couvain. — On appelle *couvain* les différents états de l'abeille au berceau, depuis l'œuf jusqu'à l'insecte près d'éclore. Le temps pendant lequel s'accomplit l'éducation du couvain se divise en quatre périodes : la première comprend celle de l'incubation ; la deuxième, celle où l'œuf éclos a produit un ver ; la troisième, celle où le ver se transforme en nymphe ; la quatrième, celle où la nymphe parvient à l'état parfait.

118. Nous avons vu que la jeune mère fécondée neuf jours après sa naissance commence à pondre 24 heures après l'accouplement, c'est-à-dire après dix jours révolus, à partir du moment où elle est parvenue à l'état d'insecte parfait. Il y en a qui ne naissent (sortent de leur cellule) que le troisième ou le quatrième jour après être arrivées à terme.

119. Œufs. — Les œufs des abeilles sont ovoïdes, allongés, un peu courbés, d'un blanc bleuâtre, et d'environ 1 millimètre et demi de long. La plupart des alvéoles du rayon de la *fig.* 27, p. 61, sont garnis d'œufs. Ces œufs éclosent par la seule chaleur de la ruche, chaleur qui dépasse 30 degrés.

---

manifestation de contentement. C'est une espèce d'harmonie musicale dont elles usent très-largement à l'époque de leurs grands travaux. Un auteur fantaisiste a appelé cela la *prière en commun*. En fait de prière, les abeilles ne connaissent que le travail.

(*) Des auteurs ont avancé que, dans l'intérieur d'une ruche, il existait une sorte de police pour *maintenir l'ordre*. Dans la société de ces petites bêtes, où le sentiment du *chacun pour tous* forme la constitution et le code, cette superfluité n'est pas connue.

120. Le premier soin de l'abeille mère est d'examiner l'alvéole où elle veut pondre, pour s'assurer s'il est propre et en état de recevoir un œuf; ensuite elle se retourne et y enfonce sa partie postérieure. Elle reste quelques secondes dans cette position et se retire après avoir déposé l'œuf, le plus souvent dans l'angle supérieur du fond de l'alvéole, où il est collé par un des bouts au moyen de la matière visqueuse dont il est enduit, et que Swammerdam a reconnu dans le voisinage de l'ovaire. Un instant suffit pour cette opération, et elle n'est pas plutôt terminée que la mère en recommence une semblable, et cela plusieurs centaines de fois dans une seule journée de printemps (*). Cette quantité est subordonnée à l'abondance des aliments, notamment du pollen que les abeilles trouvent sur les fleurs, à la force des colonies, à l'âge et à la qualité de la mère, à l'état de la température et de la saison.

121. La mère ne dépose ordinairement qu'un œuf par cellule ; mais, lorsqu'elle est pressée de pondre, elle en dépose plusieurs. Dans ce cas, les abeilles enlèvent les œufs supplémentaires, qu'elles mangent et n'en laissent jamais qu'un par cellule (150 *bis*).

122. La mère perd quelquefois ses œufs, c'est-à-dire qu'ils s'échappent malgré elle et tombent dans des cellules ou sur le plancher. Elle perd facilement ses œufs lorsqu'elle est pressée de pondre, lorsqu'on l'a retenue captive dans le fort de la ponte, lorsque les abeilles ne construisent pas assez vite les alvéoles, lorsqu'enfin elle est malade.

123. La mère pond des œufs des deux sexes : des œufs d'ouvrières (femelles) qu'elle dépose dans des cellules construites pour les ouvrières, des œufs de faux-bourdons (mâles) dans des cellules construites pour des faux-bourdons. Mais, dans ses ovaires, il ne se trouve qu'une sorte d'œufs, œufs qui n'ont pas reçu la fécondation du mâle, et qui cependant possèdent les deux germes, mâle et femelle ; le germe mâle — en ceci consiste la différence —

(*) Selon de nouvelles observations, une mère peut pondre, en temps d'essaimage, de 2,000 à 3,000 œufs par jour, soit 180 à 200,000 dans une année. — ŒTTL.

(*Fig.* 25.) Œufs et larves de divers âges.

(*Fig.* 26.) Œuf, larve, nymphe grossis.

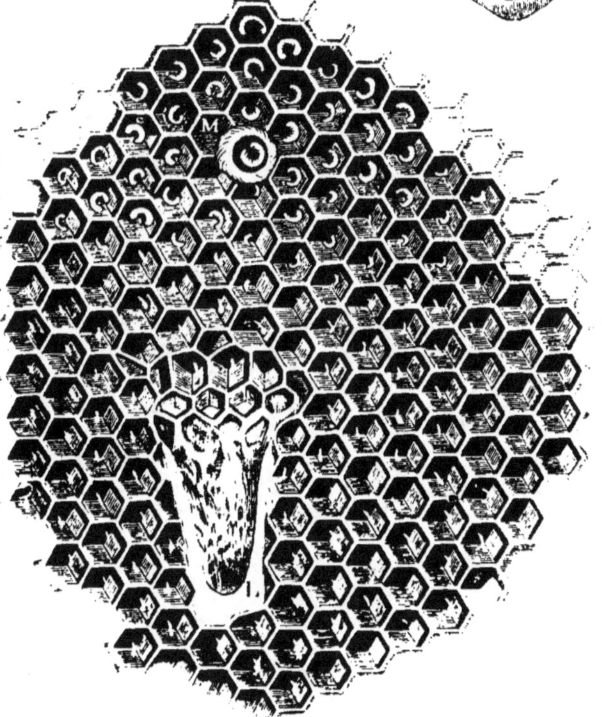

(*Fig.* 27.) Rayon garni d'œufs et de larves.
M, Larve en transformation. L, Larve operculée.

appartient à l'œuf en même temps que la faculté de vivre, et il n'a besoin d'aucune fécondation ultérieure ; c'est pour cela que des mères non fécondées peuvent produire des faux-bourdons complets (37). Le germe femelle, au contraire, a besoin d'une fécondation particulière, qu'il obtient par la volonté de la mère, lorsque l'œuf passant, au moment de la ponte, devant l'orifice de la vésicule séminale S (*fig.* 7, p. 18), est imprégné de son fluide fécondant. Dans ce dernier cas, le germe femelle obtient la prépondérance, et le germe mâle est refoulé et anéanti. C'est ainsi que l'œuf devient un œuf d'ouvrière, et il serait resté un œuf de faux-bourdon s'il n'avait pas été en contact avec la vésicule séminale, réceptacle qui renferme la matière spermatique communiquée par le mâle lors de l'accouplement.

Lorsque la mère dépose par mégarde un œuf de mâle dans une cellule d'ouvrière, les abeilles exhaussent cette cellule et lui donnent un couvercle bombé. Le mâle qui en naît est de taille un peu moins développée (19). Mais la mère pond volontairement des œufs de mâles dans des cellules d'ouvrières lorsque les grandes cellules sont insuffisantes, ce qui peut avoir lieu quand la population est forte et la ruche petite. Lorsque, par mégarde, la mère dépose un œuf d'ouvrière dans une cellule de faux-bourdon, il est enlevé par les ouvrières. — Nous verrons plus loin qu'il y a des ouvrières qui pondent des œufs de mâles (140).

124. La jeune mère commence à pondre des œufs d'ouvrières, et ne s'arrête pas tant qu'il y a dans la campagne des fleurs donnant du pollen et du miel. Il est rare qu'elle ponde des mâles la première année (ou du moins dans le climat de Paris). L'ancienne mère pond au printemps, d'abord des ouvrières, environ pendant deux mois (toujours dans le climat de Paris); puis, sans interrompre la ponte d'ouvrières, en avril et en mai, voire même jusqu'au moment de la destruction des adultes, pour le climat de Paris, elle pond une certaine quantité de mâles et, dans l'intervalle et à des jours différents, quelques œufs de futures mères dans les cellules spéciales (*).

(*) Nous avons soin de dire « dans le climat de Paris », parce que la ponte

Dans les contrées favorisées d'un climat doux et d'une successsion constante de fleurs, la fécondité des mères est prodigieuse ; la ponte des œufs d'ouvrières et de mâles s'y succède avec rapidité et continue presque toute l'année.

125. Dans nos climats tempérés, la ponte de mâles a quelquefois lieu à deux époques de l'année : au commencement du printemps et à la fin de l'été. Dans les localités où l'on transporte les colonies au blé noir, une seconde ponte de mâles a lieu si cette plante donne beaucoup de pollen et de miel.

126. On appelle grande ponte, avons-nous dit (33), celle qui précède l'essaimage et lui donne lieu. Elle varie selon les climats et les fleurs. A l'époque de la grande ponte, on trouve du couvain dans presque toutes les parties de la ruche, et les abeilles butinent autant de pollen qu'elles en trouvent. On voit des colonies en recueillir alors plus d'un kilogramme par jour.

127. L'abeille mère, nous l'avons vu, pond pendant presque toute l'année, mais beaucoup moins qu'au moment de la grande ponte. Pendant l'hiver même, quand il n'est pas rigoureux, il y a du couvain dans les ruches bien organisées ; ce couvain se trouve alors au milieu et vers le haut de la ruche. Il n'y a donc que le temps froid, le manque de nourriture, des rayons défectueux et par trop vieux, ainsi que la vieillesse ou la défectuosité de l'abeille mère, qui empêchent la ponte.

128. Trois jours, ordinairement, après le dépôt de l'œuf dans l'alvéole, cet œuf se transforme : il donne naissance à un ver ou larve. L'œuf conserve sept ou huit jours, peut-être davantage, les facultés d'éclore lorsqu'il se trouve à une température moins élevée.

129. Ver ou larve. — Le ver ou larve est, comme nous venons de le voir, le produit de l'œuf. Ce ver est sans pieds, tout blanc, ridé circulairement, et toujours contourné sur lui-même au fond de sa cellule (*a*, *b*, *c*, *d*, *e*, *f*,

---

des mâles et des futures mères varie selon les climats. En Bretagne et dans d'autres contrées qui n'ont beaucoup de fleurs que tardivement, cette ponte n'a lieu qu'en juin et en juillet.

y, *h* [*fig.* 25] , larves à divers âges). Il se donne fort peu de mouvement, même pour absorber la nourriture que lui présentent alors les abeilles. Cette nourriture est une bouillie composée de pollen et d'un peu de miel étendu d'eau, dont la qualité varie selon l'âge du ver. Au commencement, elle est presque blanche et insipide : elle a un goût de miel lorsque le ver est plus avancé ; au terme de sa métamorphose, c'est une gelée transparente et fort sucrée. Tout le fond de la cellule est couvert de cette bouillie, sur laquelle le ver est couché, de sorte qu'il n'a qu'à ouvrir la bouche pour s'en gorger. Les abeilles ouvrières soignent ces vers avec l'affection la plus tendre, sont sans cesse occupées à les pourvoir de nourriture, et les visitent plusieurs fois dans la journée. Le chiffre 3 (*fig.* 26) représente une cellule coupée, qui laisse voir un ver dans la position qu'il occupe le quatrième ou cinquième jour de sa naissance.

130. Quand la saison est chaude, cinq jours suffisent au ver pour prendre tout son accroissement. Les nourricières, connaissant qu'il est au.terme de sa métamorphose, cessent de lui apporter de la nourriture et ferment sa cellule avec un couvercle de cire légèrement bombé, et par conséquent différent de celui qui couvre les alvéoles où est renfermé le miel, ce dernier étant plat. C'est dans cette espèce de prison que le ver, après l'avoir tapissée d'un réseau de soie, c'est-à-dire après avoir filé une coque, change de peau et se transforme, se change en nymphe. Il accomplit cette opération en se roulant en tous sens et en se redressant. Le temps nécessaire pour cela est d'environ deux jours.

131. **Nymphe.** — On appelle *nymphe* l'état de mort apparente dans lequel passe la larve de presque tous les insectes avant de devenir véritablement insecte, c'est-à-dire avant de n'avoir plus de métamorphose à accomplir et d'être propre à la génération. La nymphe des abeilles chiffre 5 (*fig.* 26), est blanche, et on distingue, à travers sa peau, les parties extérieures de l'insecte parfait. Dans dix jours ou à peu près, toutes les parties de son corps acquièrent la consistance qui leur est nécessaire ; alors elle commence à déchirer son enveloppe ; avec ses

dents, elle brise le couvercle de sa prison, et bientôt elle en sort la tête, puis les deux premières jambes, puis enfin le reste du corps. Une abeille vigoureuse franchit cette barrière en peu de temps, tandis qu'une abeille faible emploie souvent plusieurs heures et meurt quelquefois dans l'opération.

132. Le couvain d'ouvrières met de dix-neuf à vingt et un jours — selon la température de la ruche — à accomplir toutes ses transformations. Celui qui naît au bout de vingt et un jours est resté : trois jours à l'état d'œuf, cinq jours à l'état de ver, deux jours (trente-six heures) occupé à filer sa coque soyeuse, et il est resté dix jours environ à l'état de nymphe. Ces divers états peuvent être raccourcis ou allongés quelque peu.

133. Les ouvrières ne prêtent aucun secours aux individus qui naissent, et les laissent périr s'ils ne sont pas assez forts pour sortir seuls de leur berceau. Mais elles s'empressent de les brosser aussitôt qu'ils en sont sortis, de leur présenter du miel, et semblent leur donner les instructions nécessaires pour les rendre utiles à la famille.

134. **Couvain de mâles.** — Les œufs de mâles, comme nous l'avons vu, sont pondus dans des cellules plus larges, où ils subissent les mêmes transformations que les œufs d'ouvrières. Mais ils n'arrivent à leur état parfait que le vingt-quatrième jour de leur ponte. Ils restent trois jours à l'état d'œufs, six jours à l'état de ver, trois jours occupés à filer leur coque et douze jours à l'état de nymphe. Le couvain de mâles ne naît quelquefois qu'au bout de vingt-six et même de vingt-sept jours.

135. Les abeilles chargées de l'éducation du couvain prodiguent à celui de mâles les mêmes soins qu'à celui d'ouvrières ; elles lui distribuent la même nourriture (76), le visitent avec la même assiduité ; et, lorsqu'il est prêt à se transformer en nymphe, elles bâtissent sur les cellules qui lui servent de berceau des couvercles bombés. Ces couvercles sont relevés en forme de calotte. Adulte, le mâle reçoit les mêmes attentions que l'ouvrière.

136. **Couvain de femelles** (*futures mères*). — Les œufs qui doivent produire des femelles développées sont dépo-

sés dans des alvéoles particuliers dont nous connaissons la forme. Ces alvéoles, M (*fig.* 23), ne sont encore profonds que de 5 à 6 millimètres, et ressemblent à la cupule du gland. Mais bientôt ils sont allongés et clos, L' (même *fig.* 23, p. 55).

137. L'œuf de femelle éclôt au bout de trois jours; la larve qui en sort passe cinq jours en cet état, après lesquels elle file sa toile; mais la longueur de l'alvéole ne lui permettant pas d'atteindre jusqu'à son extrémité, elle laisse ce travail imparfait du côté de la base. La bouillie qui couvre le fond de l'alvéole lui évite la peine d'y étendre sa toile. Elle n'emploie que vingt-quatre heures à ce travail; elle passe deux jours et quelques heures en repos, au bout desquels elle se métamorphose en nymphe, et, après être demeurée quatre jours en cet état, elle arrive à celui de femelle parfaite entre le quinzième et le seizième jour de la ponte (*). Mais, comme nous le verrons plus loin, elle peut être retenue plusieurs jours prisonnière dans son berceau.

138. La nourriture que reçoit le ver de femelle développée est particulière : elle est d'abord plus acidulée, puis plus sucrée et plus abondante que celle donnée aux ouvrières et aux mâles. Il en reste toujours à l'état concret dans le berceau, après l'éclosion de l'adulte.

139. **Identité des œufs de mères et de ceux d'ouvrières.** — Les œufs de mères ne diffèrent en rien de ceux d'ouvrières, le fait a été découvert par Schirach. On sait donc aujourd'hui qu'un *œuf destiné à produire une ouvrière peut donner une abeille mère lorsqu'il est placé dans une cellule spéciale, et que le ver qui en naît reçoit une nourriture particulière:* ce qui démontre que toutes les ouvrières sont des femelles et auraient pu devenir des mères si elles eussent été autrement logées et alimentées. Elles sont restées stériles parce que leurs ovaires ont été comprimés pendant les développements du ver, et aussi parce que les

---

(*) Dans la première édition, nous avions donné seize jours quatre heures pour la durée de l'incubation. Huber n'a porté ce temps qu'à seize jours. M. Collin ne le porte qu'à quinze jours et douze heures. Nous pensons que cette durée peut varier au moins d'un demi-jour.

vers n'ont pas reçu la nourriture particulière qui est donnée aux vers de femelles développées. Cette différence de nourriture influe beaucoup sur la larve : elle précipite son accroissement et facilite le développement de l'ovaire. Son influence sur cette partie du corps est telle que, si les ouvrières ont un excédant de cette nourriture et le donnent aux larves d'ouvrières, l'ovaire de ces ouvrières se développe de manière à pouvoir produire des œufs.

140. Ouvrières qui pondent. — Lors donc que des œufs d'ouvrières ont reçu la nourriture spéciale ou prolifique, soit parce que, leur cellule étant proche de celle de mères, des nourricières y ont laissé tomber quelques parcelles de cette nourriture, soit aussi parce que les nourricières, ayant voulu en faire des mères, s'y sont prises trop tard : toujours est-il que les ouvrières qui en naissent ont la faculté de pondre ; mais elles ne peuvent pondre que des œufs de mâles.

141. Dans une ruchée bien organisée, il ne se trouve pas d'ouvrières qui pondent, parce que l'abeille mère leur livre combat et les tue ; mais dans une ruchée qui n'a plus de mère, les abeilles accordent leur déférence aux ouvrières pondeuses : ces sortes de ruchées ne tardent pas à tomber en décadence.

142. Œuf ou ver d'ouvrière transformé en femelle complète. (*Moyen employé par les abeilles.*) — Tout ver d'ouvrière qui n'a pas atteint sa dernière période de développement peut être transformé en femelle complète (*). Lorsque les abeilles veulent transformer une larve d'ouvrière en larve de mère (cela arrive quand elles viennent de perdre leur mère), elles agrandissent la cellule qui con-

---

(*) Nous avions dit, dans les éditions précédentes, d'après Féburier, Huber, etc., que la larve de plus de trois jours ne pouvait plus être transformée. On sait aujourd'hui que la transformation peut avoir lieu tant que le développement de la larve n'est pas complet, avant cinq jours révolus (132). Mais comme il arrive quelquefois que l'œuf n'éclôt que quatre ou cinq jours, et même encore davantage, après la ponte, on voit des transformations avoir lieu après neuf, dix et onze jours. On en a même constaté au bout de quinze jours de la ponte de l'œuf ; le cas est rare. Nous ajouterons que la cellule qui contient l'œuf d'ouvrière n'est agrandie que quand cet œuf est éclos.

tient le ver en détruisant les cellules voisines, M (*fig.* 27), et en donnant une autre direction à celles qu'elles agrandissent, L (*fig.* 27); elles présentent à la larve à transformer la bouilie prolifique dont nous avons parlé, et cette larve accomplit les transformations que nous avons vues plus haut. Au bout de quinze ou seize jours de la ponte de l'œuf, il en naît une femelle que l'on appelle *mère artificielle*, laquelle a toutes les qualités de la mère qui provient d'un œuf pondu dans une cellule spéciale. Nous verrons plus loin le moyen de donner une mère artificielle et autre à une colonie qui a perdu sa mère naturelle.

143. Femelles retenues prisonnières au berceau. — Nous avons vu que les femelles développées peuvent éclore au bout de seize jours ; mais elles n'éclosent quelquefois qu'au bout de vingt ou vingt-quatre jours, et même davantage. Alors elles sont retenues prisonnières par les ouvrières, qui renforcent les bords du couvercle de leur alvéole, et qui les gardent jusqu'à ce qu'il leur plaise de les laisser sortir. Il est rare que cette reclusion se prolonge au delà de huit jours ; et, pendant le temps qu'elle dure, les gardiennes du berceau pratiquent un petit trou au couvercle, par où la prisonnière peut passer sa trompe pour recevoir le miel que les ouvrières lui présentent comme nourriture.

144. Une femelle qui a été ainsi retenue prisonnière peut voler aussitôt qu'elle sort de sa cellule et se faire féconder (28), tandis que celle qui n'a pas été retenue prisonnière, et est née au bout de seize jours, ne peut voler que deux ou trois jours après et se faire féconder que six ou sept jours après sa naissance à terme.

145. Chant de la femelle. — On appelle ainsi le cri particulier que font entendre les femelles retenues prisonnières au berceau. Ce chant ne se fait entendre ordinairement que dans les ruches qui doivent donner des essaims secondaires, et, chaque fois qu'il est produit, il inquiète les abeilles et les plonge dans un silence instantané. Ce sont les jeunes femelles développées, retenues prisonnières au berceau et celles qui viennent de naître qui le font entendre, ces dernières par le cri accentué de *tit, titt, tuth;* les premières, plus particulièrement par *koua, koua.* Il est très-rare que les mères fécondées chantent ; elles ne le font que lorsqu'elles éprouvent une contrainte et qu'elles sont isolées de leur colonie (*).

146. Influence de l'âge des mères sur leur ponte et sur la valeur des colonies. — Nous avons vu que les mères ne vivent que quatre ou cinq ans. Les deux premières années de leur existence sont celles de leur plus grande fécondité. A cet âge, elles sont vives, brillantes, d'une couleur d'or bruni, surtout aux premiers anneaux de leur abdomen ; et lorsqu'elles livrent des combats, elles sont ordinairement plus fortes que de plus âgées. A quatre ou cinq ans, leur port n'est plus le même : elles ont l'air moins vives, sont moins fortes et presque infécondes. Elles ont perdu une grande partie des petits poils de leur corselet, leur couleur a noirci, leur taille même a subi un grand changement ; elles sont plus petites, leurs ailes sont souvent déchirées.

Les essaims conduits par de vieilles mères dépérissent souvent parce que ces mères ne pondent presque plus. Il importe donc de n'avoir que de jeunes mères dans les colonies, et par conséquent de remplacer celles qui commencent à vieillir. Nous verrons plus loin les moyens à employer pour cela.

147. Attachement des abeilles au couvain. — Les abeilles ont pour leurs petits nourrissons l'attachement le plus tendre. Un rayon rempli de vers et placé dans une ruche vide suffit pour les y retenir et leur faire oublier l'enlèvement de leurs provisions, même quand elles seraient privées de mères ; mais, dans ce cas, il faut qu'il y ait dans les rayons des œufs, ou des larves d'ouvrières qui ne soient pas entièrement développées, avec lesquelles elles peuvent se procurer une mère. — Les soins que les nourricières donnent au couvain sont constants et remplis de sollicitude ; elles lui distribuent les vivres avec

---

(*) Plusieurs mères italiennes que nous avons enfermées dans des étuis avec quelques ouvrières pour les expédier par la poste se sont mises, au bout d'un moment, à chanter le *titt* très-accentué, qu'elles ont répété à plusieurs intervalles. — On entend quelquefois, avant la sortie des essaims primaires, un cri sourd et aspiré qu'on a rendu par *rhoue* et *crrre*, mais on ne sait à qui l'attribuer.

égalité et abondance, sans toutefois les prodiguer ; car la quantité est tellement proportionnée aux besoins qu'il n'en reste jamais dans l'alvéole quand la larve se change en nymphe, excepté chez les femelles complètes, à l'éducation desquelles les abeilles donnent des soins plus grands encore qu'à celle des ouvrières et des mâles.

148. Fureur des abeilles qui gardent le couvain. — Les abeilles sont très-attachées à leur progéniture, venons-nous de voir, et plus il y a de couvain dans une ruche, plus elles y sont attachées. Ces sentiments maternels se changent en fureur à la moindre apparence de danger pour leur nourrissons ; au plus petit bruit qui se fait entendre près de leur habitation, elles sortent en nombre pour reconnaître si quelque danger les menace. C'est alors que, oubliant que la défense de leurs enfants leur coûtera la vie, elles font usage de leur aiguillon, qu'elles perdent la plupart du temps avec les organes qui l'accompagnent, et y trouvent la mort. Aussi est-il prudent de ne pas tourmenter inutilement les colonies lorsqu'elles ont beaucoup de couvain, et de n'en approcher qu'avec précaution.

149. Nettoiement des cellules. — Les abeilles chargées de l'éducation du couvain nettoient les cellules lorsque ce couvain est éclos. Elles en visitent l'intérieur et enlèvent les parcelles d'opercules et les autres matières inutiles ; mais elles ne touchent pas à la coque soyeuse laissée par le nouveau-né, laquelle coque, excessivement mince d'ailleurs, adhère à la cire et lui donne de la consistance. D'autres abeilles viennent rendre aux ouvertures des alvéoles la forme hexagonale que l'opercule leur avait fait perdre. Bientôt enfin la cellule est prête à recevoir un autre œuf que l'abeille mère ne tarde pas à y déposer (*).

150. Dévouement des abeilles pour leur mère. — Comme c'est sur l'existence de l'abeille mère que repose la conservation de la société, toutes les abeilles ouvrières sont disposées à se sacrifier pour la sauver, et se sacrifient souvent même à la seule apparence du danger. Ce dévoue-

---

(*) Maraldi a vu des abeilles élever successivement, dans des cellules, cinq vers dans l'espace de trois mois et quelques jours.

ment peut être utilement employé- lorsqu'on veut travailler une ruche, car il ne s'agit que de les mettre dans le cas d'être persuadées que toutes leurs piqûres seraient insuffisantes pour éloigner le danger qui menace leur mère, et qu'elles n'ont plus d'autres ressources que de masquer sa retraite, pour permettre de faire dans l'intérieur de cette ruche toutes les opérations qu'on juge nécessaires, sans trop craindre leur aiguillon. C'est ce qu'on obtient par l'*état de bruissement*, que nous connaîtrons dans une autre leçon (325).

150 *bis*. Transport d'œufs. — Les abeilles transportent-elles des œufs d'une cellule à l'autre? Nous n'en savons pas grand'chose. Dziezon, Berlepsch, Kleine, Vogel et autres, qui n'ont pas découvert le fait, le nient formellement, et tous ceux qui s'inclinent devant la décision des *maîtres* répètent la même chose. Mais il résulterait d'observations faites depuis peu, par Hilbert, que les abeilles transportent, dans des occasions extraordinaires, des œufs récemment pondus (*).

(*) Voir la communication du docteur Krasicki sur ce sujet dans l'*Apiculteur* (18e année).

Vᵉ LEÇON

DE L'ESSAIMAGE

Causes de l'essaimage. — Conditions indispensables. — Causes qui nuisent à l'essaimage.—Indices apparents de la sortie des essaims. — Moyens de faire fixer les essaims. — Endroits où les essaims se fixent. — Reposoirs artificiels. — Réception d'un essaim. — Essaims difficiles à recueillir. — Moyens de recueillir les essaims logés dans les arbres creux ou dans les murs. — Rentrée des essaims. — Manière d'empêcher la rentrée des essaims. — Abeille mère tombée à terre. — Départ simultané de plusieurs essaims; manière de les diviser. — Empêcher les essaims de se réunir. — Force, poids, volume et bonté des essaims. — Essaims secondaires. Tendance des essaims secondaires à s'enfuir. — Signes qui indiquent que l'essaim est sorti. — Essaims volages et adventices. — Moyens de reconnaître la ruche d'où est sorti un essaim, etc.

151. Dès que le cours du soleil a ramené le printemps, dès que les fleurs commencent à s'épanouir, l'abeille mère augmente sa ponte, qui est d'autant plus considérable que la ruche est spacieuse, bien garnie d'ouvrières, et qu'elle concentre mieux la chaleur. Il se produit donc à cette époque, dans chaque colonie, plus d'abeilles que les accidents ou la mort naturelle n'en font disparaître; aussi la population augmente-t-elle si fort que bientôt l'habitation devient trop étroite, et qu'il est nécessaire qu'une partie de la colonie aille chercher un gîte ailleurs.

152. **Essaim, essaimage.** — C'est cette partie émigrante qu'on appelle *essaim* ou *jeton*, et l'action d'émigrer *essaimage*. Par extension, on donne souvent le nom d'*essaim* à toutes les colonies, vieilles et nouvelles; ainsi,

au lieu de compter par colonies, on compte par essaims. Les expressions *ruches* et *paniers* s'emploient aussi dans le même sens, et l'on appelle *ruche mère* ou *souche* la colonie qui a essaimé (235).

153. On appelle *essaim naturel* la colonie sortie de son propre mouvement, et *essaim artificiel* ou *forcé* la colonie que l'on extrait, soit par le transvasement, soit autrement, et que l'on établit dans une nouvelle habitation.

154. **Causes de l'essaimage.** — Des naturalistes et des apiculteurs se sont ingéniés à expliquer, plus ou moins hypothétiquement, les causes qui déterminent la sortie des essaims. Quelques-uns l'attribuent à la grande gêne ; mais il sort quelquefois des essaims des ruches qui ne sont pas pleines. Quelques autres l'attribuent à la grande chaleur ; mais toutes les ruches pleines n'essaiment pas lorsqu'il fait chaud, et il est des jours très-chauds où il ne sort aucun essaim. D'autres, enfin, l'attribuent à la haine des femelles les unes pour les autres ; mais toutes les ruches où il y a de jeunes mères au berceau n'essaiment pas.

La nature, en condamnant les colonies à mourir après un certain laps de temps, ainsi que nous le verrons plus loin, devait offrir aux abeilles un moyen de se perpétuer : ce moyen, c'est l'essaimage. La principale cause de l'essaimage est donc la loi universelle imposée à tout ce qui vit : se perpétuer, croître et multiplier. Pour le reste, quand le fruit est mûr, il tombe ; mais il y a des causes qui font que tel ou tel arbre ne donne pas de fruits, que telle ou telle année ou saison n'est pas favorable à l'essaimage. Nous verrons ces causes.

155. **Conditions indispensables.** — Les conditions indispensables de l'essaimage sont la saison d'abord, puis une population forte et vigoureuse, l'apparition des mâles en certain nombre, l'existence d'une ou plusieurs femelles au berceau. Les conditions du moment sont un temps favorable, un temps calme, chaud et peu venteux. Cependant il sort des essaims par un temps nuageux et quelquefois par la pluie ; mais le cas n'est pas très-commun.

156. **Causes qui nuisent à l'essaimage.** — Lorsque des temps froids et pluvieux succèdent aux premiers

beaux jours du printemps, la ponte est diminuée, et parfois du couvain est jeté dehors, ce qui retarde l'augmentation de la famille. Il faut que l'abeille mère reprenne sa ponte, qui est souvent moins considérable, à cause de cette suspension accidentelle, et aussi à cause de la perte de temps. Ailleurs, dans les localités où l'essaimage a lieu en juillet et même en août, le temps sec et les grandes chaleurs peuvent, en détruisant les fleurs, empêcher ou seulement retarder la sortie des essaims. En outre, s'il survient au moment de l'essaimage un temps froid et pluvieux, la sortie des essaims n'a pas lieu, quoique les colonies soient dans des dispositions à essaimer. L'abeille mère, dans cette circonstance, va détruire au berceau les femelles près d'éclore. S'il s'en trouve à l'état de ver ou d'œuf, l'essaimage n'est que retardé, pourvu toutefois qu'un peu plus tard le temps ne s'oppose pas à la sortie de l'essaim.

La disette de miel et quelquefois aussi sa surabondance s'opposent encore à l'essaimage. Cependant il y a quelquefois beaucoup d'essaims dans les années qui ne donnent pas de miel, et l'on obtient parfois miel et essaims en abondance.

Les ruches très-vastes donnent beaucoup plus rarement des essaims que les petites, parce que celles-ci sont plus vite pleines.

Les ruchers placés sur les hauteurs et dans les endroits éventés donnent moins d'essaims et les donnent plus tardivement que ceux placés dans les vallées plantées de saules, et dans les bois où se trouvent en abondance le noisetier, le cornouiller, le saule-marceau, le cerisier, etc. A conditions égales d'emplacement, la proximité des fleurs avance l'essaimage. Aussi, dans plusieurs cantons de plaines, on transporte les colonies près des bois ou dans les vallées abritées qui ont des fleurs hâtives, afin d'obtenir des essaims précoces. Ces colonies sont transportées ensuite à d'autres pâturages.

157. Indices apparents de la sortie prochaine des essaims. — Une colonie est souvent prête à essaimer lorsque, depuis six ou huit jours, l'on y aperçoit des mâles, et que ces mâles font des sorties bruyantes vers le milieu de la journée.

Elle est d'autant plus sur le point d'essaimer, qu'une partie des abeilles se tient à l'entrée de la ruche et sur le tablier, où elle fait la *barbe* (83). Cependant il est des ruches qui font la barbe et qui n'essaiment pas, et il en est d'autres qui ne la font pas et qui essaiment. — Une disposition du temps à l'orage accélère toujours le départ des essaims ; l'électricité, on l'a remarqué, a beaucoup d'action sur les abeilles.

Après le coucher du soleil, comparez le bourdonnement que font entendre vos ruches : dans les faibles ou celles qui ne sont pas remplies de gâteaux, il est presque nul ; dans les fortes, le bourdonnement est sourd, grave, fortement soutenu ; dans les très-fortes, il devient aigu, plus éclatant : espérez dans quelques jours un essaim de ces dernières ruchées. Voulez-vous encore un autre signe : voyez et considérez ces nombreuses abeilles venir de l'intérieur, s'avancer en toute hâte sur le plateau, comme pour apporter un message, puis s'en retourner et rentrer avec le même empressement ; espérez un essaim dans quatre ou cinq jours. Cependant des ruchées fortes et prêtes à essaimer semblent rester dans l'inaction ; les ouvrières qui vont à la picorée et celles qui en reviennent ne sont pas aussi nombreuses que de coutume ; l'activité n'est plus en rapport avec la population ; les mouches paraissent être dans l'attente d'un grand événement qui ne tardera pas à s'accomplir. En effet, des abeilles commencent à se grouper abondamment à l'entrée, et il règne dans l'intérieur un désordre assez grand ; des ouvrières courent sur les rayons comme pour s'exciter au départ, et la température de la ruche s'est élevée.

158. Sortie de l'essaim. — Lorsque l'ordre du départ a été communiqué, les abeilles se précipitent en foule et en battant des ailes vers la porte ; elles prennent leur vol avec vivacité et font entendre un son particulier et bien nourri que l'apiculteur reconnaît. Bientôt l'essaim est sorti ; il se balance un moment en l'air, se fixe ensuite à un endroit le plus souvent peu éloigné de la ruche qu'il quitte. Cet essaim est composé d'abeilles de tout âge, dont la plupart ont eu soin de se charger de vivres ; et, comme nous le verrons plus loin, il est accompagné de l'abeille mère de la ruche qu'il quitte, laquelle ruche en a une ou plusieurs au berceau.

C'est de mai en juin, pour la latitude de Paris, qu'a lieu l'essaimage, et de neuf à dix heures du matin à quatre heures de l'après-midi (mais le plus souvent au milieu de la journée) que partent des essaims. Dans le Midi, l'essaimage a lieu d'avril en mai ; dans les localités de culture spéciale de blé noir et de bruyères, il a lieu de juin à août. Le temps de l'essaimage dure environ six semaines, mais quelquefois plus de deux mois.

159. Moyens de faire fixer les essaims. — De tout temps on a cherché les moyens d'arrêter les essaims dans leur vol ; et comme on avait remarqué que le tonnerre les faisait abattre sur-le-champ, on s'est imaginé que le bruit qui l'imite produirait le même effet. En conséquence, on frappait, et dans quelques localités on frappe encore à coups redoublés sur des chaudrons, des poêles, des pelles à feu, comme si ce ridicule tintamarre devait être suivi de la pluie, compagne ordinaire du tonnerre, et qui est réellement ce que les abeilles craignent (*); d'autres usent dans le même but de coups de fusil. Les apiculteurs qui raisonnent leurs actions se bornent à jeter sur l'essaim qui s'élève et fait mine de ne pas vouloir se fixer, de la cendre, de la poussière ou bien de l'eau, parce que cela imitant la pluie, leur fait réellement sentir le besoin de se fixer pour l'éviter autant que possible. Malheureusement on ne peut pas toujours faire usage de cette excellente méthode, soit parce que l'essaim s'est élevé trop rapidement ou qu'il vole trop vite, ou plus souvent parce qu'on n'a pas les matériaux nécessaires sous la main.

Des apiculteurs de l'Algérie et de la Corse font dans cette circonstance usage du jus de citron, qui, selon eux, a la propriété d'attirer les abeilles ; ils en projettent à l'endroit où ils désirent que l'essaim se fixe, et ils en imprègnent le plus possible l'air en écrasant des écorces, en en mâchant et en en crachant le jus en l'air, mais il arrive souvent que ce dernier moyen n'a d'autre résultat

---

(*) Dans quelques villages, on ajoute au tintamarre des démonstrations orales qui sont au moins aussi sottes.

que celui indiqué par le proverbe, et l'essaim se sauve
quand même.

160. Endroits où les essaims se fixent. — La plupart du temps les essaims, après avoir parcouru un petit
espace, se fixent à une branche d'arbre peu élevé, dans un
buisson ou une haie, etc., où ils forment une sorte de
pelote ou grappe assez volumineuse. Là, les abeilles attendent les coureuses qu'elles ont envoyées à la découverte d'un trou d'arbre ou de mur propre à les loger. Ces coureuses partent ordinairement avant la sortie de l'essaim
et font l'office de maréchaux des logis. Mais, soit qu'elles
ne remplissent pas leurs fonctions, soit qu'il n'en ait pas
été mis en campagne, l'essaim séjourne quelquefois à
l'endroit où il s'est fixé (*); ce n'est que le lendemain,
lorsque le soleil a repris sa vigueur et qu'il a réchauffé
les abeilles, que l'essaim fixé reprend sa volée, tantôt
pour se fixer de nouveau près de l'endroit où il était, tantôt pour émigrer fort loin. On en voit quelquefois parcourir plusieurs lieues, le plus souvent en ligne droite.

Souvent les essaims du lendemain vont s'établir à la
branche qui a servi de station à ceux de la veille. La raison de cette préférence, c'est que la nouvelle colonie est
attirée par les quelques abeilles de la première qui reviennent voltiger près de l'endroit où elles s'étaient posées
la veille. L'odeur d'une mère qui a stationné là pourrait
bien aussi être une cause de cette préférence.

161. Reposoir artificiel des essaims. — Lorsqu'il
n'existe pas d'arbre ni d'arbrisseau près du rucher, les
essaims vont la plupart du temps se fixer aux reposoirs
qu'on établit aux environs. On plante en terre quelques
piquets longs de trois à quatre mètres, auxquels on
append une poignée de branchages feuillus ou de bruyère,
une sorte de balai, que l'on attache à une ficelle passée
dans un anneau et que l'on fait fonctionner à l'instar des
anciens réverbères; on les descend et on les monte à volonté.

(*) Cet office de maréchaux de logis est loin d'être général. Si quelquefois
on voit des abeilles aller avant coup nettoyer la ruche vide qu'elles ont
découverte et où elles veulent se loger, la plupart des essaims partent à
l'aventure, sans s'être préoccupés d'un logement.

On peut introduire dans cette sorte de balai un vieux rayon de cire dont l'odeur attire les abeilles, ou du moins quelques rôdeuses, qui attirent elles-mêmes les abeilles des essaims. On peut également y mettre un étui qui ait renfermé des mères, ou des branches de mélisse.

162. Réception d'un essaim. — Dès qu'un essaim s'est fixé quelque part, et qu'il n'y a plus que quelques abeilles qui voltigent autour de la grappe, il faut s'apprêter à le loger dans une ruche qu'on aura disposée à cet effet. Quelques personnes frottent intérieurement cette ruche de plantes aromatiques ou de miel, dans le but d'y faire fixer plus sûrement les abeilles. Cette précaution n'est pas indispensable. L'essentiel est que la ruche soit propre et n'ait pas de mauvaise odeur. Il est bon de la passer au préalable sur la flamme d'un feu de paille, qui détruit les œufs d'insectes et les insectes qui auraient pu s'y loger, et l'assainit.

(*Fig.* 28.) Réception d'un essaim.

Après s'être recouvert d'un camail, si l'essaim est placé dans un lieu difficile et si l'on craint d'être piqué, on présente la ruche sous la grappe d'abeilles qu'on fait tomber dedans, soit en secouant fortement la branche à laquelle cet essaim est attaché (*fig.* 28), soit au moyen d'un petit balai, ou même avec la main, car alors elles piquent très-rarement; il n'est presque jamais nécessaire de prendre des précautions pour en approcher, excepté pour les essaims qui sont fixés depuis plusieurs heures ou depuis la veille. Lorsque les abeilles sont tombées en masse au fond de la ruche, on retourne doucement celle-ci, qu'on pose sur un linge étendu à terre, près de l'endroit où était l'essaim, ou sur un plateau, ou simplement sur le sol, s'il est sec et propre. On a eu soin de placer sur ce linge une petite cale, un bâton ou un caillou pour soulever un peu la ruche, et par là laisser plus d'entrée aux abeilles. Une grande partie des abeilles tombées dans la ruche s'accrochent aux parois ; mais bon nombre sont versées sur le linge lorsqu'on retourne cette ruche. On agit ainsi lorsqu'elle est destinée à loger l'essaim ; mais lorsque celui-ci doit être logé dans une autre ruche, on va secouer les abeilles à l'entrée de cette autre ruche, ainsi que nous le verrons plus loin (163-194). Aussitôt que les abeilles reconnaissent le logement qu'on leur a destiné, elles se mettent à battre le rappel et à entrer en colonne serrée dans ce logement ; celles qui voltigent dans l'air sont appelées par ce rappel et ne tardent pas à s'abattre où se trouvent celles de leurs compagnes déjà fixées. Au bout d'un quart d'heure ou d'une demi-heure au plus, toutes, ou à peu près toutes, sont entrées dans la ruche. Quelques-unes voltigent encore autour de l'endroit où s'est fixé l'essaim. Si le nombre en est assez grand et si plusieurs sont demeurées à cet endroit, il faut les en faire déguerpir en y plaçant quelque herbe puante, telle que l'éclaire chélidoine, la maroube, la camomille des champs, etc., ou bien y projeter de la fumée de chiffon qui éloignera les abeilles et les contraindra à chercher la colonie ou à retourner dans leur ruche mère. On peut aussi projeter de la fumée, mais modérément, aux abeilles groupées autour et aux environs du logement qu'on vient de leur donner, et qui tardent trop à y entrer.

163. Lorsqu'on a à loger un essaim dans une ruche peu maniable, une ruche lourde et compliquée, il faut recevoir cet essaim dans une ruche vulgaire, ou mieux dans une grande calotte armée d'un manche, et venir la secouer à l'entrée du logement en question, qu'on aura eu soin de placer sur un plateau, ou simplement sur un sol uni, et de soulever au moyen d'une cale, pour que les abeilles puissent y entrer facilement. Si elles tardaient à le faire, on emploierait un peu de fumée, ainsi que nous l'avons enseigné plus haut.

164. On doit, au bout d'une demi-heure, trois quarts d'heure ou une heure au plus, porter l'essaim à la place qui lui est destinée, laquelle place doit être, autant que possible, éloignée de la ruche mère, afin que des buti-

neuses ne soient pas exposées à confondre ces deux ruches. Si l'on attendait jusqu'au soir à le porter au rucher, un autre essaim pourrait venir se mêler à lui. En outre, un certain nombre d'ouvrières sortent dès ce jour pour aller à la picorée, remarquent l'endroit de leur demeure, et y reviennent le lendemain et même les jours suivants, sans pouvoir souvent retrouver leur colonie. Il est vrai que, dans ce cas, elles retournent la plupart du temps à la ruche mère.

165. Essaims difficiles à recueillir. — Les essaims ne se fixent pas toujours à une branche qu'on peut secouer : ils se placent quelquefois contre un mur, un tronc d'arbre, ou dans une fourche formée par des branches très-fortes ; dans ces circonstances, on présente la ruche de son mieux sous l'essaim, que l'on fait tomber au moyen d'un plumeau, d'un rameau touffu ou d'une baguette de bois.

166. On voit aussi des essaims se poser à terre, ce qui annonce, ou que la mère a les ailes avariées, ou qu'elle a été prise de lassitude. Rien n'est plus facile que de loger ces essaims : on pose doucement la ruche par-dessus ou tout proche, et on la tient soulevée d'un côté au moyen d'un tasseau ou d'un caillou. Si les abeilles ne se décident pas à monter tout de suite dans la ruche, on les y contraint en leur projetant un peu de fumée.

167. Lorsque l'essaim est fixé à la branche supérieure d'un arbre élevé, on le recueille dans une ruche renversée et placée au bout d'une longue perche (*fig.* 29). Tandis qu'une personne tient cette ruche sous la pelote d'abeilles, une autre personne, armée d'une seconde perche terminée

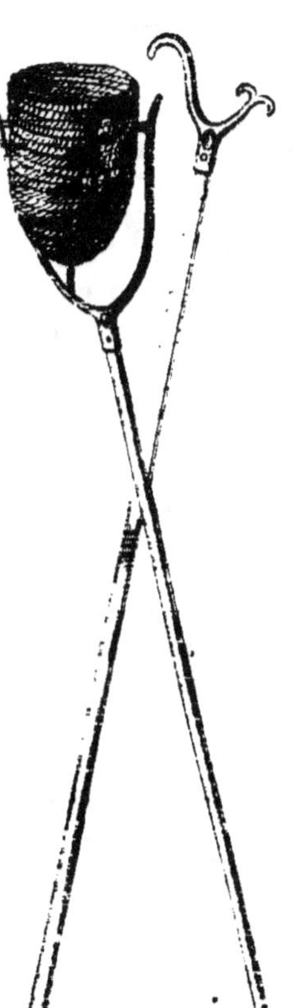

(*Fig.* 29.) Recueille-essaim.

par un crochet, secoue fortement la branche. On peut, dans cette circonstance, faire usage d'un sac de grosse toile, haut d'environ un mètre, taillé en rond par le bas et attaché autour d'un cerceau ; on fait, à 25 centimètres du haut, une espèce d'ourlet dans lequel on passe un cordon assez long pour le tenir dans la main lorsque le sac est élevé. Quand il s'agit de s'en servir, deux personnes le présentent sous la branche, au moyen de deux perches, secouent les abeilles par un mouvement de bas en haut et ferment ensuite le sac en tirant le cordon ; elles versent aussitôt l'essaim dans la ruche qui lui est destinée ; enfin, on enfume la branche, s'il est possible, pour en chasser le reste des abeilles.

168. Lorsque la branche à laquelle est fixé un essaim peut être détachée facilement et sans inconvénients, on la coupe, soit avec une lame tranchante, soit avec une scie douce, et, tenant cette branche à la main, on vient secouer l'essaim à l'entrée de la ruche disposée pour le loger (163) ; mais si la branche appartient à un arbre élevé, on commence par l'attacher à une longue ficelle au moyen de laquelle on la descendra lorsqu'elle sera coupée. Il faut opérer le plus doucement possible, afin de ne pas détacher d'abeilles de la grappe qu'elles forment.

169. **Moyens de recueillir les essaims logés dans les arbres creux ou dans les murs.** — Quelquefois les essaims vont se loger dans le trou d'un arbre ou d'un mur, d'où il n'est pas toujours facile de les forcer à sortir pour les faire entrer dans une ruche. On commence par s'assurer à quel endroit de l'arbre ou du mur les abeilles sont logées, ce qu'on découvre par le bruit qu'elles font entendre. On pratique, autant que possible, une issue à la partie la plus élevée de l'endroit où elles sont cantonnées ; on place une ruche à l'orifice de cette issue, et par l'issue inférieure, celle qui sert d'entrée aux abeilles, on projette de la fumée, modérément d'abord, puis en plus grande abondance si la colonie se décide difficilement à déguerpir : ce qui a souvent lieu lorsqu'elle est fixée là depuis quelque temps. Lorsqu'on s'aperçoit que l'abeille mère est entrée dans la ruche, on ralentit l'injection de fumée et, un peu après, on bouche l'entrée inférieure. On peut faire cette opération au milieu de la journée ou le soir : on

choisit ce dernier moment pour faire l'enlèvement et le transport de la ruche qui renferme la colonie recueillie.

170. Rentrée des essaims. — Il arrive qu'un essaim, après être resté quelques heures et même quelques jours dans une ruche, l'abandonne pour retourner à celle dont il était sorti. Ou cet essaim a perdu sa mère, ou il en a plusieurs (*).

171. Quelquefois l'essaim rentre immédiatement, c'est-à-dire qu'après s'être balancé un moment dans l'air sans s'être fixé, et d'autres fois, après s'être fixé et même avoir été logé, il revient en masse serrée à la ruche souche. Dans cette circonstance, la mère n'est pas sortie ; ou bien elle est sortie, mais, ses ailes étant faibles, elle est tombée à terre ; ou bien aussi elle s'est posée sur une toiture ou sur un objet quelconque près duquel était à l'affût une araignée qui l'a empêtrée dans sa toile. Cependant il arrive assez souvent qu'un essaim retourne à la ruche mère lorsque sa femelle est sortie et vole parfaitement ; il arrive même que cette mère est des premières à rentrer(**).

172. Lorsqu'un essaim rentre dans la ruche mère, il en ressort quelquefois le même jour, le plus souvent le lendemain, ou deux ou trois jours après, s'il a conservé son abeille mère ; mais, s'il l'a perdue il n'en ressort qu'avec une nouvelle mère, ordinairement sept ou huit jours après.

173. Manière d'empêcher la rentrée d'un essaim. — Quand on s'aperçoit qu'un essaim va rentrer dans la ruche d'où il est sorti, il faut se hâter d'enlever cette ruche et de mettre à sa place une ruche vide dans laquelle

---

(*) Les Allemands prétendent que, pour les essaims primaires, l'abeille mère, une fois au vol, ne rentre jamais, et que quand l'essaim rentre c'est que la mère n'est pas sortie, ou qu'elle s'est perdue. J'ai vu des mères d'essaims primaires rentrer avec leur essaim.

(**) En 1830, j'ai vu chez mon père un essaim second repartir après huit ours d'habitation dans une ruche où il avait amassé plus de 3 kilos de miel. Après l'avoir reçu dans une ruche vide, de laquelle il s'échappa encore un moment après, nous résolûmes, mon père et moi, de le visiter, et nous y découvrîmes deux mères. En ayant tué une, il resta dans sa première ruche, où nous le réintégrâmes.

entrera l'essaim. Il se peut qu'on ait recueilli la mère tombée à terre ou égarée ; on l'enferme dans un étui qu'on apporte sur le tablier de la souche. Si cet essaim n'avait pas de mère, on verrait au bout d'un moment les abeilles courir autour de la ruche et s'envoler ; dans ce cas, il faut rapporter à sa place la ruche souche dans laquelle l'essaim rentrera aussitôt ; mais si cet essaim paraît tranquille dans la ruche vide qu'on a substituée à celle d'où il sortait, on lui donnera une destination définitive au bout d'une demi-heure environ.

174. Mais, au lieu de rentrer dans la ruche d'où il sort, un essaim se jette quelquefois dans une ruche voisine. Si cette ruche voisine est un essaim de la journée, il n'y a pas combat entre les abeilles ; mais si elle est une colonie ancienne, une bataille furieuse s'engage entre les deux populations. Aussitôt qu'on s'aperçoit qu'un essaim fait mine de se jeter dans une autre colonie, il faut enlever celle-ci et lui substituer une ruche vide. Si déjà une partie de l'essaim s'était introduite au milieu d'une autre colonie, ce serait la ruche souche qu'il conviendrait de substituer à cette dernière, parce que l'abeille mère pourrait être parmi les abeilles entrées, de plus, elle pourrait déjà se trouver étranglée par les abeilles de cette colonie. Si la mère s'est introduite dans la ruche étrangère, on peut, en visitant le plateau de cette ruche, la trouver au milieu d'un peloton d'abeilles gros comme une noix, qui la pressent et finissent par lui lancer leur aiguillon si l'on ne vient vite à son secours. La fumée, dans ce cas, leur fait lâcher prise.

175. **Abeille mère tombée à terre.** — Lorsque l'abeille mère tombe à terre, l'essaim ne se décide pas aisément à rentrer : il cherche sa mère, se répand de tous les côtés ; on voit qu'il lui manque quelque chose. Il est toujours bon de jeter un coup d'œil devant la ruche qui vient d'essaimer, afin de s'assurer si la mère ne serait pas tombée à terre ; dans ce cas, on la ramasse et on la porte à l'endroit où l'essaim fait mine de vouloir se fixer. On réussit aussi quelquefois en l'enfermant dans un étui qu'on place dans une ruche vide que l'on tient en l'air, à attirer l'essaim dans cette ruche ; lorsque quelques abeilles ont découvert leur mère, elles sonnent le rappel et toutes leurs

compagnes ne tardent pas à venir s'abattre dans la ruche, qu'on peut poser à terre aussitôt qu'on voit qu'une centaine d'abeilles s'y sont fixées (*). Plusieurs apiculteurs ont pu suivre pendant trois ou quatre ans des abeilles mères qui tombaient ainsi à terre, parce que leurs ailes étaient endommagées. De là on a su que l'abeille mère pouvait vivre quatre ou cinq ans.

176. Départ simultané de plusieurs essaims ; manière de les diviser. — Dans les ruchers nombreux, plusieurs essaims peuvent sortir au même moment, se réunir et ne plus former qu'un seul groupe. S'il n'y a que deux essaims de mêlés, on peut les laisser ensemble, surtout dans une bonne localité et lorsqu'on tient plus au miel qu'aux essaims. Dans ce cas, on loge ce double essaim dans une grande ruche. Mais, s'il y en a plus de deux réunis, il convient de les diviser. Je suppose qu'on ait trois essaims de mêlés : après avoir disposé trois ruches l'une près de l'autre, de manière qu'elles forment un triangle, on recevra la pelote d'abeilles dans un grand panier qu'on viendra secouer au milieu des trois ruches apprêtées pour loger les trois essaims ; on veillera à ce que toutes les abeilles ne se portent pas dans la même ruche ; on éloignera celle qui recevrait un plus grand nombre d'abeilles. S'il arrivait qu'une ruche n'eût pas de mère, ce dont on s'apercevrait bientôt par la sortie des abeilles qui y seraient entrées, on recommencerait l'opération en secouant les abeilles des deux ruches garnies. Il faut recommencer l'opération jusqu'à ce que la division soit assurée.

Au lieu de prendre autant de ruches vides qu'on a d'essaims à faire, on peut les doubler : on arrivera plus vite à diviser les mères, et les essaims pourront ensuite être égalisés.

Lorsqu'on secoue un groupe renfermant plusieurs mères, il faut s'occuper de distinguer ces mères, et, aussitôt qu'on les aperçoit, s'empresser de les diriger vers chaque ruche. Mais si l'on n'en découvre qu'une, il faut placer un verre

---

(*) C'est en tenant l'abeille mère dans la main, ou en l'attachant à toute autre partie du corps au moyen d'un fil mince, qu'on peut faire fixer des essaims sur soi, ce qui émerveille beaucoup les gens étrangers à l'apiculture, lesquels se figurent toujours qu'une abeille posée sur vous ne peut avoir d'autre envie que celle de vous plonger son aiguillon dans les chairs.

dessus et la tenir prisonnière jusqu'à ce que la plus grande partie des abeilles soient entrées dans les ruches. Lorsqu'on s'aperçoit que les habitantes d'une ruche courrent en tous sens et s'apprêtent à en sortir pour se rendre dans les ruches voisines, il faut diriger la mère prisonnière sous cette ruche, qui rentrera aussitôt dans l'ordre. Le soir, ou immédiatement après que les abeilles sont rentrées, on peut, ou moyen d'une cuiller à long manche, égaliser les populations de ces ruches, dont on a fait la tare par avance.

Pour deux ou pour quatre, on opère toujours de même si l'on veut obtenir autant de divisions qu'il y a de colonies mêlées ; mais, si l'on veut en faire moins, on prend moins de ruches. Dans ce cas, il s'en trouve qui ont plusieurs mères, lesquelles se livreront combat jusqu'à ce qu'il n'en reste qu'une (40), ou les abeilles en détruiront une.

Il arrive quelquefois aussi que des essaims séparés repartent un moment après, quoiqu'ils aient chacun une mère. Cette mère est pelotonnée par des abeilles de la famille étrangère ; le peloton est tombé sur le plateau, et les abeilles de ce peloton font entendre un cri de colère qui met l'essaim en désordre et l'engage à s'enfuir. Cela arrive surtout lorsqu'un essaim secondaire s'est mêlé à une réunion de primaires. Dès qu'on s'aperçoit que l'essaim n'est pas tranquille, on soulève la ruche pour s'assurer si la mère ne serait pas entourée ; dans ce cas, on s'en empare et on la loge dans un étui de toile métallique qu'on suspend dans la ruche. On entoile celle-ci et on la porte dans un endroit obscur et frais (une cave) où on la laisse 24 ou 36 heures, au bout desquelles la mère est acceptée et l'essaim tranquille. Mais parfois on se voit obligé de donner à des souches qui viennent d'essaimer des essaims mêlés qu'on n'arrive pas à diviser ou à retenir. J'ai quelquefois vu, loin de toute habitation, quinze ou vingt essaims en train d'exécuter des chassés-croisés en l'air, depuis 10 heures du matin jusqu'à 6 heures du soir, et j'ai quelquefois eu affaire à des volumes de 30 ou 40 kilos d'abeilles au même arbre.

177. Ouvrières qui font mourir les mères. — Lorsque deux essaims sont rassemblés dans une même ruche, fait remarquer l'auteur du *Guide* (M. Collin), il est possible que les deux mères périssent en même temps. L'explication de ce fait est facile : chaque mère isolée de sa propre famille, s'est trouvée au milieu des abeilles de l'autre famille qui l'ont enveloppée et pressée de toute part. Quand cet accident a eu lieu, les abeilles retournent à leurs ruches respectives, et l'on trouve sur le plateau de l'essaim une des mères retenue dans une prison bien étroite. C'est un petit peloton d'abeilles, nous l'avons dit, qui entoure la pauvre mère et qui finit par l'étouffer.

Nous ferons encore remarquer, avec l'auteur précité, que quelquefois ces essaims, malgré la perte des deux mères, n'abandonnent pas la ruche; ils construisent alors des gâteaux composés uniquement de cellules de mâles. Ne pouvant pas élever de couvain, ils ne recueillent pas de pollen, mais ils amassent du miel. L'auteur précité dit en avoir récolté jusqu'à 8 kilogrammes dans une seule ruche, et il ajoute que ces sortes d'essaims sont rares. En effet, ce n'est que par une année d'abondance ou dans un pays très-avantageux qu'ils se comportent ainsi. En campagne ordinaire et en pays peu avantageux, ils retournent la plupart du temps à leurs ruches mères, ou ils émigrent au moment de la sortie d'un essaim auquel ils se mêlent.

178. Empêcher les essaims de se réunir. — Ce n'est pas toujours chose facile d'empêcher les essaims de se réunir, lors même que l'un sort un moment avant l'autre. Si le premier est en grande partie rassemblé à la branche d'un arbre, on le recueille au plus vite, et on se met à produire une certaine quantité de fumée aux environs de la ruche et de la branche, si le second fait mine de se diriger de ce côté. S'il persiste, on couvre d'un drap la ruche du premier essaim, et on laisse l'autre se fixer à la branche; on le reçoit lorsqu'il est fixé et on le place non loin du premier. Si quelques abeilles de ce premier s'étaient réunies au second, elles pourraient rejoindre leur colonie.

179. Recueille-essaim. — On donne ce nom à une ruche (*fig.* 29) ou à un vase quelconque qu'on attache à une perche et qu'on présente sous l'essaim fixé à une branche élevée pour le faire tomber dans ce vase. La grappe d'abeilles est secouée à l'aide d'un crochet en fer fixé à une autre perche. On donne aussi le nom de *recueille-essaim* à un sac ou à un cylindre en toile métallique qu'on place devant une ruche qui va essaimer. On peut empêcher

l'essaim de s'envoler et le recueillir dans un sac d'étoffe
claire et légère de la grandeur et de la forme d'un sac ordinaire à l'usage du blé, qu'on maintient ouvert au moyen
de cerceaux et que l'on peut facilement adapter à la hâte
à la ruche qui commence à essaimer. Après que l'essaim
y est complétement entré, on le suspend dans un endroit
frais, jusqu'à ce que les abeilles se soient complétement
calmées et rassemblées en groupe. — On a inventé des recueille-essaim en toile métallique qui permettent d'introduire l'essaim sorti dans une ruche vide sans qu'une seule
abeille ne s'échappe (*).

180. **Force, poids, volume et bonté des essaims.**
— La force des essaims est subordonnée au pays et à la
grandeur de la ruche qui les donne. Dans le Nord et le
Centre un essaim premier ordinaire est de 2 kilogrammes;
il est très-fort lorsqu'il pèse 2 kil. 5 h. à 3 kil. Dans certaines localités du Midi, on voit des essaims peser jusqu'à
4 kilogrammes, quoiqu'il y en ait à côté qui pèsent souvent moitié moins. Comme les abeilles se munissent d'une
certaine provision de miel avant de partir (environ pour
3 jours), il faut défalquer ce poids, qui varie un peu en
raison de l'approvisionnement que contient la ruche mère,
et en raison aussi du temps et de la force dont cette ruche
mère faisait la barbe. Les abeilles qui faisaient la barbe
depuis plusieurs jours emportent peu de miel. Chaque
kilogramme d'abeilles dans un essaim qui vient de sortir
contient de *neuf à dix mille* abeilles, tandis que dans un
autre moment 1 kilogramme en contient plus de *onze
mil'e* (**). Un essaim de 2 kilogrammes remplit au trois
quarts une ruche jaugeant 18 litres environ lorsque la
température n'est ni trop élevée ni trop basse; car si elle
est élevée, il remplit toute la ruche, et si elle est basse, il
n'en remplit que la moitié.

Je n'ai pas besoin de faire remarquer que plus un essaim
est populeux mieux il vaut. Sa précocité et la jeunesse de

(*) Voir le recueille-essaim François, dans la 17e année (1873) de l'*Apiculteur*.

(**) M. Collin en a compté 11,200 dans un kilogramme, lorsqu'elles étaient
prises à leur état habituel de vie, et 9,400 seulement prises dans un essaim,
c'est-à-dire chargées de miel. Dans le premier état, Réaumur n'en a compté
que 10,752 dans 2 *livres* anciennes (979 grammes), ce qui fait 10,982 pour un
kilogr., et dans le second cas 8,960 pour 2 *livres*, ou 9,152 pour un kilogr.

sa mère ajoutent beaucoup aussi à sa bonté. Une colonie vigoureuse et active produit souvent des essaims qui réunissent les mêmes qualités.

181. Essaims secondaires. — On appelle essaims secondaires ceux produits par les ruches qui ont déjà essaimé une première fois quelques jours auparavant. Ces dénominations différentes indiquent que les ruches peuvent essaimer plusieurs fois dans la même année. En effet, il est des colonies qui essaiment trois ou quatre fois et même davantage dans les pays chauds. Celles des localités tempérées n'essaiment le plus souvent qu'une fois en année ordinaire, et encore n'essaiment-elles pas toutes; il s'en faut même de beaucoup pour certaines localités dans certaines années. Mais, en année d'abondance d'essaims, des colonies donnent trois et quatre essaims. Les derniers venus sont toujours faibles, et il convient d'en réunir plusieurs ou de les rendre aux colonies mères qui les ont donnés.

Ce qui distingue essentiellement un essaim secondaire d'un essaim primaire, c'est que celui-ci est toujours conduit par l'ancienne mère (je devrais dire accompagné, attendu que l'abeille mère suit plutôt l'essaim qu'elle ne le dirige), et que l'essaim secondaire ne l'est que par une jeune femelle (et souvent par plusieurs) non encore fécondée. Les essaims secondaires se distinguent encore parce qu'ils sont annoncés la veille ou quelques jours avant par le chant de la femelle.

Nous avons vu que, dans une période avancée de la grande ponte, l'abeille mère dépose, par intervalle de plusieurs jours, des œufs dans des cellules de femelles (124), et que les individus qui en naissent peuvent être retenus un certain temps prisonniers au berceau. Nous avons vu aussi que si une cause quelconque, telle que la pluie, par exemple, s'oppose à la sortie du premier essaim, l'abeille mère va tuer au berceau les jeunes femelles prêtes à naître ou, si je puis m'exprimer ainsi, trop précoces. Dans cette circonstance, les gardiennes ne l'en empêchent pas et l'essaimage n'est que retardé. Mais si le mauvais temps continue pendant toute l'époque de l'éducation des jeunes femelles, l'abeille mère va les tuer successivement au berceau, et il n'y a pas d'essaims cette année-là.

Si donc les abeilles qui restent dans la ruche sont encore assez nombreuses, si cette ruche renferme beaucoup de couvain de toutes sortes, elles pensent à accomplir une deuxième et même une troisième migration. Elles surveillent alors les berceaux qui renferment les jeunes femelles.

182. Indice certain d'un essaim secondaire (*). — L'essaim secondaire part ordinairement le huitième ou le neuvième jour après la sortie du premier, et toujours il se fait annoncer dès la veille par le chant de la femelle retenue au berceau. Par exemple, deux ruchées essaiment le lundi : la première a conservé peu de monde : très-probablement elle n'essaimera pas de nouveau ; la seconde, au contraire, est encore forte : un essaim secondaire est à craindre. En effet, le dimanche et le lundi, après le coucher du soleil, nous allons appliquer notre oreille contre la ruche ; nous entendons le chant *tit*, *tit*, *tuth*, de la mère arrivée la première à terme ; cette mère est libre, elle est sortie du berceau. L'essaim sortira le lendemain ou le surlendemain, s'il fait beau ; mais si le temps est mauvais pendant quatre ou cinq jours, vous distinguez plusieurs chants différents : le chant *tuth* de la mère en liberté, et les chants *koua* des mères prisonnières ; l'essaim sortira accompagné de plusieurs femelles : dans ce cas, la ruche mère court risque de devenir orpheline si on ne lui rend son essaim.

Quand la sortie de l'essaim primaire a été retardée par la pluie ou par le froid, le chant *tuth* de la femelle en liberté peut se faire entendre plus tôt. Quelquefois aussi les femelles ne chantent que douze jours après la sortie de l'essaim primaire, mais le cas est rare. Il n'est pas question ici des ruchées dont on a tiré un essaim artificiel : la femelle en liberté ne chante jamais *tuth* avant le treizième jour.

Une ruche où les femelles chantent nous donne presque la certitude qu'il en sortira, le lendemain ou les premiers beaux jours suivants, un essaim secondaire. Cependant, quand le miel devient rare et que la guerre aux faux

---

(*) Ce titre n'existe pas dans notre première édition, bien qu'un article traite du sujet. Nous avons remplacé cet article par un emprunt fait au *Guide* de M. Collin (3e édit.), que nous avons quelque peu modifié.

bourdons commence, surtout si le temps devient pluvieux, il ne faut presque plus compter sur la sortie d'un second essaim, bien que le chant d'une femelle prisonnière se fasse entendre.

Lorsqu'une ruchée a donné un essaim secondaire, elle est souvent réduite à une très-faible population ; en outre, la saison s'avance. Dans ce cas, les abeilles ne pensent plus à essaimer ; la première femelle qui naîtra ira tuer ses sœurs au berceau, et, s'il en naît plusieurs à la fois, elles se livreront la nuit suivante un combat acharné, jusqu'à ce qu'une seule survive ; le lendemain matin, on trouvera les victimes à terre près de l'entrée de la ruche. Mais si la population est encore assez nombreuse, et surtout si la ruchée se trouve dans un pays chaud, tel que la Corse, l'Algérie, etc., la souche sera prolifique d'une manière étonnante : elle essaimera encore. Dans ce cas, le lendemain de la sortie de l'essaim secondaire, vous entendrez le chant des femelles restées prisonnières au berceau, et deux ou trois jours après la sortie du deuxième essaim aura lieu celle d'un troisième. Il pourra rester des femelles retenues prisonnières, et un essaim ou deux sortiront encore peu de jours après. Mais, une vingtaine de jours après la sortie du premier essaim, il n'y aura plus d'essaimage, parce que la dernière femelle pondue (elle aura pu l'être le jour de la sortie du premier essaim) devra être sortie de son berceau après y être demeurée de sept à huit jours prisonnière, terme au delà duquel elle ne pourrait plus y être retenue, et qu'elle aura livré combat à ses sœurs du même âge, si elle en a. Donc, s'il n'y a plus d'espoir de nouvelles mères, il n'y a plus d'essaims à attendre (*).

L'essaim second sort le plus souvent le huitième ou le

(*) Il est des pays chauds et favorables, tels que Cuba, par exemple, où les abeilles essaiment pendant presque tout le cours de l'année. Dans ce cas après avoir accompli la période que nous venons de décrire, un autre ordre de choses a lieu. L'essaimage ne recommence qu'au bout de quinze jours ou trois semaines, lorsque la jeune mère, restée après le départ du dernier essaim, a pondu à son tour des œufs de femelles.

Une deuxième période d'essaimage a quelquefois lieu dans certaines localités de France, par année exceptionnelle, mais sur quelques ruchées seulement. Nous avons constaté cette 2e période en Picardie en 1830, et aux environs de Paris en 1861 et 1871.

neuvième jour après le premier; le troisième, trois ou quatre jours après le second; le quatrième, deux ou trois jours après le troisième. Il arrive parfois que le cinquième sort le même jour que le quatrième. Ces derniers sont très-petits.

On ne doit pas considérer comme essaim secondaire celui qui sort de nouveau de la ruche mère où il était rentré un, deux, trois ou quatre jours avant, car il est toujours conduit par l'ancienne mère; mais lorsqu'il n'en sort, pour la seconde fois, que neuf ou dix jours après, il doit être considéré comme essaim secondaire, attendu qu'il est accompagné cette fois d'une jeune femelle.

183. Essaims seconds avant les premiers. — On voit quelquefois, mais assez rarement, des essaims seconds sortir avant les premiers, c'est-à-dire des essaims premiers accompagnés de jeunes mères, et des essaims seconds accompagnés de vieilles mères. Voici comment cela a lieu : l'essaim commence à sortir; un grand nombre d'abeilles courent longtemps sur les rayons et à l'entrée de la ruche avant de s'envoler; l'abeille mère vient plusieurs fois à cette entrée, essaye de s'envoler et finit par rentrer, lorsque déjà une certaine partie de l'essaim a pris sa volée. Pendant ce temps de désordre, une jeune femelle, retenue prisonnière au berceau, profite de l'occasion pour éclore et pour s'échapper avec la colonie émigrante. C'est donc, dans cette circonstance, une jeune femelle qui accompagne l'essaim premier. Quelques jours après, même le lendemain, une seconde colonie sort, accompagnée de la vieille mère (*). Ces essaims ne se produisent que quand l'essaim primaire n'a pas pu sortir, à cause du mauvais temps.

183 *bis*. Essaim primaire de chant. — Parfois une vieille mère meurt après une forte ponte de printemps (d'avril à juin); dans ce cas, les ouvrières construisent des cellules maternelles, *cellules de sauveté* (110). La mère qui arrive la première à terme sort de son berceau, chante *tuth*, l'essaim part comme tout essaim secondaire; c'est à

(*) On trouve quelquefois plusieurs jeunes femelles dans l'essaim primaire qui accompagne l'ancienne mère. Le cas est commun en Algérie.

cause de ce chant qu'on nomme cet essaim, *essaim primaire de chant.*

184. Tendance des essaims secondaires à se sauver. — Les essaims secondaires sont conduits, avons-nous dit, par des femelles non encore fécondées. C'est probablement afin que ces femelles ne s'accouplent pas avec des mâles de la même famille, et aussi pour répandre leur espèce, que les essaims secondaires ont une tendance à émigrer au loin; ils sont d'ailleurs très-capricieux; on en voit fréquemment sortir et rentrer plusieurs fois de la ruche mère, et accomplir ces sorties et ces rentrées en peu de temps (*); d'autres fois, et cela principalement quand il y a plusieurs femelles, on les voit se sauver des ruches dans lesquelles on les a logés. Généralement, ils restent peu de temps fixés à l'arbre qu'ils ont choisi, et si l'on ne se hâte de les recueillir, ils changent de place, se fixent un peu plus loin, et souvent à une élévation assez grande, ou se jettent dans une autre colonie, ou enfin s'élèvent très-haut et accomplissent une migration lointaine. C'est alors qu'on tenterait vainement de les suivre; leur course, souvent en droite ligne, égale celle de grande vitesse des chemins de fer.

185. Quelquefois, les essaims seconds se divisent en plusieurs grappes qu'il faut réunir lorsqu'on les loge, à moins qu'on ne les destine à être réunis à plusieurs colonies. Dans ce cas, on peut recueillir à part chaque grappe, qui a presque toujours une femelle.

Les essaims secondaires pèsent rarement plus de 1 kilogramme et demi dans la région de Paris. On en voit assez communément de 800 à 1,000 grammes. Le poids des troisièmes est d'environ 1 demi-kilogramme. Les quatrièmes pèsent moins, et ainsi de suite, quoiqu'il y ait quelquefois des seconds plus forts que les premiers et des troisièmes plus forts que les seconds. Mais les essaims secondaires ne sont presque composés que de toutes jeunes abeilles. Il y a toujours peu de mâles dans les essaims primaires. Il s'en trouve davantage dans les essaims secondaires. Là s'explique l'utilité de leur présence : il y a une femelle à féconder.

(*) C'est peut-être ce qui, en Normandie, a fait appeler *pressis* (pressés) les essaims secondaires.

186. Essaims volages et adventices. — On donne le nom d'essaims volages aux colonies qui émigrent au loin ou qui ne veulent pas se fixer dans les ruches qu'on leur donne. Ces essaims sont dits adventices lorsqu'ils viennent se fixer dans votre rucher ou tout près, sans qu'il soient sortis de vos ruches. Les essaims volages d'un apiculteur forment assez souvent des essaims adventices pour un autre. Je dis assez souvent, et non toujours, parce qu'il n'est pas rare non plus que ces essaims retournent dans les forêts, d'où notre abeille est sortie.

187. Reparon ou rejeton. — On appelle *reparon* ou rejeton l'essaim d'un essaim de l'année. Dans quelques localités, on appelle cet essaim *virginie*. Ce ne sont que les essaims hâtifs et forts qui produisent un rejeton, et encore n'en donnent-ils sous nos latitudes, que dans les années très-favorables à l'essaimage. Il n'en est pas de même dans certaines régions de l'Afrique et de l'Amérique : là on voit souvent des essaims essaimer plusieurs fois la même année. C'est très-rarement que des essaims essaiment deux fois en France.

188. Moyen de trouver la mère d'un essaim. — Voici comment on réussit neuf fois sur dix à trouver la mère d'un essaim. On le secoue doucement et successivement dans cinq ou six chapiteaux; les abeilles tombent et s'étendent sur les parois - intérieures; on retourne les chapiteaux. Un quart d'heure ou une demi-heure après, les groupes commencent à s'agiter : les uns un peu plus tôt, les autres un peu plus tard. Un seul reste calme, c'est celui qui possède la mère, c'est là qu'il faut la chercher. On enfume une des portions qui sont agitées, le bruissement y est bientôt établi; on secoue à 30 centimètres de distance le groupe qui tient la mère; les abeilles entendant le bourdonnement voisin, se dirigent de ce côté : quelques bouffées de fumée les engagent toutes à suivre le même chemin. Quand on les voit en marche pour franchir les 30 centimètres qui les séparent de leurs sœurs, on regarde attentivement et, dès qu'on aperçoit la mère, on la couvre avec un verre qu'on tient à la main. Il est curieux de voir les abeilles dans cette circonstance. Elles ressemblent à un troupeau de moutons qui se pressent de rentrer dans la bergerie. On peut faire cette chasse à la mère dans une chambre, à toute heure de la journée; mais elle ne devra être faite en plein air que le soir, une heure avant le coucher du soleil, ou le matin avant six heures. (*Collin.*)

En regardant attentivement sur le linge où l'on secoue un essaim au moment de sa réception, on peut aussi découvrir la mère et s'en emparer en posant un verre dessus; elle sera le plus souvent accompagnée d'abeilles, qu'on pourra éloigner ensuite.

188 *bis*. Moyen de remplacer la mère d'un essaim. — Lorsqu'on a trouvé la mère d'un essaim et qu'on s'en est emparé, on peut lui substituer une mère étrangère, une mère italienne, par exemple. Mais, pour un essaim primaire, il faut avoir soin d'enfermer la nouvelle mère dans un étui en toile métallique, de la parfumer (395 *bis*), d'entoiler cet essaim et de le tenir vingt-quatre heures dans un lieu sombre et frais. Après, on peut lâcher la mère captive. — L'essaim secondaire accepte facilement la mère fécondée qu'on lui présente, lorsqu'on a enlevé la sienne ou les siennes non fécondées. — Une souche qui vient de produire un essaim accepte aussi avec plaisir la mère fécondée qu'on lui présente, et cette mère empêche souvent la sortie d'essaims subséquents (secondaires), parce qu'elle va tuer les jeunes mères qui se trouvent au berceau.

189. Signes qui indiquent que l'essaim est sorti. — Les ruches qui viennent d'essaimer paraissent bien moins populeuses et moins actives qu'elles ne l'étaient la veille et les jours précédents; l'entrée est noircie et tachetée de propolis. Si on les renverse, on voit que les rayons sont moins garnis d'ouvrières, et que les mâles, au contraire, y paraissent très-nombreux. Si on arrive immédiatement après la sortie de l'essaim, on voit en avant de la ruche de jeunes abeilles tombées à terre qui n'ont pu suivre l'essaim : elles sont encore blanchâtres.

190. Moyens de reconnaître de quelle ruche est sorti un essaim qu'on n'a pas vu sortir, et par conséquent de reconnaître, en cas de contestation, le véritable propriétaire d'un essaim. — Il faut déta-

cher de cet essaim une quarantaine d'abeilles ou plus si
l'on veut, les emporter à une certaine distance (une centaine de mètres), les saupoudrer de farine ou d'ocre rouge
et leur donner la liberté. Quelques-unes reviendront à
l'endroit où se trouve l'essaim ; mais la plus grande partie
retournera à la ruche mère. Elles finiront par y retourner
toutes, si l'essaim logé a été changé de place. En se pos-
tant près des ruches d'où l'on suppose qu'il est sorti, on
est bientôt à même de distinguer celle dans laquelle on
voit rentrer des abeilles blanches ou rouges. Si l'on n'était
pas édifié par un premier essai, on pourrait en recommencer un second et même un troisième. Deux jours
après la sortie de l'essaim, les résultats ne seraient plus
sûrs, attendu que les abeilles se rendraient à l'endroit où
est cet essaim, endroit qu'elles auraient remarqué, et elles
s'y rendraient d'autant mieux qu'elles seraient mal reçues
dans leur ancienne colonie, dont elles ne connaîtraient
pas le mot d'ordre. C'est donc dans les premiers moments
qu'il faut user de ce moyen si l'on veut qu'il réussisse.

L'essaim qui n'est pas suivi appartient au propriétaire
du terrain sur lequel il va se fixer, à moins que l'apiculteur ne justifie, par le moyen précédent, que cet essaim
est sorti de son rucher.

VIe LEÇON

RÉUNION OU MARIAGE DES ESSAIMS. — ESSAIMS ARTIFICIELS

Empêcher l'essaimage. — Théorie de la réunion des colonies. — Avantage des réunions. — Réunion d'essaims venus le même jour. Réunion d'essaims de plusieurs jours. — Réunir un essaim à une ancienne colonie. — Rendre les essaims secondaires à leur ruche mère. — Empêcher la formation des essaims secondaires. — Des essaims artificiels. — Essaim artificiel par transvasement, par division et par la méthode Schirach — Avantages et inconvénients des essaims artificiels.

Un préjugé ordinaire à ceux qui débutent dans la culture des abeilles, dit Varembey, c'est de croire qu'en recueillant dans des ruches séparées tous les essaims ils augmentent d'autant le nombre de leurs colonies. Il importe de les prémunir contre cette tendance funeste et de leur démontrer qu'il vaut souvent mieux réunir deux essaims que de les conserver isolément. D'ailleurs on peut, jusqu'à un certain point, empêcher l'essaimage.

191. Empêcher l'essaimage. — Il n'y a que les ruches très-peuplées au printemps qui puissent essaimer avantageusement; pour toutes les autres, on se contentera d'en espérer du miel et de diriger tous ses soins vers ce but. On peut hardiment estimer à moitié le nombre de ruches qu'on doit destiner à fournir du miel et empêcher d'essaimer (*). En général, on empêche les essaims en

---

(*) Cette règle n'est pas applicable dans les localités où les fleurs printannières sont très-abondantes et où il convient d'augmenter le nombre des colonies, parce qu'on en trouve facilement la vente.

agrandissant à temps les habitations des abeilles : le moyen n'est pas infaillible, mais il réussira au moins quatre fois sur cinq. Trois semaines avant l'époque présumée des essaims, on ajoutera une hausse sous toutes les ruches fortes qui ne sont composées que d'une ou de deux pièces (255), et qu'on destine à donner du miel. La hausse se remplit quelquefois dans l'espace de huit à dix jours. Quand elle est pleine aux trois quarts, on met un chapiteau sur la ruche si cette ruche est en même temps disposée pour en recevoir un. Au lieu d'opérer ainsi, c'est-à-dire de débuter par une hausse, on se contente de placer le chapiteau, si la ruche est simplement à chapiteau; c'est ainsi qu'on agit en Normandie (246). Inutile d'ajouter des hausses ou des chapiteaux à des ruches médiocrement peuplées; celles-là n'essaimeront probablement pas. Plus tard, on pourra le faire pour obtenir du miel si l'année devient très-favorable. Les ruches à cadres mobiles s'agrandissent en ajoutant des cadres vides.

192. Théorie des réunions de colonies d'abeilles. — En général, les abeilles ne sont ennemies entre elles qu'autant qu'après s'être palpées elles ressentent des impressions contraires; si elles peuvent distinguer des étrangères pour les mettre à mort, ce n'est pas parce que celles-ci sont étrangères, mais parce que leurs sens sont affectés différemment. Réciproquement, si les abeilles d'une même société se reconnaissent entre elles et vivent d'accord ensemble (5-55-56), ce n'est pas la raison qu'elles sont sœurs, mais bien parce que leurs sensations sont conformes. De même que la différence de famille n'est pas un motif de discorde, la parenté n'est pas non plus une cause d'union. C'est donc dans la conformité de sensations et dans leur opposition au moment de la réunion que doit se trouver l'explication des questions posées.

192 *bis*. Ralliement. — Les abeilles ont été douées par la nature de la faculté merveilleuse de pouvoir se retrouver et se rassembler après qu'elles se sont éparpillées (56 *bis*). Le premier soin d'un essaim qui vient de prendre son essor est de chercher à se réunir et de trouver un point de ralliement. Quelques mouches commencent à s'y fixer; là, elles redressent leur abdomen et développent leurs anneaux, principalement celui qui touche à l'aiguillon. Elles battent des ailes avec force, probablement pour que leurs compagnes reçoivent l'impression de l'air agité. Bientôt la foule arrive avec la mère, si celle-ci n'y est déjà. Aucune abeille ne s'égare, toutes viennent exécuter les mêmes gestes, afin de rallier les retardataires qui, en s'approchant, répètent à leur tour les mouvements des autres. En peu d'instants, la masse s'épaissit, un noyau s'établit et augmente rapidement de volume pour former une grappe compacte. Un essaim qui s'assemble procure un spectacle toujours curieux à voir; il fait entendre un bourdonnement particulier, agréable à l'oreille de l'apiculteur. Tous les essaims se rallient de la même manière et par les mêmes moyens. Ils obéissent aux règles qui leur ont été tracées par la nature. Pendant qu'un essaim s'assemble, si un autre sort, le premier rallie les abeilles du second à la recherche d'un point de ralliement, comme les unes et les autres, par un instinct commun de réunion, s'attirent entre elles et se trouvent attirées. Voilà pour la réunion. En fait, il y a bien là deux familles, mais à quels signes les abeilles de l'une pourraient-elles distinguer celles de l'autre? Dans un pareil moment, c'est l'accord lui-même dans toute sa manifestation. Nous venons de voir que, sous l'influence du ralliement, les abeilles qui se réunissent éprouvent les mêmes sensations : cette conformité annule et efface absolument la différence de souche; c'est donc comme s'il n'y avait réellement qu'une seule famille. Telle est la cause de l'union (*).

Ceci posé, l'explication précise de toutes les autres questions au sujet de l'accord ou du désaccord des populations réunies artificiellement devient très-simple. C'est la conformité d'impressions qui fait l'union, comme c'est leur opposition qui occasionne la discorde. Puisque deux essaims, chacun sous l'influence du ralliement, s'accordent en se joignant, je dis que, pour les réunions artificielles, il faut suivre les indications de la nature et n'opérer que quand les colonies à réunir se trouvent en état de ralliement et amenées à l'unité de famille; étant alors

---

(*) Cette théorie, due à M. Greslot, apiculteur de la Marne, est développée tout au long dans l'*Apiculteur* (5e année, p. 100).

dans des conditions semblables et ressentant les mêmes impressions, les colonies devront s'accorder, et j'ajoute : c'est que toute réunion faite en dehors de ces principes aura pour conséquence inévitable la confusion et la guerre.

On met les colonies en état de ralliement par la fumée et par le miel.

Un grand nombre de possesseurs d'abeilles connaissent les avantages des essaims forts et le moyen d'obtenir ces essaims ; néanmoins, tous n'agissent pas pour les rendre forts, ce à quoi l'on parvient facilement en les réunissant.

Il faut surtout réunir ou marier les tardifs.

193. Avantages des réunions. — Le même jour, nous avons trois essaims pesant chacun 1,500 grammes ; le soir même, au coucher du soleil, nous en réunissons deux dans la même ruche ; nous laissons le troisième essaim en l'abandonnant à sa fortune. La population de la première ruche est immense, il faut ajouter une hausse pour loger ce grand peuple. La population de la seconde est une population ordinaire. Celle-ci amassera-t-elle, par exemple, un kilogramme de miel dans le même temps que la première en amassera deux ? Cela semblerait naturel, car dans un temps donné un ouvrier doit faire la moitié de ce qu'en font deux. Cependant les faits sont ici en opposition avec ce raisonnement : l'essaim doublé aura en magasin trois kilogrammes de miel quand l'autre en aura à peine un. Remarquons que ce calcul est plutôt affaibli qu'exagéré, c'est-à-dire que l'essaim doublé travaillera encore dans une proportion plus grande. L'expérience est facile, seulement pesez les ruches avec soin, et ne vous contentez pas d'un simple coup d'œil (*).

Vous voyez maintenant combien il est avantageux de mélanger même les essaims primaires. Il faudrait que l'année fût bien mauvaise pour qu'ils ne réussissent pas, et dans les bonnes années ils gagneront un poids étonnant. En pratiquant la réunion, on s'abandonne le moins possible au hasard des saisons (**).

(*) Selon des expériences faites par de Berlepsch, les résultats obtenus ne sont plus les mêmes lorsque la population est excessive et compte plus de 40,000 abeilles. (Voir l'*Apiculteur*, 17e année, p. 39.)

(**) *Produit de deux ruchées dont une a essaimé.* — Dans cette question, il s'agit d'apprécier au juste et de comparer le produit de deux ruchées dont

194. Réunion d'essaims venus le même jour. — Si l'on a à réunir un essaim encore à la branche à un essaim logé quelques heures plus tôt, on peut faire cette réunion de suite, ou le soir ; on la fait de suite si l'essaim qu'on veut renforcer n'a pas encore été porté au rucher. On reçoit l'essaim dans une ample calotte et on vient le secouer à l'entrée de la ruche qui contient le premier reçu ; cette ruche a été exhaussée à l'avance au moyen d'une cale, afin de permettre aux abeilles qu'on ajoute d'entrer plus vite. Les abeilles des essaims de la journée se battent rarement quand on les réunit.

Lorsqu'on ne peut faire de suite la réunion, soit que la première colonie ait été portée au rucher, soit que la sortie d'autres essaims ait empêché le mariage, il faut opérer le soir après le soleil couché : on place sur un linge ou sur un large plateau la ruche qui doit contenir la réunion ; on l'exhausse au moyen d'une cale, et on secoue à son entrée les abeilles de la colonie à réunir. Si on avait à mettre ensemble trois ou quatre petits essaims, on viendrait secouer successivement les colonies à réunir. Lorsque toutes les abeilles sont entrées, on replace la ruche au rucher, ce qu'on ne peut faire quelquefois que le lendemain de grand matin ; mais on peut toujours activer la rentrée des abeilles en leur jetant de la fumée.

194 *bis*. Généralement, on ne déloge pas l'essaim recueilli depuis plusieurs jours : il a déjà de nouvelles bâ -

---

une seulement a essaimé. Mes recherches à cet égard ont été faites avec la plus grande attention ; je vais en donner le résultat consciencieux. Au printemps, vous avez deux paniers à peu près égaux pour le poids, l'âge et la population ; tous deux ont les mêmes chances de succès. L'un donne un essaim qui est recueilli et logé à part ; l'autre n'essaime pas, parce que vous lui donnez à temps une hausse pour continuer ses constructions (191). Vérifiez les produits à la fin de la récolte. D'une part, prenez le poids brut de la ruche qui n'a pas essaimé, défalquez aussi le poids du panier, des abeilles et des gâteaux, pour avoir le poids de son miel. Comparez ce poids au total que vous aviez tout à l'heure, et vous trouverez, à votre grande surprise, que cette dernière a amassé à elle seule plus de miel que les deux autres ensemble, et que la différence sera d'un à trois kilogrammes. Donc lorsqu'un rucher est suffisamment garni de ruches, il ne faut permettre l'essaimage qu'aux plus fortes, et uniquement dans le but de remplacer celles qui périssent par accident, et celles encore qu'on supprime pour cause de vieillesse ou de caducité.   Collin.

tisses qu'on doit ménager; mais on lui ajoute un essaim de la journée. Il faut opérer le soir et mettre en état de bruissement, à l'aide de la fumée, l'essaim qui doit recevoir le nouveau venu. On secoue ce dernier au bas de la ruche du premier et on l'engage à y entrer de suite en lui lançant de la fumée.

195. Réunion d'essaims de plusieurs jours. — Lors-qu'on a à réunir des essaims logés depuis plusieurs jours, il faut avoir soin de les enfumer à l'avance, c'est-à-dire de les mettre en état de ralliement (192 *bis*), notamment celui qui doit recevoir un supplément, car autrement les abeilles se livreraient combat et s'entre-tueraient. État de ralliement signifie ici état de bruissement.

Si l'essaim à réunir n'avait encore que peu de travail, on pourrait le secouer le soir à l'entrée de la ruche qui contient le premier, en procédant comme on l'a vu plus haut; mais s'il avait un travail avancé qu'on voulût ménager, il faudrait en asphyxier momentanément les abeilles par les procédés que nous décrirons plus loin. (14ᵉ leçon.)

Il ne s'agit ici que de réunions d'essaims logés dans les ruches communes. Nous verrons, en parlant des ruches composées, les moyens de faire les réunions avec ces ruches.

On doit, autant que possible, placer l'un près de l'autre au rucher les essaims dont la réussite laisserait des doutes, afin de pouvoir les réunir sans inconvénient, parce que, lorsqu'on réunit au milieu de l'année des colonies voisines, les abeilles de la ruche supprimée retournent à la ruche qui contient la réunion; mais lorsque la ruche supprimée a été prise plus loin, un certain nombre d'abeilles retournent à l'endroit où était cette ruche et sont souvent perdues pour la réunion; elles vont la plupart du temps se faire tuer dans l'une des ruches les plus voisines de la place qu'occupait la leur, si elles n'y arrivent pas chargées de miel (*).

(*) Dans un rucher couvert où les plateaux sont très-rapprochés l'un de l'autre, voici comment les choses se passent : quand on a enlevé la ruche pour la réunir plus loin, si on a laissé le plateau en place et si on l'a fait toucher au voisin, quelques abeilles reviennent le lendemain sans défiance sur le plateau; mais bientôt elles s'inquiètent, elles cherchent et finissent

196. Réunir un essaim à une ancienne colonie. — De même qu'on peut réunir des essaims entre eux, on peut également marier un essaim à une colonie ancienne, autrement dit renforcer celle-ci par l'addition d'un essaim ; il faut, autant que possible, opérer le jour de la réception de l'essaim et enfumer jusqu'à l'état de bruissement les deux colonies à réunir. Pour le reste, on procède comme lorsqu'il s'agit de réunir des essaims logés de plusieurs jours ; et, afin que les abeilles apportées accélèrent leur entrée, on leur projettera de la fumée. Lorsque les fleurs donnent abondamment du miel, on peut se dispenser d'enfumer l'essaim.

197. Rendre les essaims secondaires à leur ruche mère. — Les essaims secondaires, notamment dans les localités qui offrent peu de ressources mellifères, épuisent souvent la ruche ; par conséquent, il convient de les y réintégrer, ce qui est chose facile. L'essaim secondaire qu'on se propose de rendre doit être recueilli comme s'il s'agissait de le conserver et être placé près de la ruche mère. Le lendemain matin (on peut même attendre le lendemain soir), on le rendra par les moyens que nous avons vus plus haut pour réunir des essaims logés. On peut se dispenser d'employer la fumée, car il n'y aura pas de combat entre les abeilles. Il ne faut rendre les essaims secondaires que le lendemain, parce qu'en les rendant le jour de leur réception ils repartent le plus souvent vingt-quatre heures après et donnent plus d'embarras que la première fois (*). Lorsqu'il y a un certain intervalle, les jeunes femelles se recherchent et se livrent combat, ou celle qui rentre va détruire ses concurrentes au berceau, et c'en est fait de l'essaimage.

---

par aller sur le plateau voisin, d'où elles se dirigent en battant les ailes vers les abeilles de la ruche étrangère. Si on a enlevé le plateau, après avoir voltigé quelque temps en avant, d'un vol incertain, elles se hasardent à se mêler avec les abeilles voisines ; elles semblent demander grâce ; elles se laissent tirailler sans se défendre et sans fuir. Les choses se passent ainsi quand il fait chaud ; mais avec une température un peu froide, les pauvres abeilles sont transies et périssent avant de se réunir aux abeilles étrangères.

(*) M. Collin conseille de mettre l'essaim à la place de la souche, de porter celle-ci plus loin, à une place vacante et, quand les mères ne chantent plus dans la souche, de lui rendre l'essaim, puis de la remettre à son ancienne place.

Quand la souche ne chante plus, il n'existe plus de mères au berceau. Les deux jeunes mères, celle de l'essaim et celle de la souche, se livrent combat et la mort de l'une ou de l'autre donne la paix à la famille.

198. Empêcher la formation des essaims secondaires par la décapitation des mâles au berceau. — Le moyen n'est pas des plus faciles pour les personnes timorées, mais on finit par le pratiquer sans inconvénient après quelques tâtonnements. Ce moyen, employé par les bons praticiens de la Champagne, consiste à détruire les faux-bourdons au berceau, le jour de la sortie de l'essaim primaire ou les deux jours suivants, si l'on n'a pu le faire ce jour-là ; pour y parvenir, on renverse la ruche, et au moyen de fumée on éloigne les abeilles pour reconnaître les cellules de mâles, d'ailleurs faciles à distinguer par leur grandeur et par leur couvercle proéminent. Armé d'un couteau mince et bien aiguisé, on enlève la pellicule qui les ferme, de manière à découvrir les têtes des mâles et même à les endommager, si cela facilite l'opération. On passe ainsi le couteau sur tous les rayons qui ont du couvain de mâles, et l'on remet la ruche à sa place. Les abeilles s'empressent aussitôt d'extraire les cadavres et de les traîner hors de la ruche. On doit avoir un seau d'eau fraîche près de soi et y plonger le couteau à chaque instant, autrement il s'échaufferait et abîmerait la cire. Cette pratique a un double avantage : celui d'empêcher la sortie des essaims, ou plutôt de diminuer le nombre des essaims secondaires (car il ne supprime pas toujours ces essaims), et celui de débarrasser la ruche de bouches inutiles.

198 *bis*. Autres moyens d'empêcher les essaims secondaires. — M. Collin conseille, pour empêcher la sortie d'essaims secondaires, d'enlever la souche aussitôt qu'elle a essaimé et de mettre à sa place l'essaim. On comprend qu'alors elle perd, pendant les premiers jours, une certaine quantité d'abeilles qui diminuent sa population et qui renforcent l'essaim d'autant.

Mais comme l'essaim secondaire peut encore se produire malgré ce déplacement, le mieux à faire est d'extraire artificiellement l'essaim ; celui-ci étant réussi, on le met à la place de la souche, celle-ci va prendre une place vacante, et quand elle ne chante plus, on lui rend l'essaim, puis on la remet à son ancienne place.

On se contente quelquefois, pour empêcher la formation des essaims secondaires, d'agrandir la ruche après le départ de l'essaim primaire, par l'addition d'une calotte ou d'une hausse ; mais ce moyen, très-simple d'ailleurs, ne réussit pas toujours ; il s'en faut de beaucoup. Il réussit mieux pour empêcher la sortie des essaims primaires, sans cependant être toujours efficace (191).

Des auteurs ont conseillé, pour empêcher la formation des essaims seconds, d'enlever toutes les cellules qui contiennent du couvain de femelle, moins une. Ce procédé est efficace, mais est-il pratiquable, ou du moins dans les hautes et grandes ruches d'une seule pièce ? Comment découvrir et enlever ces cellules, qui sont cachées sous les gâteaux ou dans le fond de la ruche ? Les cadres mobiles permettent cette recherche ; mais il peut arriver aussi que la cellule laissée ne produise qu'une femelle avortée. On perd alors la souche.

Pour ne pas la perdre, il faut lui rendre une mère ou lui donner du couvain pour en faire une.

199. Des essaims artificiels. — Les embarras que causent les essaims naturels, et encore plus le danger de les perdre, ont fait penser aux moyens de les prévenir, en forçant les ruches à les donner au jour et à l'heure qui conviennent à l'apiculteur, tout en ne contrariant pas, bien entendu les lois de la nature.

L'observation ayant appris qu'il y a souvent des femelles près d'éclore lorsqu'il y a des mâles pour les féconder, et que, dans ce cas, on peut espérer avoir sous peu un essaim naturel si le temps est favorable, il ne s'agit que de forcer les abeilles à en faire un quelques jours plus tôt.

Sachant que les abeilles transforment en nymphe de femelle une larve d'ouvrière qui n'est pas arrivée à son dernier développement, on peut donc, sans crainte, pratiquer un essaim artificiel sur une ruche qui a des œufs ou des jeunes larves d'ouvrière, et qui possède des mâles pour féconder la femelle qui en naîtra (*).

(*) M. Collin fait remarquer avec raison que, pendant le temps de l'essaimage, toutes les ruches qui possèdent une abeille mère ont du couvain d'ou-

Comme nous le savons, on donne le nom d'*essaim arti-ficiel* à un certain nombre d'abeilles que l'on a soustraites d'une colonie populeuse pour en faire une colonie nouvelle. Il y a plusieurs manières de faire des essaims artificiels ; la méthode la plus généralement applicable aux ruches vulgaires est celle dite par *transvasement*.

200. Essaim artificiel par transvasement. — Après avoir projeté de la fumée aux abeilles de l'extérieur, s'il y en a qui font la barbe, puis avoir décollé la ruche et projeté encore une certaine quantité de fumée afin de maîtriser les gardiennes, on enlève cette ruche et on la

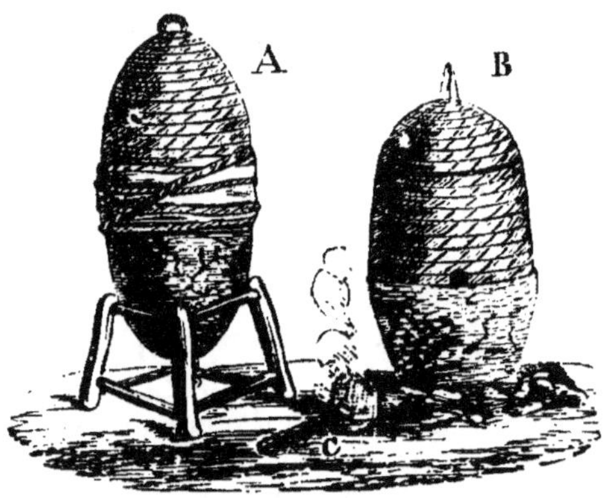

(*Fig.* 30) A, Ruches disposées pour le transvasement ordinaire
B, Transvasement sans couvrir les ruches.
C, Poupée de chiffon fumant.

transporte à quelque distance, et à l'ombre autant que possible ; on la renverse ensuite sens dessus dessous, et on l'établit, soit dans un petit trou en terre B (*fig.* 30), soit sur un objet quelconque, par exemple sur un tabouret dépaillé, A, de manière qu'elle ne puisse vaciller et qu'on l'ait à sa portée. On la recouvre après cela de la ruche qui doit loger l'essaim artificiel, en les enveloppant toutes les

vrières de tout âge. Il n'est pas nécessaire qu'elles aient des faux-bourdons adultes ou sous forme de couvain pour se former une femelle ; mais l'absence de mâles est un indice certain que la ruche est médiocrement peuplée et qu'elle est incapable de fournir un essaim artificiel

deux avec un linge qu'on fixe au moyen d'une ficelle
(V. ci-contre). Des praticiens habiles et aguerris n'enveloppent pas les ruches : ils opèrent à ciel ouvert et sont beaucoup plus à même de juger quand l'essaim est fait. Nous détaillerons plus loin la manière de les faire à ciel découvert. Lors donc que les ruches sont ainsi disposées, on tapote avec les mains, avec des cailloux ou avec de petites baguettes autour de la ruche qui contient les abeilles, en commençant par la partie inférieure et en montant graduellement. Au bout de quatre ou cinq minutes de tapotement, quelquefois avant ce temps, un bourdonnement assez fort se fait entendre : ce sont les abeilles qui se mettent en marche. Ce bourdonnement grandit ; il se fait entendre, un peu après, vers le milieu, puis vers le haut de la ruche supérieure. C'est alors qu'on juge que l'essaim artificiel ne tardera pas à être fait. On frappe encore quelque temps, si on pense que l'abeille mère n'est pas montée. Après quinze minutes de tapotement continu, mais modéré, c'est-à-dire pas trop fort, afin de ne pas détériorer la ruche et détacher les rayons, il est rare que l'abeille mère ne soit pas montée dans la ruche supérieure, ainsi qu'une grande quantité d'abeilles : plus des trois quarts de ce qu'en contenait la souche. On en laisse le moins possible, si beaucoup sont aux champs. On ôte alors l'enveloppe des deux ruches, qu'on sépare et qu'on établit chacune à la place qu'on lui a assignée. Pour cela, il y a des règles à suivre, et l'on opère de plusieurs manières.

Voici les quatre les plus employées : la première consiste à entoiler les essaims lorsqu'ils sont faits et à les transporter dans un autre rucher, éloigné de 2 à 3 kilomètres au moins. La deuxième manière consiste à établir l'essaim à côté de sa mère, en reculant celle-ci à droite ou à gauche, devant ou derrière, de façon que les abeilles qui reviennent des champs se divisent et entrent à peu près à raison des deux tiers dans l'essaim et d'un tiers dans la souche. La troisième manière consiste à placer l'essaim à une certaine distance de la souche et à laisser celle-ci à sa place ; mais, le soir ou le lendemain, il faut opérer une permutation : mettre l'essaim à la place de la mère et *vice versa;* c'est le moyen que nous employons le plus souvent. La quatrième manière consiste à placer l'essaim artificiel à l'endroit qu'occupait la souche et à mettre celle-ci à la place d'une colonie populeuse, ruche mère ou essaim, qu'on recule plus loin. Cette permutation donne de bons résultats (360).

On a conseillé aussi de secouer sur le sol l'essaim artificiel et de placer aussitôt dessus la ruche dans laquelle il monte et se comporte comme s'il était naturel. On peut alors le placer n'importe où dans le rucher. Mais dans le secouement quelques abeilles s'envolent et retournent à la souche.

200 *bis*. Essaimage artificiel par la méthode Vignole. — M. Vignole procède par permutation et il opère de la manière suivante. Il n'attend pas que des œufs de mère soient déposés dans les berceaux; il agit même avant le développement du couvain de mâle, lorsqu'il le peut. Nous le copions : « Opérez, suivant l'usage, par le tapotement à ciel ouvert : cinq ou six minutes, quinze ou vingt au plus suffiront pour accomplir cette extraction, qu'un apiculteur expérimenté abrège en en faisant plusieurs à la fois. L'essaim fait, vous le mettez à la place de sa mère, vous placez celle-ci sur le siége d'une ruche également forte, vous la calottez et réduisez sa capacité le plus possible, ce qui est très-facile avec la ruche à hausses ; la ruche qui a cédé sa place est portée à quelques pas, de façon à désorienter les ouvrières au retour des champs. — Quatorze jours après, vous enlevez à la souche opérée la calotte qui lui a été donnée, et vous en tirez un essaim secondaire, toujours en pratiquant la permutation. Ainsi, cette fois encore, l'essaim prend la nouvelle place de sa mère (souche), qui va à son tour déplacer celle qui lui a déjà cédé son siége une première fois. — Si la calotte enlevée est pleine, elle est récoltée et une autre vide mise à sa place. — Sept jours plus tard, c'est-à-dire vingt et un jours après l'extraction de l'essaim forcé, au moment où il n'y a plus de couvain dans la ruche qui a déjà donné deux essaims, cette souche est transvasée de nouveau à fond, mise sous toile et transportée au laboratoire ; son temps est fini. Son *trévas* est mis momentanément à sa place en attendant qu'il soit utilisé (*). De la sorte, cette

---

(*) Les trévas des souches récoltées isolément ou jointes aux essaims des ruches permutées, qui viennent vingt et un jours après les essaims forcés,

mère souche qui a pu devenir orpheline (333) par suite de son deuxième essaim, comme cela arrive également dans l'essaimage naturel, se trouve récoltée au moment où elle n'a encore eu à redouter aucun des périls de cette position dangereuse, si elle s'y trouve. La teigne (224) ne peut s'en emparer, parce que sa population est encore trop puissante; les guêpes (226) ne sont pas nées, les abeilles des autres ruches, occupées à la récolte, ne songeront à attaquer leurs voisines désorganisées que lorsqu'elles ne trouveront plus de miel sur les fleurs desséchées. D'un autre côté, débarrassée de tout couvain, et autant que possible de matières étrangères au miel, elle donne un produit plus pur et rend la manipulation plus facile. »

200 *ter*. **Des ruchées déplacées, permutées** (360). — Le déplacement des ruchées, tant redouté en apiculture, présente ici un avantage incontestable et précieux, c'est un moyen efficace d'empêcher l'essaimage naturel. — La ruchée permutée, appauvrie momentanément par la perte d'une forte partie de sa population, ressentant le besoin impérieux de se fortifier, s'adonne activement et presque exclusivement à l'éducation du couvain d'ouvrières, précisément au moment où se fait d'ordinaire celle du mâle; de là un retard qui ne permet pas à ce couvain d'aboutir en saison utile. Aussi ces ruchées possèdent-elles toujours une population puissante, un fort approvisionnement et sont constamment les meilleures pour la production; elles doivent être conservées avec les essaims primaires pour former le fond de l'apier et assurer le succès de la récolte suivante. Cependant, si la miellée a donné, si les essaims secondaires ont profité de manière à assurer leur avenir, si l'apiculteur tend à faire une récolte abondante, à tirer des produits, ces ruches peuvent être récoltées méthodiquement, en suivant ponctuellement le procédé usité pour les souches. Toutefois, il faut considérer que la ruche permutée a eu besoin de se remettre de son deuxième déplacement; par conséquent elle ne

servent à fortifier les ruchées fatiguées que l'on veut conserver, ou des essaims secondaires affaiblis, ou à former des colonies nouvelles et puissantes par la population, qui pourront trouver encore à glaner et à produire des bâtisses utiles.

peut être récoltée que trois ou quatre jours au plus avant les souches; il est même préférable que les deux récoltes se fassent le même jour, parce que, tout se faisant à la fois, le temps de l'apiculteur est économisé et l'agitation du rucher n'est pas renouvelée. — Ici surgit une difficulté apparente : comment faire la permutation, il n'y a plus de mère à déplacer? Les souches récoltées ce jour-là laissent des places vides qui pourraient être utilement occupées par les transvasées, mais celles-ci ont une autre mission à remplir. — Les essaims primaires, devenues très-forts, tendent naturellement à se reproduire ; les nouvelles mères, en les déplaçant, arrêtent cette tendance désastreuse, et l'essaim porté ailleurs, est sauvé ! — Ainsi, la permutation faite avec opportunité fortifie instantanément les ruchées épuisées, met obstacle à l'essaimage naturel, donne à l'apiculteur une sécurité précieuse, et le rend réellement maître de diriger le travail de ses abeilles (*).

201. Moyen de constater que la mère est dans l'essaim artificiel. — Lorsqu'on juge que l'essaim artificiel est fait, on pose sa ruche sur un linge de couleur tranchante; au bout de cinq, huit ou douze minutes, on la lève doucement et on visite attentivement le linge. Si la mère est dans l'essaim, on doit trouver sur ce linge des œufs que, pressée de pondre, elle a laissé tomber (**).

Autrement on reconnaît bien vite si un essaim artificiel est réussi, c'est-à-dire si l'abeille mère se trouve dans la colonie nouvelle. Si elle ne s'y trouve pas, les abeilles ne tardent guère à s'apercevoir de son absence : on les voit alors courir en tous sens dans l'intérieur et à l'entrée de la ruche, puis sortir, d'abord une à une, et bientôt en grand nombre, et retourner en droite ligne à l'endroit où était la souche, si l'essaim a été déplacé, et voltiger près des autres ruches, comme si elles cherchaient quelque chose, si l'essaim a été mis à la place de la ruche mère. Il faut, dans ce cas, se hâter de remettre la souche à sa place; l'essaim manqué y rentrera aussitôt, et on en sera

---

(*) Vignole. *Bulletin de la Société d'apiculture de l'Aube*, nos 9 et 10. 1868.

(**) C'est un auteur espagnol, Jayme Gill, qui a le premier (en 1621 fait connaître ce moyen, qu'un apiculteur de la Champagne a *découvert* il y a quelques années. (Voyez l'*Apiculteur*, 5e année, p. 86 et 106).

quitte pour faire une seconde tentative le lendemain ou les jours suivants. Il est rare qu'une personne qui a l'habitude de faire des essaims artificiels par transvasement soit obligée de recommencer l'opération.

Il faut opérer au milieu d'une belle journée, lorsque les abeilles sont aux champs, depuis neuf heures du matin jusqu'à trois heures de l'après-midi. On doit avoir soin, pendant l'opération, de placer une ruche vide à l'endroit qu'occupait la ruche mère; les abeilles qui reviennent des champs y rentrent et y séjournent un moment, surtout si on a eu soin de répandre quelques gouttes de miel sur les parois; autrement, ces abeilles pourraient se jeter dans les ruches voisines.

202. Une ruche qui a donné un essaim artificiel par transvasement peut encore donner, quelques jours après (communément quatorze ou quinze jours), un essaim naturel : il faut pour cela que cette ruche soit forte et populeuse. On reconnaît qu'elle donnera un essaim naturel (second essaim) lorsqu'on l'entend chanter, ce qui a lieu le treizième jour après la formation de l'essaim artificiel. On ferait bien de prévenir la sortie de cet essaim par l'extraction d'un second essaim artificiel que l'on rendrait à la souche (198 *bis*). Il y a des apiculteurs qui extraient deux essaims artificiels de la même ruche et qui pratiquent quelquefois encore un essaim artificiel sur un premier essaim artificiel de l'année. On ne saurait conseiller cette manière d'agir aux producteurs de miel : ils devront toujours rendre à la ruche mère les essaims secondaires, à moins d'avoir recours à la permutation.

203. Un accident assez grave arrive quelquefois aux colonies qui essaiment après avoir fourni un essaim artificiel : elles deviennent orphelines, c'est-à-dire qu'elles se trouvent sans mère. Le jour de l'essaimage naturel, toutes les femelles émigrent avec l'essaim, et celles qui restent au berceau, soit que ce berceau ait été édifié trop tard, soit par une autre cause, sont mortes à l'état de nymphe. Des colonies de cette nature doivent être réunies à leur voisine, et la ruche doit être démolie si elle contient du miel. Si elle n'en contient pas elle peut être conservée comme bâtisse à utiliser en temps de miellée.

204. **Essaim artificiel par la méthode de Schirach.**

— Vers le milieu de la journée, au moment où les abeilles sont en très-grand nombre à la picorée, on prend une ruche qui offre les conditions voulues, une ruche populeuse, lourde, et qui a des mâles ; on en enlève un ou deux morceaux de gâteaux, grands comme la paume de la main, qui contiennent des œufs ou des vers d'ouvrières. On fixe ces gâteaux avec quelques chevilles, ou de toute autre manière, dans la partie la plus élevée d'une ruche vide. On laisse autant que possible sur ces gâteaux les abeilles qui s'y trouvent ; on ajoute un ou deux rayons vides ou contenant un peu de miel. Lorsque ces rayons sont suffisamment consolidés, on ôte de sa place l'ancienne ruche, qu'on transporte plus loin, et l'on y met celle qui contient les rayons en question. Les abeilles qui reviennent des champs entrent dans cette nouvelle habitation, y déposent leur butin et s'y mettent à l'ouvrage. Dès la nuit suivante, elles commencent une cellule de femelle, quelquefois plusieurs, qui sont bâties en peu de jours. Bref, au bout de deux semaines, cette colonie voit éclore une femelle qui tue au berceau ses rivales, se fait féconder et se comporte pour le reste comme si elle était née dans une cellule spéciale (*). Mais, la plupart du temps, les abeilles des colonies par division ne construisent que des cellules de faux-bourdons, ce qui est défectueux. On ne saurait donc conseiller ce mode qu'aux personnes qui tiennent à multiplier les mères italiennes par tous les moyens.

Nous verrons les autres méthodes pratiquées pour faire des essaims artificiels, lorsque nous nous occuperons des ruches. En attendant, répétons qu'on ne doit former des essaims artificiels que sur des ruches fortes dont on aperçoit les mâles, ou, si on ne les aperçoit pas, on sait qu'il s'en trouve au berceau, et qu'il ne convient plus d'en pratiquer lorsque la saison des essaims naturels s'avance.

205. Avantages et inconvénients des essaims artificiels. — Par l'essaimage artificiel, on se procure des essaims à volonté, même avant l'époque ordinaire de leur sortie ; en outre, on est à peu près sûr de ne pas perdre ses essaims, tout en n'étant pas obligé de surveiller du

---

* L'art de faire produire des essaims par cette méthode attribuée à Chivrac, était connu longtemps avant lui, notamment en Pologne.

matin au soir les colonies mères au moment de l'essaimage; mais il faut une certaine aptitude pour ne pas les faire intempestivement. Il faut aussi venir à leur secours, c'est-à-dire les alimenter s'ils sont faits tôt et si le temps est incertain. Il faut également soigner les souches qui n'ont pas été permutées et venir à leur secours au besoin. La méthode artificielle présente alors des avantages réels.

VIIe LEÇON

Principales maladies des abeilles. — Dyssenterie : cause, remède. — Constipation : cause, remède. — Pourriture ou loque : cause, remède. — Dessiccation du couvain. — Vertige. — Moisissure. — Embarras des antennes. — Poux des abeilles. — Ennemis des abeilles. — Pillage : cause, remède. — Fausse teigne. — Destruction. — Autres insectes ennemis. — Reptiles, oiseaux et quadrupèdes ennemis des abeilles. — Intempéries des saisons.

206. Les abeilles, ainsi que les autres animaux, sont sujettes à différentes maladies pendant le cours de leur existence. Cependant elles en ont moins que certains animaux, parce qu'elles sont actives, laborieuses, économes, et qu'elles ne se créent pas de besoins factices. La plupart leur viennent de l'incurie ou de l'ignorance de l'apiculteur. Aussi les colonies vivant à l'état sauvage sont-elles moins affectées que celles placées dans l'état de domesticité.

Les principales maladies qui atteignent les abeilles sont : la dyssenterie, la constipation, la loque ou pourriture du couvain.

207. **Dyssenterie.** — Dans les conditions normales, les abeilles ne laissent pas tomber leurs excréments dans la ruche ; elles vont les lâcher dehors. On s'en aperçoit principalement à la fin de l'hiver, lorsqu'elles ont été retenues un mois ou deux prisonnières par le froid ou la pluie. Elles ne ménagent alors ni les habits de ceux qui les fréquentent, ni le linge que les ménagères font sécher près du rucher.

Mais si l'air de la ruche est altéré par l'humidité ou par toute autre cause, les abeilles retenues prisonnières sont bientôt atteintes de dyssenterie. Elles lâchent alors leurs excréments sur les parois et le tablier de la ruche, sur les rayons, sur leurs compagnes qu'elles engluent. Ces excréments, noirs et larges comme des lentilles, finissent par faire une masse fort épaisse, et, en exhalant une odeur méphitique, ils achèvent de corrompre entièrement l'air de la ruche : aussi la colonie atteinte périt-elle si l'on ne vient à son secours. Comme la cause principale est l'air altéré, il faut se hâter de renouveler cet air en renversant la ruche, en essuyant autant que possible les parois salies, en enlevant les rayons malpropres, en essuyant bien le tablier. Puis, lorsqu'on aura replacé la ruche sur son siége, on y laissera entrer librement l'air, et on pourra présenter aux abeilles un peu de bon miel tiède. Il est des personnes qui conseillent d'ajouter à ce miel un peu de sel et de vin. L'usage du sel est sans effet, pensons-nous, dans cette circonstance ; quant au vin, nous conseillons à l'apiculteur de le boire lui-même, afin qu'il acquière plus de vigueur pour mieux soigner ses abeilles. Il n'oubliera pas alors que les populations fortes, suffisamment approvisionnées et convenablement logées, ne sont jamais atteintes de la dyssenterie, qui ne se fait sentir que chez les colonies peu fournies, chez celles qui ont reçu ou butiné en arrière-saison du miel inférieur ou autre matière sucrée contenant beaucoup d'eau, chez celles enfin qui sont mal logées, mal abritées, et dont la ruche est placée dans un endroit humide. C'est en automne, et principalement au sortir de l'hiver, que cette affection règne.

Lorsqu'une ruchée a été assez fortement atteinte de dyssenterie, il faut s'emparer de sa population et la marier à une autre. La ruche doit être vidée et soigneusement lavée avant qu'on s'en serve pour y loger une outre colonie. Voici un mode de pansement conseillé pour les cas ordinaires : « Si la colonie est populeuse, il faut, avec de la fumée, refouler les abeilles au fond de la ruche, couper tous les rayons salis par les excréments et nettoyer la ruche, autant que possible, avec un chiffon humecté d'eau étendue de quelques gouttes d'alcali ; puis, le soir, administrer du bon miel mêlé de sucre aux abeilles de cette colonie. Si la population est faible, il faut la réunir à une autre. » — Une colonie ayant eu la dyssenterie devient souvent loqueuse à la suite.

208. Constipation. — La constipation est le résultat d'un abaissement de température dans la ruche à l'époque où les abeilles ont leur abdomen rempli de résidus. Cet abaissement de température à l'intérieur est dû à un abaissement extérieur brusque et fort. Au printemps des années pluvieuses, il arrive quelquefois que la température des mois de mars et d'avril, se trouvant à 15 degrés au-dessus de zéro, tombe en quelques heures à 3 ou 4 degrés au-dessous avec un vent pénétrant. Les abeilles des ruches peu garnies et mal closes s'efforcent alors d'absorber du miel pour remonter la chaleur; mais, leur corps étant plein, elles ne peuvent pas atteindre le but qu'elles se proposent et deviennent constipées. Sous une température plus élevée, elles en auraient été quittes pour la dyssenterie; mais sous une température basse, les excréments s'épaississent dans leur abdomen au point qu'elles ne peuvent plus s'en débarrasser. Un certain nombre d'abeilles constipées essayent de s'envoler, mais elles tombent souvent au pied de la ruche pour ne plus se relever; d'autres tombent sur le tablier, ou meurent même entre les rayons. La constipation est produite aussi par le miel qui a été emmagasiné en arrière-saison, dans le bas des rayons et sur les côtés de la ruche, et qui n'a pas été operculé. Par l'eau qu'il a absorbée pendant la saison humide, ce miel s'est décomposé et est devenu tellement liquide qu'il coule sur le tablier de la ruche. Il faut enlever au plus vite les parties de rayons qui contiennent de ce miel.

Les abeilles atteintes de constipation ne veulent pas prendre les aliments qu'on leur présente.

Le moyen de sauver celles d'une colonie fortement affectée consiste à les marier à une autre colonie qui se trouve dans de bonnes conditions.

Les populations fortes et bien pourvues de provisions sont rarement atteintes isolément de cette affection. Je dis isolément, parce que la constipation, ainsi que la dyssenterie et la pourriture, dont nous allons parler, devient épidémique lorsqu'on ne la combat pas (*). On la combat

---

* Dans les printemps pluvieux et froids de 1853 et de 1855, un grand nom-

en isolant les ruches atteintes et en leur présentant un peu de nourriture substantielle et chaude, telle que du bon miel mélangé avec du sirop de sucre. Les ruches à parois épaisses et bien closes la préviennent. A la fin de l'automne et au commencement du printemps, quelques abeilles meurent de cette affection dans beaucoup de colonies ; mais leurs cadavres, soigneusement enlevés par les abeilles chargées des soins intérieurs, n'ont pas le temps d'exhaler l'odeur malfaisante qui rend la maladie contagieuse.

209. Pourriture ou loque. — La pourriture ou loque est une affection qui atteint d'abord le couvain, lequel se décompose et produit une odeur qui empoisonne les abeilles de la colonie affectée et s'étend aux colonies voisines. Cette affection n'attaque isolément que les colonies faibles, mal logées, et cela le plus souvent au commencement du printemps, après un hiver doux, qui a permis à l'abeille mère de hâter sa ponte et de l'étendre inconsidérément. S'il survient alors un abaissement de température sensible, les abeilles sont contraintes de quitter le couvain éloigné du centre de la ruche ; ce couvain, ne tardant pas à mourir, se décompose et devient mou comme une loque, d'où le nom de *loque* donné à la maladie, et celui de *loqueuses* aux ruches qui en sont atteintes.

L'odeur que produit une colonie loqueuse a une grande analogie avec celle de la viande gâtée ; elle est si forte que l'apiculteur ne tarde pas à la découvrir, et si pénétrante qu'elle devient une véritable peste pour toutes les abeilles du rucher. Quant au couvain pourri, le plus souvent operculé, il se décompose très-vite et ne forme plus avec la cire qu'une masse brunâtre qui ressemble à de la pulpe d'abricot pourri.

Dans les cantons méridionaux, où les nuits d'été sont souvent très-fraîches, cette affection a quelquefois lieu après l'essaimage et en arrière-saison. — Ajoutons qu'elle est inconnue dans beaucoup de localités. — Les grandes ruches et celles qui concentrent mal la chaleur sont plus

---

bre de colonies sont mortes de cette affection ; qui fut une véritable épidémie en France et dans d'autres pays voisins.

sujettes à la loque que les petites qui la concentrent
bien, les ruches à cadres plus que celles à bâtisse fixe.

210. Remède. — On doit se hâter d'apporter un remède
aux colonies atteintes de la loque. On s'aperçoit qu'elles
sont dans cet état par un ralentissement sensible dans
l'activité des abeilles et, nous l'avons dit plus haut, par
l'odeur désagréable qu'exhalent les ruches. Il faut aussitôt chasser les abeilles dans des ruches vides, enlever les
parties de rayons qui contiennent le couvain affecté, enlever même le couvain en bon état placé près de celui qui
est pourri, et brûler sous la ruche une forte mèche sou-
frée, après quoi on y réintègre les abeilles. Ces moyens
suffisent pour sauver la colonie lorsque la maladie n'est
pas trop invétérée. Dans le cas contraire, il faut transvaser
les colonies atteintes dans des bâtisses passées au soufre,
et leur donner du miel liquide dans lequel on mettra une
pincée de fleur de soufre. On pourra réunir plusieurs colonies attaquées au même degré. Ces colonies devront,
autant que possible, être isolées du rucher. Si, malgré le
traitement que nous venons d'indiquer, l'affection se
développait, il faudrait éloigner les ruches non encore
atteintes. Mais l'emploi du soufre arrête la maladie dès le
début et évite le déplacement des colonies. Lorsque l'affection loqueuse a atteint l'abeille mère, qui dans ce cas,
ne pond plus que des œufs portant le virus contagieux, la
colonie est perdue, si l'on conserve cette mère et son couvain, avec lequel elle pourrait être remplacée.

Il faut se garder de donner le miel des ruches loqueuses
aux colonies saines, car ce miel communiquerait l'affection, même longtemps après avoir été récolté. On a vu
des miels provenant de ruches loqueuses récoltées en Amérique communiquer la loque à des abeilles de l'Europe
auxquelles ce miel avait été donné pour nourriture.

211. Dessiccation du couvain. — Cette affection ne
présente pas de dangers graves. Elle n'atteint jamais que
quelques couvains isolément, la plupart du temps opercu-
lés, qu'elle dessèche. La cause de la dessiccation paraît être
due à l'alimentation, et peut-être aussi à l'électricité. Les
nymphes desséchées sont maigres, mais paraissent saines ;
le couvercle de la cellule qui les contient est percé d'un

petit trou rond, dont les bords sont relevés et bien taillés. Les abeilles se chargent du remède qui convient en enlevant le couvain desséché. Elles extraient aussi de leur berceaux des nymphes atrophiées, qu'elles transportent également hors de la ruche. — Bien que la dessiccation du couvain n'entraîne pas la perte de la ruchée, ou du moins tout de suite, nous conseillerons toujours de défaire celles qui en ont des traces. Cette dessiccation a été un commencement de loque qui reparaîtra tôt ou tard.

212. Moisissure. — La moisissure est une altération des gâteaux produite par un excès d'humidité, qui développe sur les parties affectées des cryptogames (champignons) microscopiques. Il est urgent d'arrêter les progrès de cette altération en aérant la ruche et en enlevant les rayons et parties de rayons atteints, car elle developpe d'autres maladies.

Dans les cantons où cette affection est commune, il faut établir des courants d'air dans le bas des ruches, soit en les plaçant sur des hausses à claire-voie, soit en ménageant une ou plusieurs issues au tablier.

213. Vertige. — Le vertige est une maladie qui atteint individuellement les abeilles dans certaines localités. Celles qui en sont affectées ne peuvent plus voler : elles courent et tournent sur elles-mêmes jusqu'à ce qu'elles tombent épuisées. Cette affection, que quelques apiculteurs attribuent à la fleur du chanvre, d'autres aux ombellifères, se manifeste vers les mois de juin et de juillet. On ne lui connaît pas de remède (*).

214. Embarras des antennes. — On a donné le nom impropre de maladie des antennes à la présence de deux masses de pollen gluant de l'une de nos orchidées vulgaires, ou *pentecôtes*, lesquelles s'attachent comme des antennes à la tête des abeilles, sans que celles-ci puissent s'en débarrasser. Parfois ces masses deviennent assez volumineuses pour empêcher les abeilles d'agir.

(*) Pendant quelques années, de 1850 à 1865, le vertige a été une véritable épidémie dans plusieurs cantons du Nord de la France. Il ressemblait à une sorte de choléra qui réduisait les populations au tiers ou au quart dans l'espace de deux ou trois jours. Il sévissait en mai et en juin.

Nous ne nous arrêtons pas aux autres affections des abeilles, telles que la dénudation du corselet, le déchirement des ailes, etc. Nous ferons seulement remarquer que la déchirure des ailes ne doit pas toujours être attribuée à un long travail ou à la vieillesse de l'abeille. Il est certaines fleurs, telles que le chardon et le bluet, qui abiment très-vite les ailes des abeilles.

115. Miel défectueux. — Nous avons vu que le miel provenant de ruches loqueuses procure la maladie aux abeilles qui le consomment, et que celui qui renferme beaucoup d'eau leur occasionne la dyssenterie. Nous devons ajouter que certaines fleurs, fort heureusement rares en Europe, produisent aussi un miel narcotique, souvent dangereux pour les abeilles qui l'absorbent.

216. Poux des abeilles. — Les apiculteurs allemands classent cet insecte parmi les affections des abeilles. On ne peut considérer cet animal que comme un parasite qui vit aux dépens de l'abeille et de sa propre substance.

Ce pou, appelé par les savants *braulia cœca*, ne se trouve le plus souvent que dans les vieilles ruchées et sur les vieilles et les jeunes abeilles, c'est-à-dire les individus faibles. On n'en voit ordinairement qu'un seul sur une abeille. Il est très-visible : son corps est écailleux, rougeâtre, luisant, et il a six pattes à l'aide desquelles il se cramponne sur le corselet de l'abeille, où il se tient presque toujours. Il est gros comme la tête d'une petite épingle et difficile à prendre avec les doigts. Il passe aisément d'une abeille à l'autre, et celle qui en est chargée accomplit son travail sans paraître en être trop incommodée. Cependant l'abeille sur laquelle on le voit arriver cherche aussitôt à s'en débarrasser. L'abeille mère des ruches pouilleuses en porte souvent plusieurs sur et sous son corselet.

OEttl distingue trois espèces de ces parasites : le pou noir, qui apparaît principalement dans les année sèches ; le pou jaune pâle, plus allongé que les autres, qui est assez rare, et le pou rouge-brun, que nous connaissons parce qu'il est le plus commun et qu'il se rencontre souvent par un printemps humide, et aussi dans les ruches exposées à l'humidité, et encore dans les colonies qui ont reçu en arrière-saison une nourriture contenant beaucoup d'eau.

Les abeilles des colonies désorganisées et de celles dont la mère est vieille ou malade sont souvent atteintes de poux. Aussi les apiculteurs augurent-ils mal de toutes les colonies auxquelles ils aperçoivent des poux. Mais les ruches bien organisées voient disparaître cette vermine, soit que les abeilles qui en sont atteintes succombent, soit qu'elles s'en débarrassent elles-mêmes, ce qui paraît plus probable (*). — L'abeille a d'autres parasites, ce sont des acares et le méloé (231 *bis*).

On a donné différents remèdes pour faire disparaître le pou des abeilles, mais nous n'en connaissons aucun qui soit efficace.

217. Influence des odeurs sur les abeilles. — Les odeurs désagréables et fortes déplaisent singulièrement aux abeilles; tantôt elles les irritent (319) et tantôt elles les font fuir (325).

218. Ennemis des abeilles. — Les ennemis des abeilles sont nombreux. Il ne pouvait en être autrement, puisqu'elles butinent le miel. Bien que la nature les ait armées d'un aiguillon pour défendre leur trésor si envié, l'apiculteur ne doit pas moins les aider dans une foule de circonstances. — Les ennemis des abeilles sont de plusieurs natures : ce sont, d'un côté, les animaux, et, de l'autre, les intempéries des saisons.

219. Le plus grand ennemi des abeilles. — Le plus grand ennemi des abeilles, c'est l'homme, c'est-à-dire l'apiculteur ignorant et avide qui les tue pour s'emparer de leurs produits; c'est l'*étouffeur*, puisqu'il faut l'appeler par son nom. Mais l'homme aussi, l'homme intelligent et éclairé, est leur plus grand ami : c'est lui qui les propage et qui améliore leur culture afin d'en retirer de beaux bénéfices.

220. Les insectes ennemis. — Parmi les insectes ennemis, il faut compter en première ligne l'abeille elle-même, et ensuite la fausse teigne.

221. Pillage. — En famille, les abeilles sont parfaite-

(*) Œttl dit avoir souvent trouvé des poux morts devant les ruches.

ment unies et vivent toutes dans un intérêt commun et
dans une union parfaite; mais il n'en est pas de même à
l'égard des autres colonies, qu'elles pillent si l'occasion
s'en présente; et toute abeille qui s'aventure dans une
ruche autre que la sienne est mise à mort aussitôt qu'elle
est reconnue.

Une ruche est pillée lorsque les abeilles d'une autre
ruche lui enlèvent son miel, ce qui a rarement lieu sans
combat et est, par conséquent, visible. Les abeilles qui veulent piller une ruche commencent par rôder autour de son
entrée, qu'elles examinent d'un air suspect; elles finissent
par s'y poser, et si une des gardes s'avance vers elles, elles
se retirent au plus vite pour revenir un peu après examiner de nouveau le terrain et essayer de mettre en défaut
la vigilance d'autres gardiennes. Enfin quelques pillardes
se décident à forcer l'entrée, et c'est alors que le combat
s'engage. Les assiégées mettent autant de courage à défendre leur bien que les assaillantes à les en dépouiller :
elles s'amoncellent à la porte pour en interdire le passage,
se mettent plusieurs contre un seul ennemi, et, pendant
qu'une ou deux ouvrières le retiennent par les pattes ou
les ailes, d'autres lui montent sur le corps et le tuent à
coups d'aiguillon s'il ne parvient à se dégager. Pendant
que les unes se réunissent en masse pour attaquer ou
pour se défendre, d'autres se battent corps à corps. Couvertes de cuirasses, elles s'accrochent, se contournent le
corps, pirouettent, dardent à chaque instant leur arme
envenimée et cherchent les parties faibles de l'ennemi
pour l'y enfoncer. Après s'être longtemps battues, s'être
roulées sur le tablier, dans l'air et sur le sol, et avoir fait
de vains efforts pour se blesser, elles se séparent, ou l'une
d'elles parvient enfin à enfoncer son aiguillon dans le
corps de l'autre, qui se recoquille et perd ses forces presque à l'instant. Le vainqueur retire, quoique avec peine,
son aiguillon du corps de son ennemi; il n'y parvient
qu'en tournant dans tous les sens comme un pivot. Il s'en
détache enfin et vient se joindre aux autres combattants.
Si, après un moment de combat, les assaillantes ne parviennent pas à forcer l'entrée, elles finissent par abandonner la partie et se retirer; mais si elles parviennent à
forcer le passage, le combat prend des proportions plus
grandes, car alors quelques pillardes, parvenant jusqu'aux

provisions, dont elles se gorgent avec précipitation, retournent plus vite encore avertir leurs compagnes, qui arrivent en foule et finissent par envahir la place, non sans qu'il y ait un grand nombre de victimes de part et d'autre. Lorsque des pillardes se sont introduites dans la ruche, elles cherchent à y mettre le désordre en tuant la mère. Parfois, cependant, elles enlèvent toutes les provisions sans avoir recours à ce moyen.

Quand, à la suite du combat, on voit entrer et sortir des masses d'abeilles, on doit juger qu'il n'y a plus de résistance et que le pillage s'effectue. Ce qu'il y a de plus pressé à faire dans cette circonstance, c'est de boucher la ruche et de l'emporter si les pillardes arrivent en grande quantité. On ne l'ouvrira qu'après le coucher du soleil.

222. Secourir une ruche au pillage. — Il ne faut pas attendre qu'une ruche soit en train d'être pillée pour la secourir. Aussitôt qu'on s'aperçoit que des abeilles font mine de vouloir l'attaquer, il faut rétrécir l'entrée, de manière à ne laisser de passage que pour deux ou trois abeilles de front, et asperger abondamment les assaillantes d'eau froide. Si celles-ci continuent leur agression, on rétrécira encore davantage l'entrée, en laissant cependant assez d'air pour ne pas asphyxier les abeilles. On la bouchera entièrement avec une toile métallique, si les abeilles de l'intérieur n'opposent aucune résistance ; on s'assurera ensuite que cette ruchée est bien organisée ; dans le cas contraire, on la réunira à une autre. Il importe d'autant plus d'arrêter le pillage d'une ruche que ce pillage isolé entraîne souvent celui des ruches voisines.

223. Causes du pillage. — Il y a plusieurs causes de pillage. Les colonies faibles en population, mais bien garnies de miel, et celles qui ont perdu leur abeille mère sont exposées à être pillées. D'un autre côté, les abeilles des ruches dégarnies de provisions cherchent à en prendre à celles qui en sont bien fournies. On provoque le pillage lorsqu'on taille les ruches en plein jour, non loin du rucher, et qu'on laisse couler du miel extérieurement, et aussi lorsqu'on place du miel près du rucher et qu'on en présente aux abeilles au milieu d'une belle journée.

224. Fausse teigne. — La fausse teigne ou *gallérie* est un ennemi très-dangereux des abeilles : c'est un ver ou chenille (3, *fig.* 33) qui ronge les rayons de cire où il s'établit et qui provient d'un papillon de la famille des nocturnes. On distingue deux espèces de ces galleries : l'une, appelée par les savants *galleria cerella;* l'autre, *galleria alvearia.* La chenille de la première a 20 ou 25 millimètres de longueur sur 2 ou 3 de diamètre lorsqu'elle est développée; elle est d'un blanc sale avec des points verruqueux isolés; sa tête est d'un brun marron, ainsi que l'écusson qui la suit et l'extrémité postérieure; son corps est cylindrique, annulaire, et présente seize pattes. La chenille du second papillon ne diffère de la précédente que par la grosseur et la longueur. — Ces chenilles ne sont pas plutôt sorties de l'œuf qu'elles entrent dans les gâteaux vides de miel et de couvain, en mangent la substance et s'y construisent un tuyau de soie qu'elles fortifient avec des parcelles de cire et leurs excréments. Tant qu'elles sont petites et peu nombreuses, elles font peu de ravages; mais, lorsqu'elles grossissent et se multiplient, elles ont bientôt envahi les rayons de la ruche et forcé les abeilles à déguerpir. Parvenues à toute leur croissance, les chenilles des galleries se réunissent ordinairement au milieu de la ruche ou quittent les gâteaux et vont dans un des coins se bâtir chacune une coque soyeuse, dans laquelle elles se transforment en chrysalides, d'où sortent un mois après les insectes parfaits, c'est-à-dire des papillons qui se recherchent aussitôt, s'accouplent, pondent et meurent dans l'espace de quelques jours. Ces papillons pondent tout l'été à partir d'avril. On commence à voir la chenille de la fausse teigne vers le mois de mars. A cette époque, on en rencontre le matin, à l'entrée des ruches, d'où les abeilles les ont extirpées pendant la nuit. Elles proviennent d'œufs qui ont été pondus avant l'hiver. Il faut aux chenilles de la fausse teigne une température assez élevée pour prendre leur accroissement. Pendant l'hiver, on en trouve de tout âge qui restent engourdies jusqu'à ce que la chaleur des parois intérieures de la ruche leur permette de manger et de grandir.

Le papillon de la première espèce (2 et 3, *fig.* 32) est beaucoup plus fort que celui de la seconde (1, *fig.* 33), et, de plus, le mâle diffère assez sensiblement de la femelle; ses

(*Fig.* 31.) Rayon envahi par la fausse teigne.

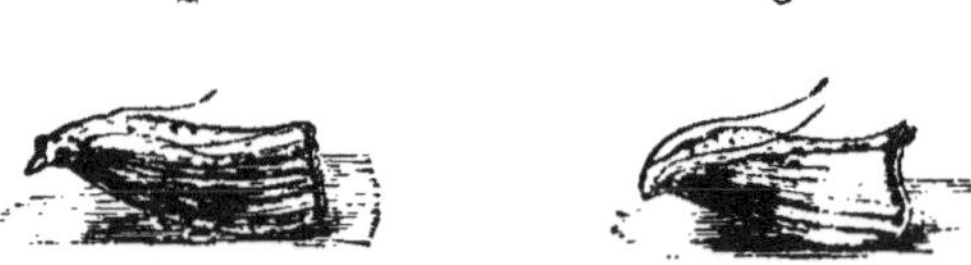

(*Fig.* 32.) Papillons de la grande espèce de fausse teigne.

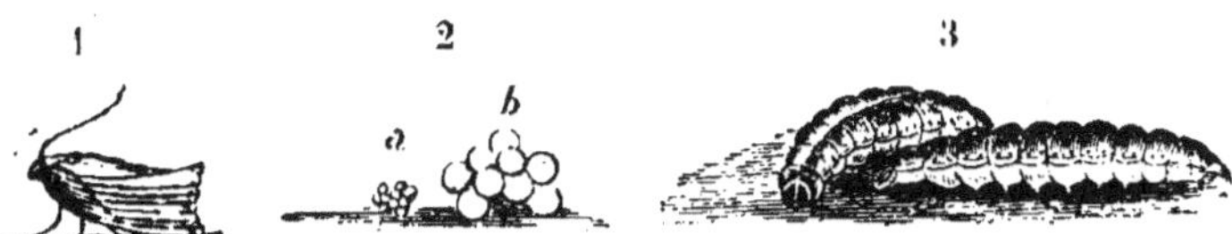

(*Fig. 33.*) Papillon, œufs et vers de la fausse teigne.

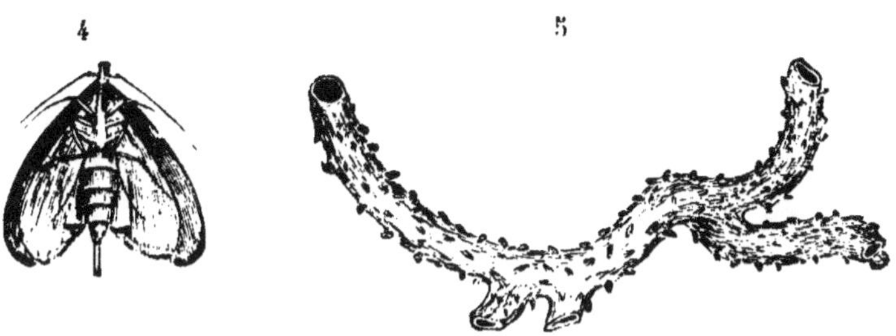

(*Fig. 34.*) Papillon femelle. Gallérie de la fausse teigne.

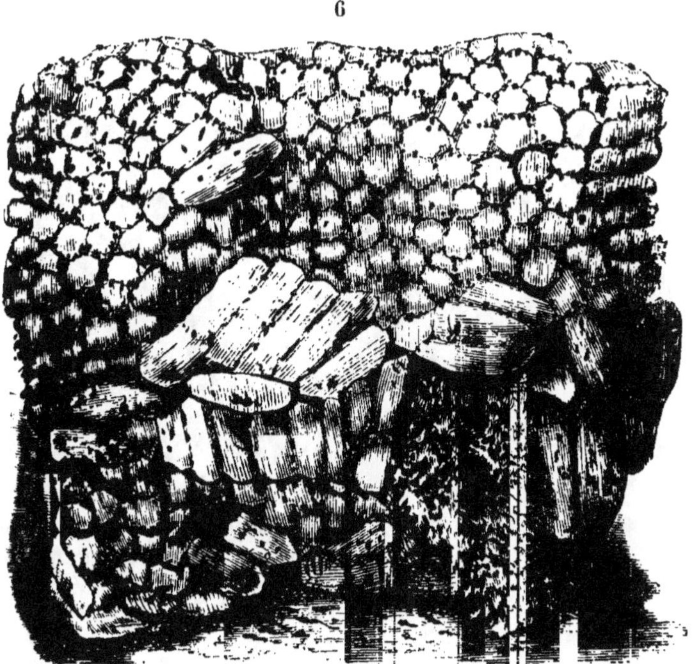

(*Fig. 35.*) Réunion de cocons de fausse teigne.

ailes, d'un gris pâle, tachetées de petits points noirs, sont plus longues ; sa tête et son corselet sont d'un gris plus clair. Le papillon de la deuxième espèce est petit, ses ailes se tiennent presque horizontalement dans le repos ; il est d'un gris roussâtre ; sa tête est fauve, ses yeux d'un rouge métallique très-brillant. Ce papillon est beaucoup plus agile que le premier et bat souvent des ailes en courant ; on le rencontre plus souvent dans le Midi que dans le Nord, et plus dans les vallées et près des habitations que dans les plaines.

Il est à remarquer que les abeilles, qui ne souffrent jamais d'animaux étrangers dans leurs ruches, laissent souvent tranquilles ces papillons et leurs chenilles, qu'elles pourraient cependant tuer à coups d'aiguillon. Néanmoins, les gardiennes des ruchées populeuses s'opposent le plus possible à leur entrée dans la ruche, et les ouvrières du logis extirpent les larves lorsque celles-ci apparaissent isolément. On voit quelquefois les abeilles couper un fragment de rayon dans le but de faire tomber les larves plus ou moins développées de fausse teigne qu'il contient.

On s'aperçoit de la présence de la fausse teigne dans une ruche à ses excréments, que l'on trouve sur le tablier mêlés à de nombreuses parcelles de cire ; ces excréments sont noirs et gros comme de la poudre à canon. La fausse teigne exhale aussi une odeur qu'on reconnaît facilement.

225. Destruction de la fausse teigne. — La destruction de ce parasite est assez difficile ; cependant nous pouvons dire que les ruches populeuses en sont généralement exemptes. Donc, pour éviter la fausse teigne, il faut avoir des colonies populeuses, tenir plus à la qualité qu'à la quantité ; mais, lorsqu'on s'aperçoit de la présence de cet ennemi dans une ruche, il faut se hâter d'enlever les rayons ou parties de rayons dans lesquels il se trouve, et, si l'on possède une population disponible, la donner à la colonie affectée. Si la fausse teigne a fortement endommagé les rayons, on n'a rien de mieux à faire que de s'emparer de la population, de la réunir à une autre et de vider entièrement la ruche.

On doit aussi faire la chasse aux papillons de la fausse teigne. Dans les ruchers couverts, on peut, pendant le temps de leur apparition, placer le soir une veilleuse allumée qu'on établira dans une assiette contenant de l'eau et une mince couche d'huile. La nuit, les papillons viendront se brûler les ailes à ces veilleuses et se noieront dans le liquide des assiettes. Mais on ne peut pas faire cela dans les ruchers en plein air ; le vent ou la pluie éteindrait les veilleuses. — Les débris de vieux rayons et les ruches qui en contiennent attirent la fausse teigne : il ne faut donc jamais en laisser séjourner en été dans le rucher. — Les chauves-souris détruisent un grand nombre de ces papillons : on ne doit pas les chasser lorsqu'elles fréquentent les ruchers.

Un autre insecte attaque quelquefois la cire extraite des ruches : c'est la larve du dermeste.

Parmi les autres insectes ennemis des abeilles se trouvent aussi : la guêpe et le frelon, l'asile frelon, le philanthe, le sphinx-atropos ou papillon tête de mort, la libellule ou demoiselle, la fourmi, l'araignée, etc.

226. Les guêpes et les frelons. — Dans les localités où les guêpes et les frelons sont abondants, ils causent certaines déprédations aux ruches, dans lesquelles ils s'introduisent avec audace et malgré la défense des gardiennes. Ces ennemis ne se contentent pas d'emporter le miel, ils emportent encore, après les avoir tuées, les abeilles qu'ils peuvent saisir, pour manger ce qu'elles ont dans l'estomac ; mais les abeilles les repoussent lorsqu'ils sont peu nombreux. Or, on n'a rien de mieux à faire, pour détruire ces animaux malfaisants, que de les étouffer au moyen du soufre lorsqu'on a découvert leur nid, construit le plus souvent en terre. En tuant les individus qu'on rencontre au printemps, on détruit autant de nids, car ces individus sont des femelles fécondées qui, deux ou trois mois plus tard, auront donné le jour à une nombreuse famille.

226 *bis*. L'asile frelon. — L'asile frelon, vulgairement nommé bœuf, taon, etc., abonde dans les lieux sablonneux et prend des abeilles sur les fleurs. Par la couleur, il a quelque ressemblance avec le philanthe.

•227. Le philanthe. — Le philanthe apivore est un insecte noir, tacheté de jaune, qui voltige de fleur en fleur,

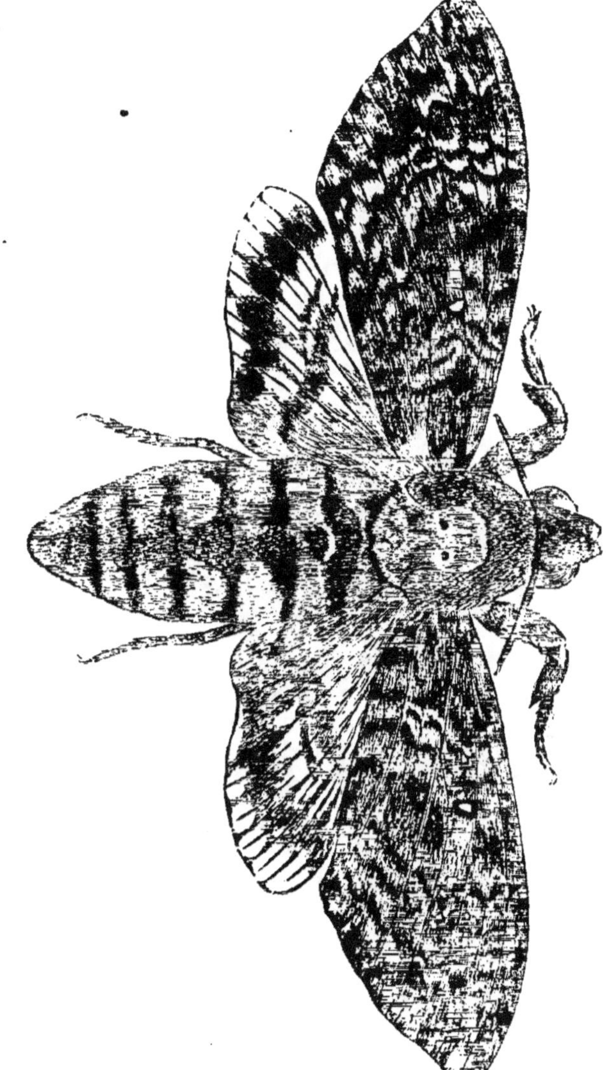

(*Fig.* 36.) Sphinx-atropos (papillon tête de mort).

saisit l'abeille qu'il y rencontre et la tue. Heureusement que cet hyménoptère malfaisant n'est pas très-répandu. Il faut prendre quelques précautions lorsqu'on cherche à le détruire, car il est armé d'un aiguillon.

228. Le sphinx-atropos, ou papillon tête de mort. — Le sphinx (*fig.* 36) est un grand papillon phalène qui paraît vers la fin de l'été ; il est si gros que, dans l'obscurité, on le confond avec la chauve-souris. Ce papillon, qu'on appelle *tête de mort*, tire son nom de la tache qu'il a sur le corselet, laquelle représente une tête de mort. Il fait entendre un son aigu et plaintif qui jette les abeilles dans l'épouvante. Lorsqu'elles l'aperçoivent, elles se groupent en masse à l'entrée de la ruche pour l'empêcher d'y pénétrer. C'est dans le même but qu'on les voit souvent, dans les localités où se trouve ce papillon, construire à l'entrée des contre-forts en propolis, afin de rétrécir le passage. Ce lépidoptère est un ennemi redoutable des abeilles dans le Midi et par les années sèches. On le rencontre peu au nord de Paris. Il entre dans les ruches sans trop en craindre les habitants, et s'y gorge de miel. On en a saisi dont l'abdomen en contenait 50 grammes. Il n'existe en France que depuis qu'on y a importé la pomme de terre, de la feuille de laquelle sa chenille se nourrit. Le moyen d'en préserver les ruches consiste à rétrécir leur entrée vers la fin de l'été.

229. La libellule ou demoiselle. — Les grosses demoiselles prennent les abeilles au vol et les mangent sans s'arrêter ; mais le nombre de celles qu'elles prennent n'est pas bien grand. Néanmoins, il faut détruire ces insectes lorsqu'on peut les saisir.

On a rangé, parmi les ennemis des abeilles, les perce-oreilles, les cloportes, qui s'introduisent dans les ruches plus pour profiter de leur chaleur que pour autre chose. D'autres petits insectes, accusés de larcins dans les ruches, ne sont pas plus redoutables ; cependant on fera bien de les chasser lorsqu'on les apercevra.

230. La fourmi. — La fourmi commune n'attaque que les ruches mal gardées ; mais la grosse fourmi (*formica truncata*, Lamarck), assez commune dans le Midi, entre effrontément dans toutes les ruches et y occasionne du désordre si l'on n'y veille. On conseille de jeter de la fleur de soufre sur le passage de ces insectes. On détruit les fourmilières en jetant dessus plusieurs chaudronnées d'eau bouillante, surtout au moment où il y a des larves.

231. L'araignée. — Les araignées prennent dans leurs toiles une certaine quantité d'abeilles : il est donc prudent de leur donner la chasse et de les détruire, elles et leurs œufs, aussitôt qu'on les découvre.

231 *bis*. Le méloé. — La larve de plusieurs variétés de méloé, à ses premières transformations, est nuisible aux abeilles. C'est un insecte noir ou brun, long de 1 millimètre et demi environ, qui s'attache aux abeilles et finit par les faire périr lorsqu'elles ne parviennent pas à s'en débarrasser. Les fleurs de sainfoin et autres lui donnent asile, et il est assez commun dans le Gâtinais, par les années humides et chaudes. On ne connaît pas d'autre moyen de lui faire la chasse que de détruire les méloés développés.

Les méloés sont des coléoptères de forte taille, d'un noir luisant; ceux qui nous occupent ont de 2 à 3 centimètres de long. Ils paraissent au printemps dans les sols sablonneux. Nous en avons rencontré mainte fois en face de l'entrée des ruches au Luxembourg; nous avons pensé qu'ils étaient à la recherche de larves d'abeilles (*).

232. Reptiles ennemis des abeilles. — Les principaux sont : le lézard gris, le plus redoutable (**), les salamandres, les couleuvres, les crapauds, etc., qui happent les abeilles le plus souvent à la sortie de la ruche, quand celle-ci est peu élevée au-dessus du sol. Bien que ces animaux ne soient pas très-meurtriers, il n'en faut pas moins leur faire la chasse lorsqu'on les rencontre près du rucher.

233. Oiseaux ennemis. — Les oiseaux ennemis dé-

(*) *Métamorphose des insectes*, de M. Maurice Richard, et *Die Parasiten der Honigbiene*, von Dr Edouard Asmuss (Berlin, 1866).

(**) Au Sénégal, on est obligé de suspendre les ruches à des branches d'arbre pour préserver les abeilles de la gloutonnerie des lézards, très-nombreux dans ce pays.

truisent un assez grand nombre d'abeilles, surtout lorsque les ruches sont placées dans les bois. Parmi les plus meurtriers, on doit compter : l'hirondelle et la mésange, qui en nourrissent leurs jeunes couvées. Le pivert, lorsque l'hiver le prive de nourriture, perce les ruches en paille et mange miel et abeilles. Avec sa langue longue et effilée, il s'empare facilement de ces dernières. Le guêpier, oiseau de passage, que les apiculteurs du Midi appellent *abeille-rolle*, en détruit considérablement au printemps. Les coups de fusil et les piéges sont les moyens de se défaire de ces ennemis.

Le rossignol et le moineau sont des ennemis indirects des abeilles; ils sont très-friands, pour eux et leurs petits, des larves blanches qu'elles extraient de leur ruche en été. Le dernier est si glouton que souvent il ne donne pas le temps à l'abeille de se débarrasser de son fardeau et saisit l'une et l'autre au plus vite. On évitera donc autant que possible sa présence près des ruchers.

234. Quadrupèdes ennemis. — La plupart des rongeurs, tels que le rat, le mulot, la souris et la musaraigne, sont généralement regardés comme ennemis des abeilles ; mais le mulot est le plus redoutable : il mange miel, cire et abeilles, c'est-à-dire que tout lui est bon. On s'en débarrasse en plaçant à l'entrée des ruches qu'ils attaquent des morceaux de noix dans lesquels on a introduit un peu de pâte phosphorée, ou seulement le phosphore des allumettes chimiques. Le hérisson ne dédaigne pas les abeilles, faute de mieux; il va souffler à l'entrée des ruches afin d'en faire sortir les mouches, qui se jettent à lui et qu'il tue en se roulant. La fouine, la genette et le chat sauvage sont très-friands de miel ; ils rongent les vieilles ruches avec leurs dents et leurs pattes. L'ours et le putois sont aussi à redouter pour les ruchers placés dans les bois où ces animaux se trouvent. L'ours surtout aime beaucoup le miel et ne redoute pas les piqûres des abeilles.

234 *bis*. Plante ennemie des abeilles. — La sétaire verticillée retient captives les abeilles qui se posent sur ses panicules, bardées de barbillons crochus. C'est pour cela qu'on l'appelle vulgairement *accroche-abeilles*. Il faut détruire cette plante, qui n'est bonne à rien.

234 *ter*. Les intempéries des saisons. — Les intempéries des saisons, notamment un printemps froid et pluvieux, sont nuisibles aux abeilles qui ne peuvent sortir, partant prospérer, lorsque le temps est mauvais à l'époque de la récolte du miel. Il n'est pas donné à l'apiculteur d'empêcher le mauvais temps ; mais il peut en atténuer les conséquences en ne conservant que des colonies fortes en population et en provision, et aussi en entourant son rucher d'abris qui neutralisent les effets des vents violents et froids.

VIIIe LEÇON

DES RUCHES OU LOGEMENTS DES ABEILLES

Ruche, ruchée. — Ruche vulgaire ou commune. — Ruche à chapiteau, à calotte, etc. — Ruche normande. — Calottage. — Décalottage.—Réunion ou mariage des ruches à calotte.— Ruche écossaise. — Ruche lombarde. — Ruches à hausses. — Dimensions et planchers des hausses. — Ruches à trois hausses et plus. — Mode de conduire les ruches à hausses. — Essaimage artificiel au moyen des ruches à hausses. — Réunion des ruches à hausses. — Avantages et inconvénients de ces ruches.

235. Ruche, ruchée. — On donne le nom de *ruche*, dans son sens propre, au vaisseau dans lequel on loge une colonie d'abeilles (*). Comme ce vaisseau est souvent une corbeille en paille ou une sorte de panier en osier, on donne communément le nom de *panier* à une ruche, et l'on dit un *panier d'abeilles*, ou un *panier de mouches à miel*, pour désigner le contenant et le contenu. Par extension, l'on emploie le terme *ruche* pour désigner une colonie et ses travaux. Mieux vaut dans ce cas se servir de l'expression *ruchée*.

On a fait des ruches de toutes les formes et de bien des manières, et parmi celles dont on se sert le plus il y a un grand choix à faire, tant sous le rapport de la matière que sous celui de la forme.

(*) Suivant quelques auteurs, *ruche* viendrait d'un mot grec qui signifie *garder*. Selon Della Rocca, il viendrait du mot latin *rupus*.

236. La ruche considérée sous le rapport de la matière. — Sous le rapport de la matière, la meilleure est celle qui coûte peu, qui est facile à confectionner, qui n'est pas lourde, qui donne peu de prise à la fausse teigne, qui conserve bien la chaleur des abeilles en hiver et qui ne s'échauffe pas trop en été. La ruche en paille réunit le mieux ces conditions quand elle est bien confectionnée.

237. Ruche sous le rapport de la forme. — Sous le rapport de la forme, la meilleure est celle qui facilite le plus la récolte, celle qui concentre le mieux la chaleur, celle que l'on peut agrandir et diminuer à volonté, qui permet les réunions sans avoir recours à la chasse ou à l'asphyxie des abeilles, celle qui, en un mot, s'approprie le mieux au genre d'exploitation qu'on désire faire. La ruche à chapiteau et la ruche à hausses réunissent sous ce rapport les meilleures conditions.

Toutefois les beilles paraissent indifférentes à la matière et à la forme, et travaillent dans toutes les ruches qu'on leur donne, pourvu que ces ruches soient propres et abritées. Dans les localités favorables, on les voit souvent emmagasiner autant de produits dans une ruche mal construite et défectueuse, mais spacieuse, que dans une ruche perfectionnée. Seulement cette dernière permet de faire la récolte en tout ou en partie sans nuire à la colonie, et les produits qu'on en extrait sont plus beaux, partant ont plus de valeur que dans la première. Donc la ruche perfectionnée est préférable; elle l'est d'autant plus que son emploi rend la culture de l'abeille plus facile.

238. Ruche sous le rapport de l'exploitation. — Sous le rapport de l'exploitation, la ruche est à l'apiculture ce que la charrue est à l'agriculture : celle qui convient à une localité et pour une méthode de culture peut convenir moins ou ne pas convenir du tout pour une autre localité ou pour une autre méthode de culture. Mais, en général, la ruche à chapiteau et la ruche à hausses conviennent à toutes les localités et à presque tous les genres d'exploitation, leurs dimensions étant modifiées selon les circonstances.

239. Nous diviserons toutes les ruches en six grandes classes :

1° Ruches vulgaires ou en une seule pièce, quelle qu'en soit la forme ;

2° Ruches à chapiteau ou à calotte ;

3° Ruches à hausses ;

4° Ruches à divisions verticales (divisions embrassant plusieurs rayons) ;

5° Ruches à rayons, feuillets et cadres mobiles ;

6° Ruches mixtes.

Nous pourrions étendre ces divisions et faire une classe pour les ruches de fantaisie, qui sont nombreuses ; mais elles rentrent dans les six espèces que nous venons d'établir, ainsi que les ruches d'observation.

240. Ruches vulgaires ou communes. — On comprend dans cette classe toutes les ruches en une pièce qu'on emploie communément, quelles qu'en soient la forme et la matière. La plus en usage dans le Nord et dans le Centre de la France est la ruche en cloche, tantôt en paille (*fig.* 37) et tantôt en osier, viorne ou troëne

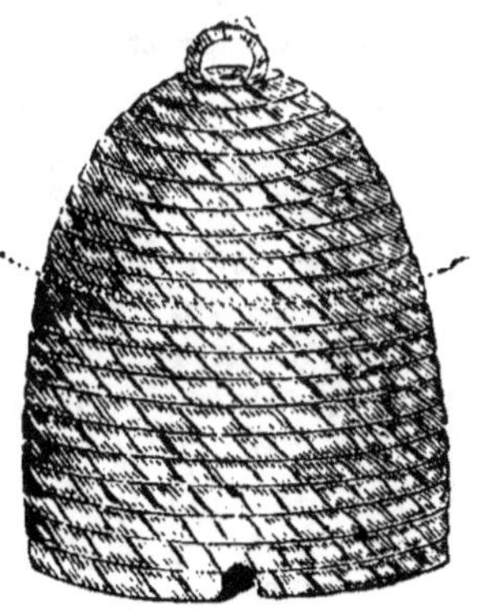

(*Fig.* 37.)
Ruche vulgaire en paille.

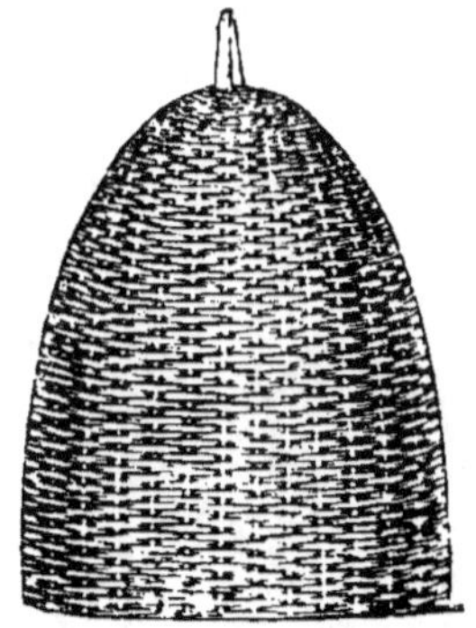

(*Fig.* 38.)
Ruche vulgaire en petit bois.

(*fig.* 38). La ruche employée dans le Midi est en planches (*fig.* 39), ou en liége (*fig.* 40), ou c'est simplement un tronc d'arbre évidé, haut quelquefois de plus d'un mètre, et ne pesant pas moins de 15 à 20 kilos (*). En Algérie,

---

(*) Dans quelques localités, on couche le tronc d'arbre au lieu de le tenir

les Arabes se servent d'une ruche longue (*fig*. 41), construite le plus souvent avec de petites *férules* (branches
légères de la plante ainsi nommée), ou d'autres fois avec

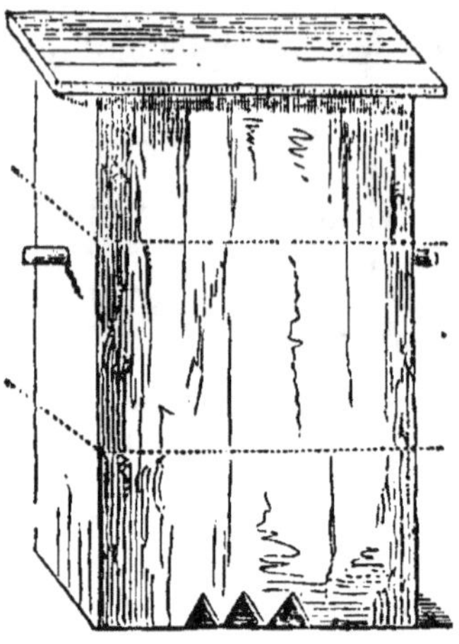

(*Fig*. 39.)
Ruche vulgaire en planches.

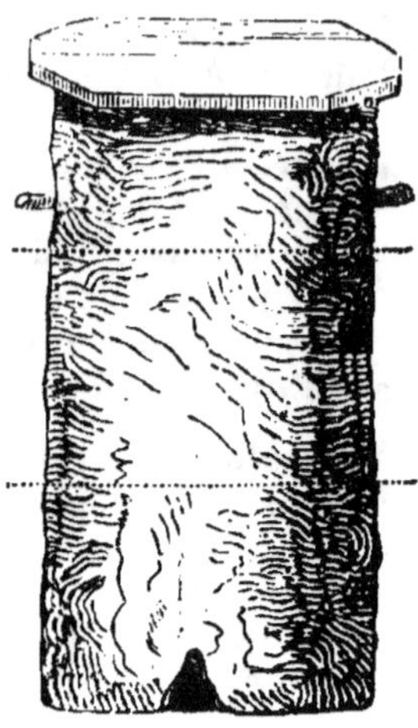

(*Fig*. 40.)
Ruche vulgaire en liége.

des planches de sapin ou d'un bois résineux quelconque,
parce que, d'après une croyance assez générale, l'odeur
de ce bois éloignerait la fausse teigne.

Ces ruches sont plus ou moins défectueuses : 1° parce
qu'elles ne permettent
pas toujours les réunions;
2° parce qu'elles sont
souvent très-difficiles à
récolter, lorsqu'on veut
en sauver les abeilles;
3° parce qu'elles perpé-
tuent l'étouffage dans
beaucoup de localités.
On peut dire qu'elles

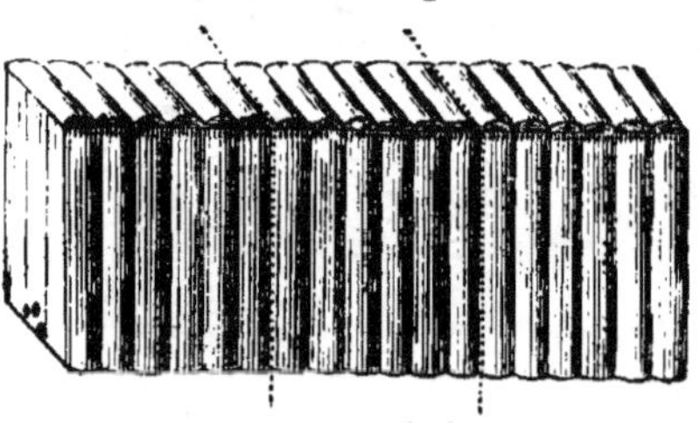

(*Fig*. 41.) Ruche arabe.

debout. Bienaimé, un évêque apiculteur qui vivait il y a environ soixante
ans, a prôné une ruche longue en paille, également couchée, que l'on rencontre encore dans quelques localités de la Suisse. L'abbé Della Rocca, con-
temporain de Bienaimé, a recommandé une ruche longue, en poterie, que l'on
employait et que l'on emploie encore dans son pays, la Grèce. (V. *Ruches de
tous les systèmes.*)

sont à l'apiculture ce que l'araire romaine est à l'agriculture : des instruments primitifs, grossiers et imparfaits. Cependant elles sont encore les plus répandues, et ce n'est pas de sitôt qu'on les fera abandonner, surtout si l'on recommande à ceux qui les emploient de les remplacer par des ruches compliquées, lesquelles demandent une manœuvre intelligente et nécessitent de grands frais d'acquisition.

240 *bis*. Moyens d'améliorer les ruches vulgaires. — Nous pensons qu'il vaut mieux indiquer les moyens d'améliorer ces ruches défectueuses sans bourse délier, et d'apporter des modifications qui ne tranchent pas trop avec les formes adoptées, que d'engager à les remplacer par des ruches de prix élevé. C'est ainsi qu'on peut modifier la ruche en cloche, en passant, à peu près aux deux tiers de sa hauteur, un trait de scie qui la divisera en deux parties : on aura une ruche à calotte. La ligne pointillée de la *fig.* 37 indique l'endroit où doit se faire la séparation. On établira un plancher fixe ou mobile au haut de la partie inférieure ou corps de ruche. Ce plancher sera à claire-voie, ou ce sera simplement une planche mince percée de plusieurs trous pour le passage des abeilles.

Les ruches hautes, en menuiserie ou en liége, seront divisées en trois par deux traits de scie passés aux endroits pointillés (*fig.* 39 et 40). Des planchers comme ceux dont nous venons de parler seront également établis au haut de chaque division. On aura alors de véritables ruches à hausses. Au lieu de trois divisions, qui conviennent dans les localités riches, on pourra en établir quatre pour les localités moins favorisées. Ces divisions seront fixées l'une à l'autre au moyen de pitons et de crochets en fer, ou simplement de clous et de ficelles.

La ruche longue sera aussi divisée en trois ou quatre parties égales, qui pourront s'enlever à volonté. Chaque division devra avoir une cloison à claire-voie qui facilitera la division des rayons, c'est-à-dire qui empêchera les rayons d'une partie d'adhérer à l'autre. D'ailleurs, il sera bon de placer des rayons indicateurs à chaque plafond, afin que les abeilles construisent en travers, autrement dit dans le sens des divisions.

Ainsi divisées, la ruche longue et la ruche haute seront

faciles à récolter, à marier et à rajeunir. Elles se prêteront également à l'essaimage artificiel par divisions, comme aussi, par l'addition d'une partie vide, elles empêcheront ou du moins diminueront la formation des essaims.

Les modifications que nous venons d'indiquer peuvent être exécutées par presque tous les possesseurs de ruches vulgaires et n'entraînent d'autres frais qu'un peu de temps perdu, quelques petits morceaux de bois et quelques clous, dont la dépense n'est rien en proportion des avantages qu'on peut en retirer et en comparaison du prix d'une ruche compliquée, par exemple celle à cadres, que ne sauraient construire bon nombre d'habitants de la campagne.

Si l'on ne se détermine pas à améliorer ces ruches de la manière que nous venons d'indiquer, on pourra les rendre moins défectueuses en tenant moins élevée la ruche en cloche et en lui donnant un dôme presque plat. On tiendra également moins élevées et moins grandes qu'on les tient généralement les ruches en menuiserie et en liége. Quant à la capacité à donner aux ruches, nous ne saurions la déterminer au juste. Là, le panier devra avoir de 30 à 35 centimètres de diamètre sur 27 à 35 centimètres de hauteur; ailleurs, 40 centimètres de diamètre sur 30 centimètres de hauteur. Dans quelques localités riches, la boîte pourra avoir de 30 à 40 centimètres de diamètre sur 40 à 50 centimètres de hauteur. Il faut rarement dépasser ces dimensions en France. — Une ruche ronde de 25 centimètres de hauteur sur 42 de diamètre jauge 34 litres 65 centilitres. Une ruche carrée dont les côtés ont 30 centimètres de longueur sur 42 de hauteur jauge 37 litres 80 centilitres.

240 *ter*. Mode d'exploiter les ruches vulgaires. — La méthode la plus rationnelle à employer pour la ruche en cloche consiste à en chasser les abeilles pour la récolter (200). On la récolte entièrement ou partiellement; dans ce dernier cas, on peut pratiquer une opération très-simple que nous indiquerons plus loin (365), ou bien, après l'avoir chassée, on peut faire une *taille* (339 et 368) et réintégrer les abeilles dans leur habitation. Nous verrons ailleurs à quelle époque il convient d'opérer. Les ruches vulgaires en menuiserie et en liége ne se transvasent pas facilement lorsqu'elles sont élevées. Dans ce cas, le mode le plus rationnel de les récolter consiste à les tailler par la partie supérieure et à rafraîchir les rayons de la partie inférieure à une autre époque de l'année (338). Le mode le plus rationnel d'opérer les ruches couchées consiste à les tailler aux extrémités. On les marie en les plaçant bout à bout et en ouvrant, bien entendu, les extrémités qu'on fait coïncider.

241. Étouffage. — L'étouffage est une pratique aussi absurde que cruelle qu'emploient encore trop d'apiculteurs; cette pratique consiste à tuer, au moyen de mèches de soufre, les abeilles des ruches vulgaires qu'ils veulent récolter et de celles qui n'ont pas de provisions. Quelle que soit la défectuosité d'une ruche, il ne faut jamais en étouffer les abeilles, ni pour la récolter, ni lorsqu'elle ne contient pas de provisions. Il faut chercher à s'emparer de ses travailleuses, soit en les chassant par le tapotement ou la fumée, soit en les asphyxiant momentanément, et les réunir à d'autres colonies, ou les établir dans des ruches vides, si la saison leur permet encore d'y emmagasiner des provisions suffisantes pour passer l'hiver. Les apiculteurs qui les étouffent (ces gens-là osent parfois s'appeler des *éducateurs* d'abeilles !) pour prendre leur miel ou pour les *éteindre* se comportent aussi bêtement que ceux qui coupent les branches des arbres pour en cueillir les fruits; et les auteurs qui conseillent d'étouffer les abeilles, sous prétexte que leurs colonies deviendraient trop nombreuses et que, d'ailleurs, ajoutent-ils, on ne peut manger de bœuf sans tuer la bête, sont plus stupides que l'animal qu'ils choisissent pour comparaison.

Les abeilles, nous le répéterons à satiété, ne sont jamais trop nombreuses dans une ruche. Le fussent-elles, d'ailleurs, il serait facile d'y remédier en agrandissant cette ruche. Donc, chaque fois qu'une ruche ne regorge pas d'abeilles, on peut toujours en ajouter. Donc il ne faut pas en étouffer. Nous avons déjà démontré (191) et nous démontrerons encore plus loin (400) les avantages *immenses* des populations fortes sur les populations faibles. En attendant, nous répéterons, appuyé de l'expérience, que toute la science apicole se trouve presque dans ce précepte : *avoir des populations fortes, colossales*, et qu'en conséquence tuer des abeilles, c'est faire de l'apiculture en dépit du bon sens, agir contre ses propres intérêts.

242. Ruche à chapiteau. — La ruche à chapiteau se compose d'un corps de ruche principal qui, seul, forme souvent ruche A (*fig.* 42), et d'un chapiteau B, généralement plus petit, qu'on enlève à volonté. L'un et l'autre

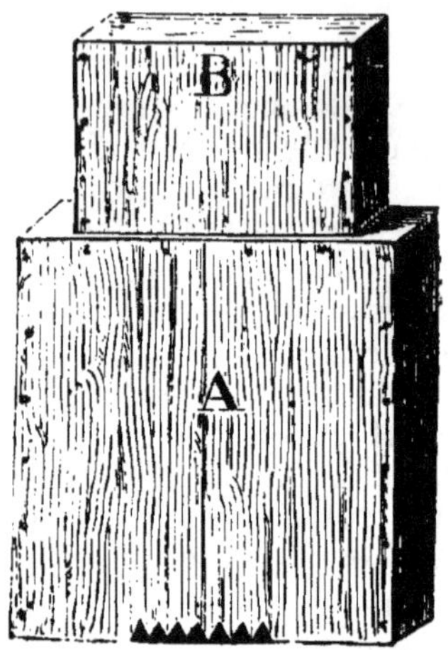

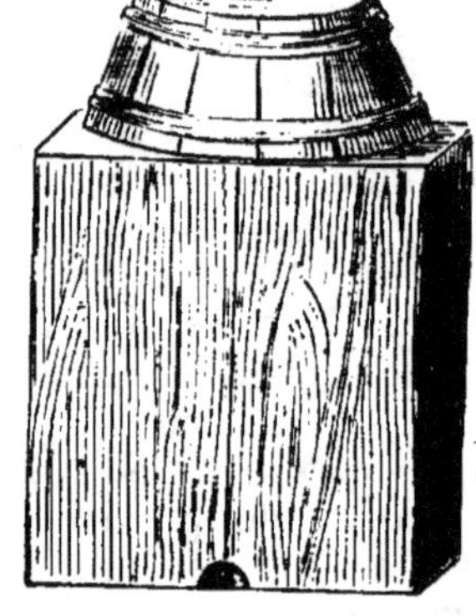

(*Fig.* 42.) Ruche à chapiteau.   (*Fig.* 43.) Ruche à caserette.

sont ou en bois ou en paille, et leur forme et leur grandeur varient d'un canton à l'autre. On distingue parmi ces ruches : la ruche à calotte, à capote, cape ou cabochon, celle dite normande, la lombarde ou ruche villageoise de Lombard, la ruche à ruchette, la ruche à caserette, etc. Toutes ces ruches plus ou moins grandes, différant dans leur partie inférieure et dans leur partie supérieure selon les localités, sont établies d'après le même principe. C'est toujours un corps de ruche principal surmonté d'une partie moins grande destinée à être enlevée à volonté pour en faire la récolte.

C'est principalement le louable but d'enlever le miel sans faire périr les abeilles — et même sans qu'elles s'aperçoivent presque de cet enlèvement autrement que par la privation qui en est la suite — qui a déterminé la construction de ces sortes de ruches ; et, remarquons-le en passant, ce sont celles qui ont été le plus adoptées par les praticiens, sans doute à cause de leur facilité à être confectionnées, de leur prix souvent peu élevé et de leur grande parenté avec la ruche commune.

243. Ruche à calotte. — La ruche à calotte, capote, cape, corbillon, cabochon ou bonnet, varie souvent d'un apiculteur à l'autre; elle affecte différentes formes. Les corps de ruche, ainsi que les calottes, sont le plus communément en paille (*fig.* 44 et 45). Ils ont, aux environs de Paris, de 30 à 33 centimètres de diamètre sur une hauteur de 30 à 40 centimètres; leur partie supérieure, ordinairement plate, est percée d'un ou de plusieurs trous qu'on tient fermés au moyen de bouchons, lorsque la calotte est enlevée; le diamètre de ces trous varie de 3 à 5 centimètres; lorsqu'il n'y en a qu'un, il faut le tenir un peu plus grand.

(*Fig.* 44.) Ruche à calotte, façon des Vosges.

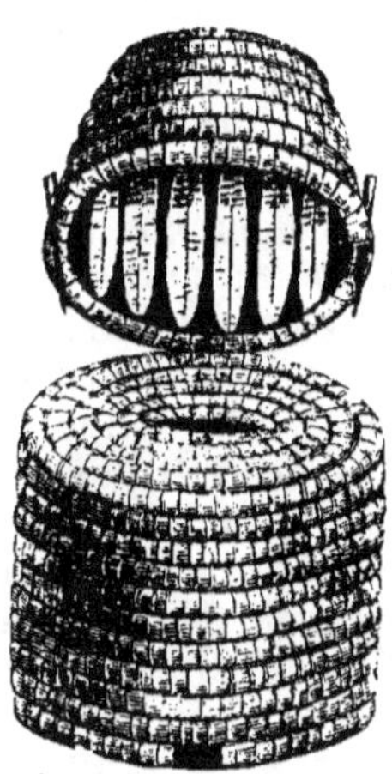

(*Fig.* 45.) Ruche à calotte, calotte soulevée.

Les calottes destinées à contenir du miel pour être vendu en rayons doivent, autant que possible, affecter la forme de corbeilles ou de panetons ronds (*fig.* 45). Celles en osier blanc, façon dite clôture, sont très-propres pour cet objet.

244. Matière, forme, pose et récolte des chapiteaux. — Les chapiteaux sont le plus souvent en paille, en vannerie et en menuiserie; mais on peut aussi en employer en terre cuite, en faïence ou en verre.

Dans quelques cantons de l'Est, on emploie une boîte en boissellerie, qui peut facilement être transportée lorsqu'elle est garnie de son couvercle. Dans la même contrée et à Chamounix, on se sert d'un joli petit baquet en bois blanc, qui ajoute au prix de la marchandise en vrac.

La grandeur des chapiteaux doit être en raison des ressources mellifères de la localité. Plus il y a de fleurs et plus ces fleurs donnent de miel, plus les chapiteaux doivent être grands, surtout s'ils sont placés sur des ruches populeuses. Quant à l'époque à laquelle il convient de les placer, elle varie d'un canton à l'autre, selon la force des colonies et la quantité de produits qu'on veut en obtenir. Si, par exemple, on tient à avoir du miel au détriment d'essaims, il faut employer une grande calotte et la placer avant la formation de l'essaim, c'est-à-dire au moment où les fleurs commencent à donner abondamment. Si l'on tient, au contraire, à avoir des essaims, il faut ne placer les chapiteaux qu'après leur sortie, et employer des vases moins grands.

245. **Greffe ou amorce.** — Les chapiteaux doivent être placés en temps opportun, c'est-à-dire au moment où la miellée va donner, et sur des ruches bien remplies de travaux et de population; autrement, les abeilles n'y édifieraient pas tout de suite, et la saison pourrait s'avancer sans qu'elles s'occupassent de le faire. Le moyen de les engager à édifier tout de suite, c'est d'y attacher artificiellement un bout de rayon propre; ce que l'on fait en présentant le bout de ce rayon à la flamme d'une chandelle ou mieux en le trempant dans de la cire fondue, et en l'appliquant aussitôt au haut dudit chapiteau. Lorsqu'on a affaire à une calotte en paille, on fixe le rayon au moyen de chevilles de bois mince que l'on passe dans les cordons. On donne le nom de *greffe* ou *amorce* à ce rayon. Plus cette greffe descendra près du trou de communication, plus vite les abeilles s'introduiront dans la calotte. A défaut de rayons pour former une *amorce*, des apiculteurs plantent dans le fond du chapiteau un petit bâton ou une paille qui descend jusqu'au trou de communication et qui sert d'échelle aux abeilles pour aller édifier au haut de ce chapiteau.

Le chapiteau doit être luté avec du *pourget*, nom que l'on donne au mortier, composé le plus souvent de bouse de vache, de cendre et de terre glaise, que l'on prépare pour boucher les issues inutiles des ruches. Au lieu de pourget, on fait usage de mastic de vitrier quand on ne veut pas salir les calottes, ou bien on emploie un ruban trempé dans de la cire fondue.

On enlève les chapiteaux lorsque les fleurs ont cessé ou vont cesser de donner du miel; ou bien l'on attend d'être à la fin de la campagne, et même après l'hiver, si le miel qu'ils renferment ne provient pas de crucifères, miel qui granule en séjournant dans la ruche, et si la vente des produits est plus favorable à cette époque.

Lorsque les chapiteaux sont petits et que les fleurs donnent beaucoup de miel, on peut, après les avoir enlevés, les remplacer par d'autres qu'on enlèvera un peu plus tard ; et, si ces seconds chapiteaux ne sont pas pleins, on peut les utiliser en les donnant aux ruches qui n'ont pas assez de provisions. On peut aussi les conserver pour les faire emplir au début de la campagne suivante.

Au lieu de remplacer un chapiteau plein par un vide, on peut établir une hausse entre ce chapiteau et la ruche. Cette hausse sera plus vivement remplie qu'un chapiteau de rechange.

On s'assure qu'un chapiteau est plein en donnant quelques petits coups dessus; si ces coups produisent un bruit sec et bref, on est certain qu'il est rempli de miel ; mais si le son est creux, il y a peu de chose à espérer. On peut d'ailleurs le soulever légèrement d'un côté pour mieux s'assurer de ce qu'il contient.

Lorsqu'un chapiteau est bien plein de miel, il contient peu d'abeilles, surtout au milieu de la journée d'un temps chaud : c'est donc au milieu de la journée qu'il faut l'enlever. On le décolle au moyen d'un couteau, puis on l'enlève et on le transporte à quelques pas de là ; on le pose sur l'herbe s'il y en a, et le peu d'abeilles qui s'y trouvent ne tardent pas à en sortir, non sans se gorger de miel, pour aller rejoindre leur colonie. Si elles tardent à déguerpir on peut présenter ce chapiteau à l'entrée de la ruche et le tapoter pendant quelques minutes pour les en chasser. On peut aussi porter dans un appartement les chapiteaux aussitôt qu'ils sont enlevés ; en fermant les croisées

de cet appartement et en ne laissant qu'un peu de jour;
les abeilles ne tardent pas à se diriger de ce côté. Mais on
a plus vite fini de chasser les abeilles par tapotement en
plaçant un chapiteau vide sur le plein renversé. D'ailleurs,
le chapiteau garni a souvent de jeunes abeilles qui ne
savent retrouver leur ruche lorsqu'elles en sont isolées.

Les bas des rayons du chapiteau sont toujours plus ou
moins collés, la plupart du temps légèrement, sur le plancher du corps de ruche, et, lors de la séparation, des cellules se trouvent déchirées qui laissent couler le miel. On
peut faire disparaître ces déchirures, toujours désagréables lorsque le miel doit être vendu en rayons. Il suffit
pour cela, lorsqu'on a détaché le chapiteau, de le tenir
soulevé d'un centimètre ou deux au moyen d'une cale
pendant une heure ou deux et même pendant une nuit.
Les abeilles s'occupent pendant ce temps de faire disparaître les déchirures et le miel qui coule. On obtient ainsi
des chapiteaux dont le bout des rayons ne laisse rien à
désirer. On peut appeler cette opération l'*art de finir les
chapiteaux*.

Les trous de communication qui se trouvent au corps
de ruche doivent être rebouchés aussitôt après l'enlèvement du chapiteau, à moins qu'on ne veuille replacer un
second chapiteau. Si les abeilles se montrent et courent
aux environs des issues, on les force à rentrer dans la
ruche en leur projetant de la fumée. — Nous verrons plus
loin comment se renouvellent et comment se marient les
ruches à calotte.

246. Usage de grille ou tôle perforée. — On trouve
dans le commerce des tôles perforées mécaniquement qui
rendent de bons services à l'apiculture. Une de ces tôles,
qui porte le n° 35 (*fig.* 46), a des trous qui laissent passer
des ouvrières, mais qui retiennent la mère. Chaque trou
a 4 millimètres 15 centièmes de longueur, sur 13 millimètres 25 centièmes de largeur. On peut donc l'employer
pour empêcher la mère d'aller pondre dans une partie de
la ruche, dans le chapiteau, par exemple, lorsqu'on tient
que les rayons en restent très-frais. Pour cela, le trou de
communication de la ruche reçoit une grille (morceau de
tôle perforée) de sa dimension. Par son emploi, on peut
cantonner la mère dans une partie de la ruche. — Une

tôle d'un numéro plus élevé, n° 36, a des trous un peu plus grands (5 millimètres 10 centièmes sur 13 millimètres 25 centièmes) qui permettent à la mère de passer, mais qui retiennent les faux-bourdons. Nous verrons plus loin qu'on emploie celle-ci pour bourdonnières. Ces tôles, fabriquées à l'emporte-pièce, se vendent par plaques de 1ᵐ,63 de longueur au prix de 7 francs, chez M. Brière, fabricant, rue Basfroi, 19 (faubourg Saint-Antoine), à Paris.

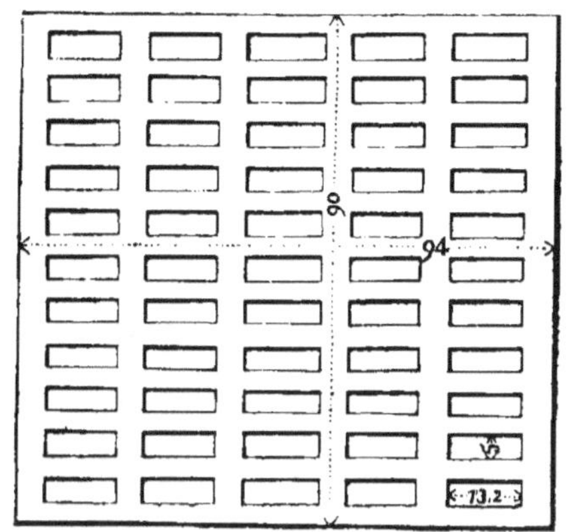

(*Fig.* 46.) Grille n° 35.

247. Ruche normande à calotte. — La ruche normande à calotte n'est autre que la ruche à dôme peu élevé

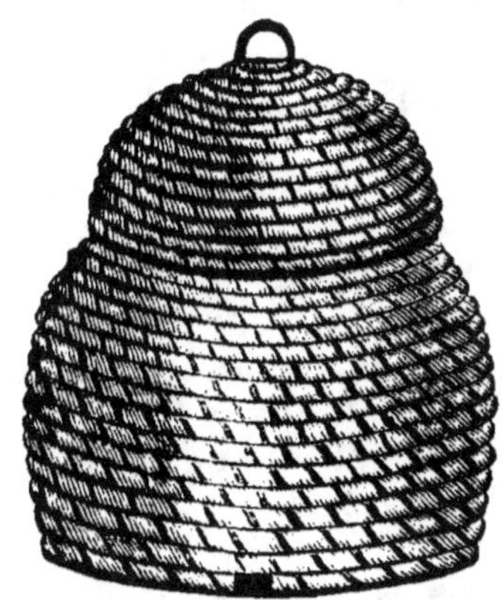

(*Fig.* 47.) Ruche normande à calotte.

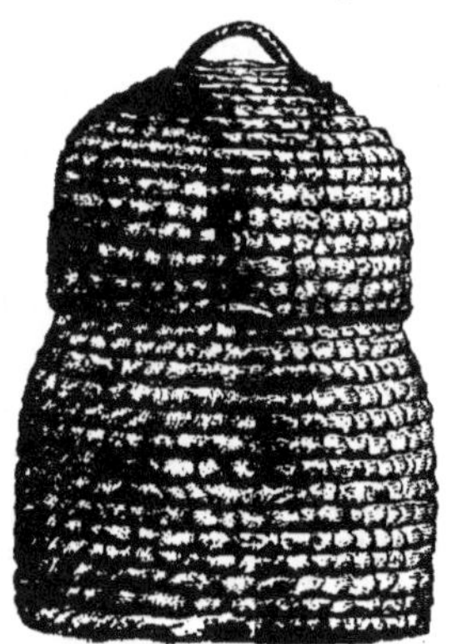

(*Fig.* 48.) Ruche normande.

de l'Alsace, de la Franche-Comté et de la Suisse, laquelle est disposée pour recevoir une calotte plus ou moins grande; elle se compose, aux environs de Caen, d'un corps de ruche (*fig.* 47 et 48) à peu près régulier, ayant de 33 à

35 centimètres de diamètre sur 28 à 32 centimètres de hauteur, et d'une calotte de même forme dont le diamètre est un peu moins grand que celui du corps de ruche, et dont la hauteur est variable. Le dôme du corps est élevé de 2 à 4 centimètres, et se trouve percé d'un trou ayant de 6 à 8 centimètres de diamètre, lequel orifice se ferme au moyen d'un bouchon en paille, en bois ou en liége.

La calotte normande est quelquefois aussi grande que le corps de ruche; les deux parties forment alors une véritable ruche écossaise, que nous ferons connaître plus loin (252); mais, le plus souvent, la calotte est moins grande que le corps de ruche (*fig.* 47); elle varie d'une localité à l'autre. On comprend, du reste, que la grandeur de la calotte doit être réglée, là comme ailleurs, sur la force des colonies et sur les ressources locales.

248. Calottage. — Le calottage, comme on l'applique en Normandie, a pour but d'obtenir des produits de choix, et de faire travailler les abeilles en miel au détriment de l'essaimage. Nous savons que, quand on agrandit les ruches et qu'on procure un nouvel espace aux abeilles avant la formation des essaims, la sortie de ces essaims n'a pas lieu, ou du moins dans des proportions aussi grandes que lorsqu'on n'agrandit pas les ruches. Nous savons, en outre, que c'est vers le haut de leur logement que les abeilles emmagasinent la plus grande partie de leur miel. Nous savons, enfin, qu'elles élèvent rarement de couvain dans cette partie, et que, par conséquent, elles n'y logent pas de pollen. Elles élèvent du couvain dans la calotte quand celle-ci est trop grande, quand l'année n'est pas favorable à la sécrétion du miel, quand la calotte n'a pas été posée en temps opportun, et quand le trou ménagé au corps de la ruche est trop grand.

Or si, dans la dernière quinzaine d'avril ou les premiers jours de mai, lorsque le temps est beau et le colza en pleine fleur, on place une calotte sur une ruche pleine de travaux et regorgeant de population, les abeilles s'occuperont immédiatement d'édifier dans cette calotte, surtout si on a eu soin d'y placer une *greffe;* elles l'empliront de miel quelquefois pendant la floraison de cette plante. Lorsque le calottage est fait un peu plus tard et que la fleur de sainfoin donne, moins de douze jours suffisent souvent pour obtenir 12 ou 13 kilogrammes de miel logé dans une cire neuve, et exempt de pollen et de couvain. On emploie, quand on en a, des *bâtisses* pour le calottage.

248 *bis*. Bâtisses. — Les *bâtisses* sont des chapiteaux, des ruches ou des parties de ruches garnies de rayons vides, dans lesquelles les abeilles emmagasinent rapidement. Elles proviennent de colonies qu'on a chassées, ou de parties inférieures de ruches qu'on a enlevées à la fin de la campagne. On fait des bâtisses artificielles, c'est-à-dire qu'on garnit artificiellement des ruches et des parties de ruches de rayons secs qu'on colle aux parois ou qu'on fixe avec de petites boiseries. On emploie aussi, notamment pour les cadres, des rayons gaufrés, rayons élémentaires qu'on fabrique au gaufrier avec de la cire fondue. Pour fixer un rayon contre la paroi d'une ruche, on en trempe le bout dans de la cire fondue et on l'applique aussitôt contre cette paroi. On peut réunir plusieurs morceaux de rayons en les trempant ainsi dans de la cire liquide à laquelle on ajoute du galipot ou autre résine, pour rendre la composition plus tenace. Des apiculteurs fixent les rayons en en trempant le bout dans de la colle forte ou dans du plâtre délayé.

249. Décalottage. — Le décalottage ou enlèvement de la calotte a lieu en Normandie à la fin de juin et au commencement de juillet, lorsque le sainfoin est coupé. On enlève quelquefois des calottes à la fin de la fleur du colza, qu'on remplace pour n'avoir ensuite que du miel de sainfoin. Quelquefois aussi on place une seconde calotte sur la première, qu'on perce à la partie supérieure. Quoique placées à des époques différentes, ces deux calottes s'enlèvent au même moment. Le placement de la seconde calotte a lieu lorsqu'on juge que la première est pleine, que les fleurs donneront encore du miel pendant quelques jours, et qu'on voit les abeilles faire la barbe à l'entrée de la ruche.

L'enlèvement des calottes a lieu au milieu d'une belle journée. L'opérateur est muni d'un vase à manche contenant de la bouse de vache sèche allumée (326) et d'un fort couteau, avec lequel, après avoir détaché les petites chevilles de bois qui fixent la calotte à la ruche, il enlève en un point le pourget séché qui clôt cette calotte. Les débris du pourget séché, qui n'est ordinairement que de la bouse de vache, sont jetés dans le vase dont je viens de parler pour y entretenir un bon dégagement de fumée. L'opérateur soulève ensuite la calotte par un côté et y souffle de la fumée afin de maîtriser les quelques abeilles qui pourraient s'irriter ; il enlève cette calotte, qu'il présente sur le vase fumant où il la tient environ une demi-minute, après laquelle il la pose à terre, à un mètre ou deux de sa ruche et sur un sol à peu près égalisé ; il la clôt au moyen d'un peu de terre qu'il ramène autour de ses bords, et ne laisse seulement qu'un trou pour passer le doigt, autant que cela se peut du côté du soleil ; il la marque d'un signe quelconque, qu'il met également à la ruche d'où elle provient et ne s'en occupe plus ; il passe alors à une autre ruche, qu'il opère de même.

Quant aux abeilles restées dans les calottes, voici comment elles se comportent : après avoir reconnu qu'elles sont isolées de la colonie mère, ce dont elles ne tardent pas à s'apercevoir, elles se gorgent de miel et déguerpissent. On les voit, au bout de quinze à vingt minutes, sortir par la petite issue ménagée, s'envoler au plus vite et retourner en ligne droite à la ruche mère. S'il se trouve quelques jeunes abeilles qui n'aient pas encore sorti, elles ne sont pas du tout embarrassées pour reconnaître leur ruche : le bourdonnement à la porte de la ruche de leurs compagnes plus âgées les guide dans cette circonstance. Lorsque le temps n'est pas beau, la sortie des abeilles est longue et souvent incomplète. Il faut avoir recours au tapotement et à la fumée.

Lorsque, après 25 à 30 minutes, les abeilles ne pensent pas à sortir d'une calotte, il faut juger que l'abeille mère s'y trouve, ce qui arrive rarement : on chasse alors les abeilles de cette calotte dans une calotte vide. On fait cette opération par tapotement et à ciel ouvert (365). Lorsque les abeilles sont toutes montées dans la ruche vide, on secoue celle-ci à l'entrée de la souche, ou mieux, on la place sur la ruche pour que les abeilles descendent avec les autres.

Il faut enlever les calottes laissées à terre aussitôt que

les abeilles qu'elles contenaient sont parties, parce que d'autres pourraient y venir qui agiraient en pillardes.

Deux personnes peuvent opérer vingt ruches à l'heure par les moyens que nous venons de décrire, moyens beaucoup plus simples et plus expéditifs que celui qui consiste à faire sortir les abeilles par le tapotement ou par la fumée, qu'emploient souvent un certain nombre d'apiculteurs.

250. Réunion ou mariage des colonies. — La réunion ou mariage des colonies est très-facile avec la ruche normande, dont le corps est généralement d'un diamètre uniforme. On n'a qu'à placer la ruche (le corps) que l'on veut supprimer sous celle qui doit réunir les deux populations. Les abeilles de la ruche inférieure monteront dans la ruche supérieure : elles le feront tout de suite, si on les y contraint par la fumée, et elles ne le feront qu'un peu plus tard, si on les abandonne à elles-mêmes. Il est toujours bon de projeter par avance de la fumée à l'une et à l'autre des colonies à marier pour empêcher tout combat. Si l'on a, par exemple, à marier une vieille colonie à un essaim qui a ses provisions, on place le corps de ruche qui contient la vieille colonie sous celui qui contient l'essaim, en ayant soin que les rayons de la ruche du haut touchent la ruche du bas. On bouche les issues qui existeraient entre les deux ruches, et le mariage est bientôt accompli.

On comprend que, quand on peut ainsi réunir les colonies, le moyen de rajeunir les vieilles ruchées et de défaire les défectueuses sans tuer les abeilles est tout trouvé. On n'a plus à se préoccuper que de l'opportunité de l'opération, ce qu'on saisit facilement avec un peu d'application.

La ruche normande n'est pas construite dans le but d'obtenir des essaims artificiels. Cependant, on peut en faire avec elle : 1° par la chasse, comme avec la ruche vulgaire; 2° par l'addition d'un corps de ruche vide sur celui qui contient les abeilles. On a soin, dans ce cas, d'agrandir le trou de communication, afin que l'abeille mère monte dans la partie supérieure ; elle y montera aussitôt que le travail de cette partie descendra près de l'orifice du haut de la partie inférieure. C'est lorsqu'on est assuré que la mère est montée et qu'il y a de jeunes larves d'ouvrières dans la partie supérieure qu'on divise les ruches. Comme c'est la saison de l'essaimage, la ruche que quitte l'abeille mère doit avoir du couvain de femelle ou de quoi en faire. Cette seconde manière de faire des essaims artificiels ne vaut pas la première.

251. Avantages de cette ruche. — La ruche normande présente des avantages incontestables, surtout pour l'exploitation en grand : d'abord elle est peu coûteuse et facile à confectionner ; elle est également facile à récolter, à renouveler, à transvaser ; ensuite, elle donne des produits de choix, et la capacité exiguë et conique du corps de ruche concentre parfaitement la chaleur. Étant solidement construite et peu volumineuse, elle se transporte facilement et sans encombre.

La fausse teigne a moins de prise sur elle que sur une grande ruche, dont les rayons inférieurs se trouvent davantage dégarnis d'abeilles. D'un autre côté, on sait que les abeilles se plaisent mieux et travaillent plus activement dans une petite cavité que dans une grande. Cette ruche peut, d'ailleurs, être agrandie à volonté au moyen de la calotte et d'une hausse au besoin (246, § 4). Un simple regard plongé dans son intérieur fait juger tout de suite de l'état et de la valeur de la colonie. La ruche à issue supérieure facilite aussi l'introduction d'une mère.

Toutes ces qualités réunies en font une des meilleurs ruches qu'on puisse proposer pour la grande production : elle convient également à ceux qui veulent se faire éleveurs et producteurs en même temps. Dans ce cas, la calotte doit être moins grande ; au lieu de contenir, par exemple, 12 à 14 kilogrammes de miel lorsqu'elle est pleine, elle n'en contiendra que 5 à 6, plus ou moins, selon la localité. Le corps de ruche peut être aussi agrandi ou diminué, selon la localité et selon ce qu'on désire obtenir ; mais, en général, les petites capacités qui peuvent s'agrandir conviennent mieux que les grandes qui ne peuvent se diminuer.

252. Ruche écossaise. — La ruche écossaise (*fig.* 49) a une grande analogie avec la ruche normande ; elle se compose de deux pièces semblables, qui peuvent être corps de ruche ou calottes à volonté. Celle introduite aux environs

de Rennes, il y a près d'un siècle, par La Bourdonnaie, avait, pour chaque partie, 33 cen-
timètres de diamètre intérieur sur 30 centimètres de hauteur ; total des deux parties réunies : 60 centimètres de hauteur. Chaque partie a, comme la ruche normande, un dôme lé-
gèrement bombé percé d'un trou circulaire que l'on ouvre et ferme à volonté.

En hiver, la ruche écossaise ne garde qu'une partie, à moins qu'on ait marié deux fortes colonies en arrière-saison. La seconde partie ne s'ajoute le plus communément qu'au printemps, un peu avant l'époque

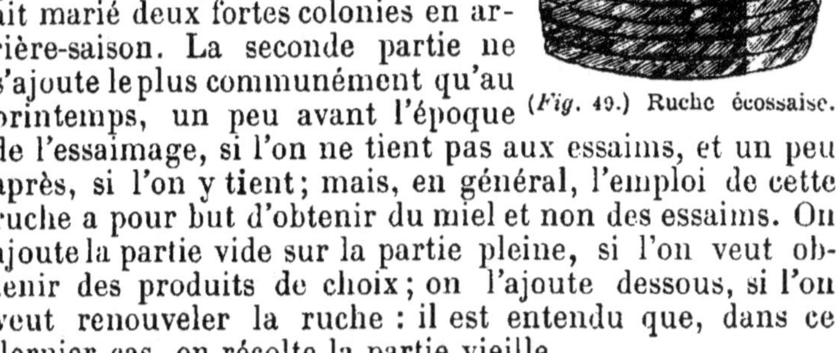

(*Fig.* 49.) Ruche écossaise.

de l'essaimage, si l'on ne tient pas aux essaims, et un peu après, si l'on y tient ; mais, en général, l'emploi de cette ruche a pour but d'obtenir du miel et non des essaims. On ajoute la partie vide sur la partie pleine, si l'on veut obtenir des produits de choix ; on l'ajoute dessous, si l'on veut renouveler la ruche : il est entendu que, dans ce dernier cas, on récolte la partie vieille.

Les colonies qui, par une cause quelconque, n'ont pas été récoltées dans la bonne saison peuvent être divisées au printemps suivant : l'on obtient ainsi des essaims arti-
ficiels auxquels on peut donner des parties vides. Mais, je le répète, cette ruche ne demande pas la division des colonies. Toutes les fois qu'elle n'est pas suffisamment garnie de provisions, il faut la marier à une autre et vi-
ser à n'avoir que des produits. Rien n'est plus simple que la réunion des colonies logées dans cette ruche : on réu-
nit les deux parties supérieures de chaque ruche, en ayant soin de placer au-dessus celle que l'on veut conserver, la mieux garnie et autant que possible la plus jeune. Il faut avoir soin, avant la superposition des ruches, de tailler les rayons de celle qui doit être en dessus, ce qui est facile à faire en projetant au préalable de la fumée aux abeilles. Sa récolte se fait, comme pour la ruche normande, en enlevant la partie supérieure et en bouchant le trou de communication.

La ruche écossaise convient beaucoup dans les contrées

qui produisent abondamment du miel inférieur, telles que la Bretagne, les landes de la Gascogne, la Corse, etc. On peut aussi en retirer de bons profits dans le Gâtinais.

253. Les dessus (planchers) plats, nous le remarquerons en passant, concentrant moins la chaleur que ceux en dôme et permettant aux vapeurs des ruches de s'y condenser, lorsqu'ils ne sont pas épais, présentent des inconvénients qu'il faut éviter autant que possible, notamment dans les pays froids. Il faut donc qu'ils soient épais ou recouverts d'un bon surtout qui empêche l'action du froid. Réunissant ces conditions, il n'y a pas d'inconvénient à les employer, notamment dans le Midi.

254. Ruche lombarde ou villageoise. — La ruche dite *villageoise* de Lombard (*fig.* 50) n'est autre que la ruche à calotte régularisée; elle diffère des ruches à chapiteau, que nous avons vues, en ce que sa calotte devrait toujours être replacée sur le corps de ruche lorsqu'elle a été récoltée, ce qui n'a pas lieu pour les autres. Le corps de ruche a de 30 à 33 centimètres de diamètre, sur une hauteur de 30 à 33 centimètres; il est surmonté d'un plancher. La hauteur du couvercle ou calotte est de 12 à 15 centimètres. Ces dimensions doivent être diminuées ou agrandies selon les localités et la force des essaims.

Lombard établissait les planchers de ses ruches tantôt en bois et tantôt en paille : ceux en bois étaient faits de planches échancrées; ceux en paille étaient percés de plusieurs trous. Des planchers ainsi établis laissent à désirer, car ils divisent les abeilles, surtout à une saison où elles ont besoin de concentrer leur chaleur dans le milieu de leur habitation. Radouan a modifié ces planchers en les remplaçant par des baguettes d'environ 1 centimètre de largeur, placées à une distance de 3 centimètres les unes des autres. Cette modification ne divise plus les abeilles, mais elle n'aide pas autant à l'enlèvement de la calotte dont les rayons peuvent adhérer à ceux du bas : dans ce cas, elle nécessite l'emploi du fil de fer lorsqu'il s'agit d'enlever les calottes, inconvénient au moins aussi grand que le premier. Pour y remédier, on a imaginé de faire les planchettes d'environ 3 centimètres et de les distancer à 8 ou 9 millimètres les unes des autres. Plusieurs apiculteurs ont en même temps apporté cette modification, ce qui montre, une fois de plus, que lorsqu'une idée est sentie et a sa raison d'être, elle germe au même moment dans une foule de cerveaux.

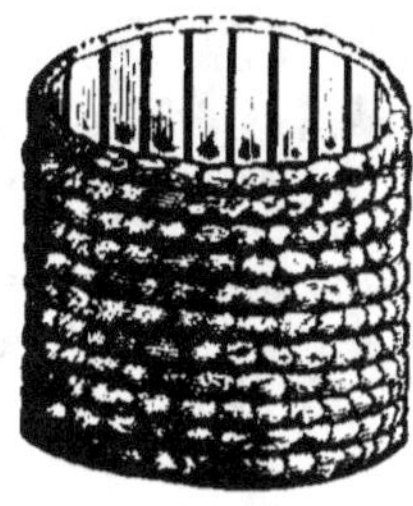

(*Fig. 50.*)
Ruche lombarde.

Nous avons dit que la calotte de la ruche lombarde devait être replacée après qu'elle avait été enlevée, ce qui n'est pas toujours sans inconvénient. Par exemple, lorsqu'elle est récoltée tardivement ou que l'année est mauvaise, les abeilles ne rebâtissent pas dedans ou n'y font qu'ébaucher des rayons. (Le cas est assez commun lorsque le plancher est presque plein.) Dans cette circonstance, il existe donc, dans la partie supérieure, un vide qui, en hiver, absorbe inutilement la chaleur nécessaire aux abeilles et fait que ces insectes sont obligés de consommer davantage pour avoir la même somme de chaleur autour d'eux. Si les abeilles consomment davantage, elles fatiguent également davantage, et, quand vient la bonne saison, elles se trouvent moins bien disposées pour le travail : elles ne sont pas actives.

Différents moyens se présentent pour éviter cet inconvénient : on peut d'abord tenir la calotte plutôt petite que grande et ne pas la récolter entièrement, lorsqu'on juge que le reste de la saison ne sera pas favorable. On peut ensuite ne pas replacer la calotte et mettre sur la ruche un plancher plein circulaire, que l'on coiffe de la calotte, dans laquelle on met de la mousse, des feuilles sèches ou du foin pour concentrer la chaleur.

La ruche villageoise, conduite comme nous venons de le voir, convient à l'apiculteur qui élève et qui produit en même temps; elle est, d'ailleurs, presque aussi facile à construire que la ruche la plus vulgaire. Le renouvellement du corps de la ruche peut se faire ou en réunissant deux corps de ruche, ou en taillant les rayons, comme on le fait pour la ruche vulgaire. Les essaims artificiels qu'on veut en obtenir doivent être faits par le transvasement.

255. Ruche à hausses. — On appelle *ruche à hausses*

un panier ou une boîte composée de plusieurs parties appelées *hausses* ou *cases*, qui peuvent se superposer. Il y a

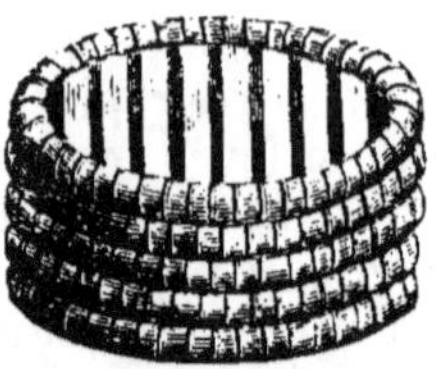

(*Fig.* 51.)
Hausse en paille.

des ruches à deux, à trois, à quatre et à cinq hausses, qui sont quelquefois surmontées d'une calotte ou chapiteau en dôme. Les hausses sont le plus communément en paille (*fig.* 51) et en menuiserie (*fig.* 62), bien qu'on en fasse quelquefois en petit bois et en poterie.

256. Dimensions. — Toutes les hausses d'une ruche doivent avoir le même diamètre et, autant que possible, les mêmes dimensions; ces dimensions varient selon les ressources florales. Il convient de les avoir petites dans les localités peu favorables, et grandes dans les localités qui sont favorables ; on les fait communément de 10 à 15 centimètres de hauteur, sur un diamètre de 30 à 35 centimètres.

Une hausse de 11 centimètres de haut sur 33 centimètres de diamètre donne de 6 à 7 kilogrammes de miel lorsqu'elle est bien pleine, quantité dont on doit se contenter dans beaucoup de localités ordinaires, lorsqu'on tient à conserver ses abeilles.

257. Planchers des hausses. — On donne ce nom aux boiseries ou autres constructions établies au haut des hausses. Les planchers sont mis pour faciliter l'enlèvement des hausses. Ils ne sont pas indispensables, et les hausses peuvent n'avoir pour tout plancher qu'une baguette ou deux baguettes en croix (*fig.* 52). Les abeilles descendent plus vite leurs rayons dans les ruches dont les hausses n'ont pas de plancher que dans celles qui en ont; mais les hausses sans plancher nécessitent l'emploi d'un fil de fer ou d'une lame tranchante pour être séparées, et on sait les inconvénients de cette opération : le miel coule des rayons tranchés, et, par accident, on peut atteindre et blesser la mère; néanmoins, des producteurs préfèrent des hausses sans plancher ou avec un plancher rudimentaire. Les hausses qui ont des planchers, notamment des planchers pleins, percés de quelques trous seulement (*fig.* 55), s'enlèvent facilement, les rayons de la hausse supérieure adhérant peu au plancher de la hausse inférieure. Mais le plancher plein arrête un moment le travail des abeilles, qui n'édifient en dessous que lorsqu'elles regorgent en dessus. Le plancher plein convient plus pour le dessus de certaines ruches à chapiteau (celles qui sont destinées à produire du miel en rayon) que pour les hausses.

On a pensé qu'en établissant le plancher à claire-voie (*fig.* 53), dont les barrettes auraient un peu moins de 3 centimètres de largeur, c'est-à-dire l'épaisseur des édifices des abeilles (disposition pour le couvain), et l'intervalle de ces barrettes serait de 1 centimètre environ, intervalle observé par les abeilles; on a pensé, dis-je, que ces planchers réuniraient les deux avantages : celui de ne pas arrêter les abeilles et celui de rendre facile l'enlève-

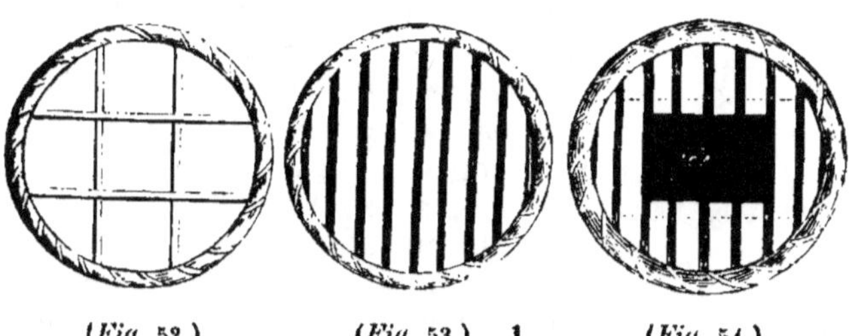

(*Fig.* 52.)   (*Fig.* 53.)   (*Fig.* 54.)
lancher élémentaire.   Plancher à claire-voie.   Plancher à claire-voie troué.

ment de la hausse. Mais l'observation a appris que si les abeilles travaillent plus vite sous les barrettes que sous les planchers pleins, elles descendent cependant moins vite leurs travaux que dans les hausses sans plancher. En saison favorable, elles peuvent passer deux ou trois jours en hésitation avant de travailler dessous, et deux ou trois jours d'arrêt de travail sont une perte pour le propriétaire des ruches. L'observation a aussi appris que, s'il y a une solution de continuité dans les barrettes du plancher à claire-voie, les abeilles descendent par ce trou un ou plusieurs rayons, suivant l'espace ouvert, et bâtissent sans hésitation en même temps sous les barrettes voisines. Les planchers à claire-voie qui ont une solution de continuité présentent donc l'avantage de ne pas arrêter les travaux des abeilles et permettent à l'apiculteur de faire l'enlèvement des hausses sans avoir recours au fil de fer; car, la plupart du temps, les rayons se brisent au même niveau que le plancher.

Le trou ménagé dans les planchers à claire-voie peut être plus ou moins grand et se trouver dans le milieu (*fig.* 54), ou sur le devant de la hausse (*fig.* 57).

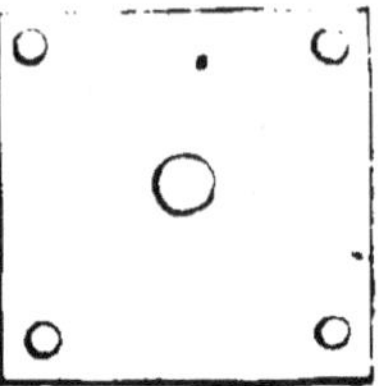

(*Fig.* 55.)   (*Fig.* 56.)   (*Fig.* 57.)
Plancher plein.   Barrette en biseau.   Plancher à claire-voie troué.

Le dessous des barrettes est taillé en biseau (*fig.* 56), afin d'engager les abeilles à bâtir dans le sens de ces barrettes. On sait qu'elles posent volontiers les fondements de leurs édifices sur les saillies qui se trouvent au haut de leur ruche. Leurs rayons sont d'autant plus édifiés sur les barrettes que celles-ci se trouvent dans le sens de l'entrée de la ruche, du devant au derrière. (Il n'est pas indispensable qu'elles soient alors taillées en biseau.) Si ces barrettes étaient en travers, les abeilles pourraient ne pas les suivre ; car on sait que communément elles bâtissent leurs rayons dans le sens de l'entrée, quelquefois obliquement à l'entrée, mais rarement en travers.

Les hausses sans plancher nécessitent l'emploi désagréable du fil de fer pour être enlevées. Je dis désagréable, parce qu'en coupant les rayons ce fil de fer peut atteindre nombre d'abeilles, et parmi elles la mère ; parce qu'aussi il faut être deux pour opérer. Pour notre usage particulier, nous employons des barrettes de 2 centimètres à peine de largeur avec un intervalle à peu près égal ; ces barrettes sont minces et parfois reliées par une traverse ou deux également minces.

258. Ruche à hausses et à chapiteau. — La ruche à hausses avec chapiteau est construite en paille ou en bois : la ruche en paille se compose de plusieurs hausses et d'un couvercle bombé (*fig.* 58). La ruche en menuiserie reçoit un chapiteau en paille ou en autre matière.

259. Les hausses en paille sont fixées les unes aux autres au moyen de mains ou crochets en fer, A (*fig.* 59), et au moyen de chevilles en fer, B (*fig.* 60), ou de chevilles en bois c (*fig.*61), lorsqu'elles ont un bourrelet extérieur, ou d'agrafes, D, lorsqu'elles n'ont pas de bourrelets. Les ruches en bois le sont au moyen de crochets et de pitons ou de clous et de cordes, E, qui fixent également le plancher supérieur.

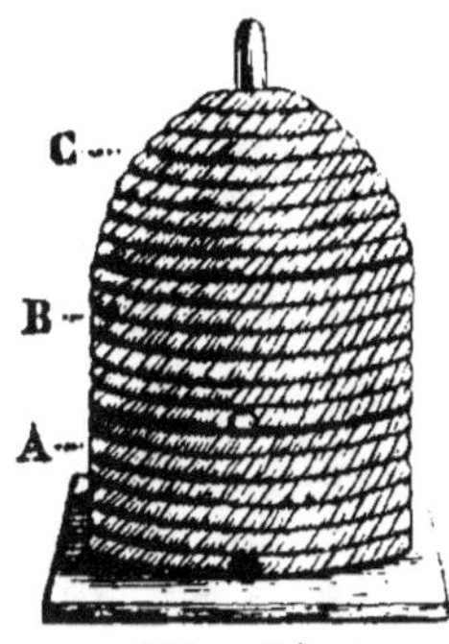

(*Fig.* 58.)

Ruche à deux hausses et à chapiteau.

A. Hausse inférieure.
B. Hausse intermédiaire.
C. Chapiteau.

260. **Ruche à trois hausses et plus.** — Dans les localités où la production est irrégulière, il convient de tenir les hausses petites et d'en augmenter le nombre pour les éventualités favorables. On fera alors usage de ruches à trois ou quatre hausses; on emploiera même une cinquième hausse, si l'on se propose d'empêcher l'essaimage.

On a construit des ruches à hausses obliques reposant sur un plancher également oblique; mais les difficultés qu'offre leur construction sont à peine compensées par les avantages qu'elles présentent.

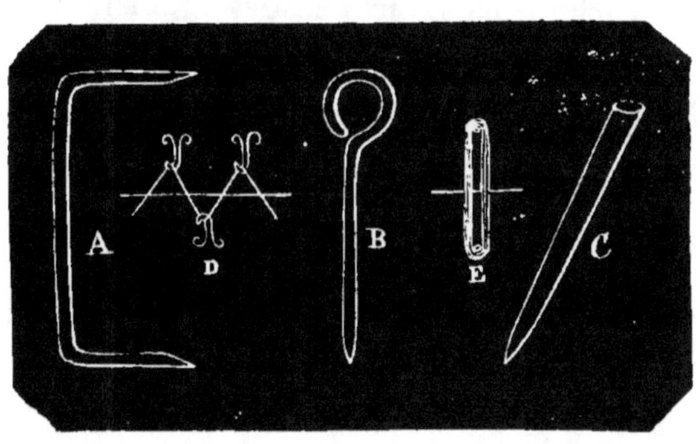

(*Fig.* 59.)   (*Fig.* 60.)   (*Fig.* 61.)
Main de fer.   Piton.   Cheville.

261. **Mode de conduire les ruches à hausses.** — Il n'y a qu'un mode d'opérer la ruche à deux hausses avec

ca.otte lorsqu'il s'agit de récolter ; mais il y en a plusieurs de conduire les ruches à trois hausses et plus, lorsque les parties sont uniformes.

Pour la première, il faut enlever la calotte pleine et la remplacer par une vide, ou laisser seules les deux hausses inférieures que l'on clôt au moyen d'un plancher mobile. Dans le premier cas, la calotte replacée peut n'être pas remplie avant l'hiver, ce qui est un inconvénient. Quant au renouvellement des parties qui restent, il peut se faire par l'enlèvement de la hausse inférieure au sortir de l'hiver, et le dédoublement des colonies au printemps, ou bien encore par le mariage.

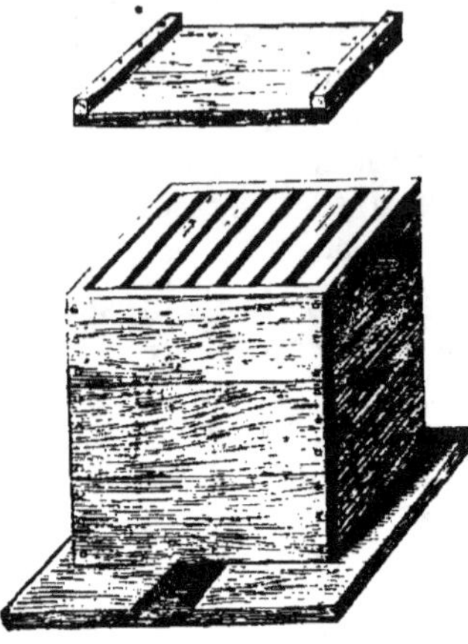

(*Fig. 62.*)
Ruche à trois hausses en bois.

Pour les ruches à hausses uniformes, c'est-à-dire sans calotte, le premier mode consiste à enlever la hausse supérieure et à ajouter une hausse vide à la partie inférieure. Dans ce cas, on renouvelle graduellement les édifices de la ruche ; mais on a le désagrément de récolter dans des gâteaux qui ont servi de berceaux au couvain et qui contiennent quelquefois du polleu avarié : de là du miel inférieur ; en outre, au bout de deux ou trois ans, on a rompu l'harmonie établie par les abeilles : en montant successivement, les alvéoles de mâles arrivent à la partie supérieure ; la cave se trouve alors au grenier. Le second mode consiste à enlever la hausse supérieure et à la remplacer par une vide, si l'on veut encore récolter cette année-là, ou à ne pas la remplacer du tout si l'on ne veut plus récolter (*). Dans ce cas, on obtient du miel de choix, mais on ne renouvelle pas les édifices des abeilles ; cepen-

---

(*) Varembey a donné le nom de *ruche française* à la ruche à hausses en bois qu'il récoltait par ce système. Nous nous contenterons d'appeler *méthode Varembey* cette manière de conduire les ruches à hausses.

dant on peut atteindre ce dernier but en enlevant au sortir de l'hiver la hausse inférieure pour une récolte de cire, ou en dédoublant les hausses qui restent par l'essaimage artificiel. La hausse contenant de la cire vide sera conservée avec soin, si cette cire est propre, et elle sera placée en dessus au printemps, pour une récolte de miel. Toute hausse peut recevoir une ou plusieurs *greffes*. (Il est très-avantageux de garnir de rayons secs, lorsqu'on en a, celles destinées à être placées par le haut.) On peut aussi user d'un mode mixte ou d'alternance, en opérant deux années de suite par le premier mode et l'année suivante par le second. On usera de ces différents modes selon les cir-

(*Fig.* 63.)
Ruche à trois hausses en paille.

constances. On peut aussi tailler au printemps les rayons de faux-bourdons des hausses inférieures qui doivent être montées.

262. Essaimage artificiel par division. — La ruche à hausses permet l'essaimage artificiel par division. Voici le moyen très-simple que nous employons. Ce moyen consiste à diviser autant que possible la ruche en deux (nous rappelons que nos hausses ont des planchers à claire-voie), de manière que nous ayons des œufs ou des vers d'ouvrières dans chaque division (lorsque nous n'en apercevons pas dans l'une, nous en extrayons de l'autre pour les lui donner); nous donnons une hausse vide à chaque division; les deux parties ainsi établies forment deux ruches que nous plaçons l'une à côté de l'autre et que nous reculons ou avançons de l'endroit qu'occupait la souche, afin de rendre leurs populations à peu près égales (200). La hausse vide est placée, bien entendu, sous la partie pleine. Nous opérons au milieu de la journée. Au lieu de placer les deux divisions l'une à côté de l'autre, ce qui n'est pas toujours possible, nous en mettons une à la place d'une colonie forte que nous portons à une place vacante, et nous laissons l'autre où était la souche. Par ce moyen, nous avons deux divisions très-populeuses. Il nous est quelquefois arrivé de faire un essaim en enlevant la hausse supérieure d'une ruche qui en avait trois; puis, quelques jours plus tard, de diviser les deux autres hausses, ce qui faisait trois colonies avec une. Il nous est aussi arrivé, mais le cas n'est pas commun, que ces trois divisions ont donné plus tard chacune un essaim naturel, ce qui ne veut pas dire que ces six colonies valaient mieux que deux bonnes.

263. Mariage des ruches à hausses. — La réunion des ruches à hausses est très-facile. On prend la partie supérieure des deux ruches à réunir, c'est-à-dire les hausses qu'occupent les abeilles, et on les réunit après avoir projeté de part et d'autre de la fumée jusqu'à bruissement. Un peu plus tard, on enlève les hausses inférieures inutiles, si le miel qu'elles contenaient est consommé.

264. Avantages et inconvénients de la ruche à hausses. — La ruche à hausses offre bien plus d'avantages qu'elle ne présente d'inconvénients : elle permet la récolte de miel de choix sans que les abeilles s'en aperçoivent, le renouvellement des rayons, l'essaimage artificiel par division et la réunion facile des colonies, quatre points importants de l'art apicultural qui en recommandent l'usage à la plupart des apiculteurs de toutes les localités. Mais les grands producteurs, qui visent avant tout à l'économie et ensuite à la simplicité, lui trouvent l'inconvénient, inconvénient minime, de coûter plus cher et d'être plus compliquée que la ruche en une pièce et la ruche à calotte. L'apiculture pastorale lui reproche aussi de ne pas être aussi facilement transportable que la ruche simple. Ce dernier reproche ne nous paraît fondé qu'autant que les hausses sont élevées et mal jointes. Depuis quinze ans que nous conduisons des abeilles dans le Gâtinais, jamais une ruche à hausses ne nous a donné d'embarras; -celles en bois peuvent se mettre en plus grand nombre dans une voiture ou dans un wagon que les ruches en cloche du pays.

Nous dirons plus loin comment ces ruches doivent être établies au rucher, et comment les ruches en plein air doivent être couvertes.

IX.ᵉ LEÇON

Ruches à divisions verticales. — Ruches à deux et à trois division .
— Avantages et inconvénients. — Ruche à rayons mobiles. — Ruche
grecque. — Ruche Dzierzon. — Ruches à cadres mobiles. —
Ruches mixtes. — Ruches à divisions verticales et horizontales. —
Ruches Œttl. — Ruches diverses. — Ruche d'observation.

265. Ruches à divisions verticales. — Les ruches à
divisions verticales sont presque toutes en menuiserie et
se composent, le plus souvent, de boîtes accolées les unes
aux autres. On en a fait à deux, à trois et à quatre divisions, les unes sur les côtés, les autres sur la profondeur.

266. Ruches à deux divisions. — La première ruche
à divisions verticales qui ait été offerte aux apiculteurs
est celle de Jonas de Gélieu
(*fig.* 64). Elle se composait pri-
mitivement d'une caisse pa-
rallélipipédique, sciée en deux
de haut en bas, dont chaque
moitié recevait une cloison
percée de trous de communication. Ces demi-boîtes étaient
réunies au moyen de chevilles ou de crochets et ne for-
maient qu'une ruche. Plus
tard Bosc, et après lui Féburier, modifièrent cette ruche,
le premier, en enlevant les

(*Fig.* 64.) Ruche Gélieu, à
divisions verticales.

cloisons de séparation, et le second, en obliquant la toiture et la partie postérieure. Brunet, un apiculteur peu connu, l'a modifiée à son tour en la composant de deux demi-boîtes à toiture oblique, s'accolant l'une derrière l'autre ; Radouan, en la modifiant un peu, en a fait la ruche qu'il appelle du cultivateur. Plusieurs autres apiculteurs l'ont modifiée dans ces derniers temps.

267. Dimensions. — La ruche à deux divisions verticales, telle que l'établissait Gélieu, avait 50 centimètres de profondeur, 33 centimètres de largeur (les deux demi-boîtes réunies) et 33 centimètres de hauteur dans œuvre. Les planches qui la composaient étaient de 4 centimètres d'épaisseur. Celle de Féburier avait 33 centimètres de profondeur dans œuvre, 29 centimètres de largeur, sur une hauteur moyenne de 42 à 44 centimètres, avec des planches d'une épaisseur de 3 centimètres.

268. Récolte. — La récolte de la ruche à divisions verticales se fait par l'enlèvement d'une division, que l'on remplace par une vide. On chasse les abeilles de cette division, soit par la fumée, soit en la tapotant après l'avoir renversée. Elle est alors mise en communication avec la première pour que les abeilles puissent s'y rendre.

269. Avantages et inconvénients. — Cette ruche est très-commode pour faire des essaims artificiels par séparation : il suffit de diviser les deux parties et d'ajouter à chacune une partie vide. On procède pour le reste comme nous l'avons indiqué ailleurs (262). Mais elle est moins avantageuse pour la récolte : elle donne des produits mélangés. D'un autre côté, elle facilite le renouvellement des édifices.

270. Ruches à trois divisions verticales et plus. — Les ruches à trois divisions verticales sont encore moins répandues que celles à deux divisions. La ruche de Ravenel se composait de trois boîtes plates placées l'une à côté de l'autre, avec entrée dans le milieu, c'est-à-dire à la deuxième boîte ; mais Serain plaçait ses trois fractions les unes derrière les autres et établissait l'entrée par un des bouts de la ruche, qui ressemblait à une caisse à savon. La ruche de Canuel était à peu près construite dans les mêmes formes, mais elle différait par ses dimensions démesurées. La ruche de Mahogand ou Mahogani se composait d'une boîte dont la capacité était remplie par trois tiroirs placés dans le sens des divisions de Ravenel et séparés par des cloisons. Delattre divisait sa ruche en quatre parties et lui donnait la forme d'un lutrin.

Les ruches à trois divisions se cultivent comme celles à deux divisions. La récolte se fait par l'enlèvement de la partie qui se trouve la plus éloignée de l'entrée, qu'on remplace ou non par une partie vide. Elles sont généralement peu employées.

271. Ruche à rayons mobiles. — Il y a longtemps, bien longtemps, qu'on dut penser à enlever un ou plusieurs rayons d'une ruche sans endommager les autres et sans déranger sensiblement les abeilles. En effet, les Grecs faisaient des récoltes au moyen de planchettes mobiles qu'ils plaçaient au haut d'une ruche plate et auxquelles les abeilles appendaient leurs édifices, c'est-à-dire au moyen de ruches qui se divisaient en autant de parties que les abeilles bâtissaient de rayons. C'est donc à eux qu'il faut faire remonter l'invention des parties mobiles, et non aux modernes, qui n'ont fait que les copier et les améliorer.

272. Porte-rayons ou rayons mobiles. — Les porte-rayons ou *rayons mobiles* de la ruche qui les reçoit se composent de planchettes ayant les extrémités circulaires et étant de diamètres différents selon la place qu'elles occupent. Pour les ruches carrées ou rectangulaires, les porte-rayons ou rayons mobiles se composent de planchettes avec épaulements ou oreillons (1, 2, 3, *fig.* 65) ou d'une planchette unie

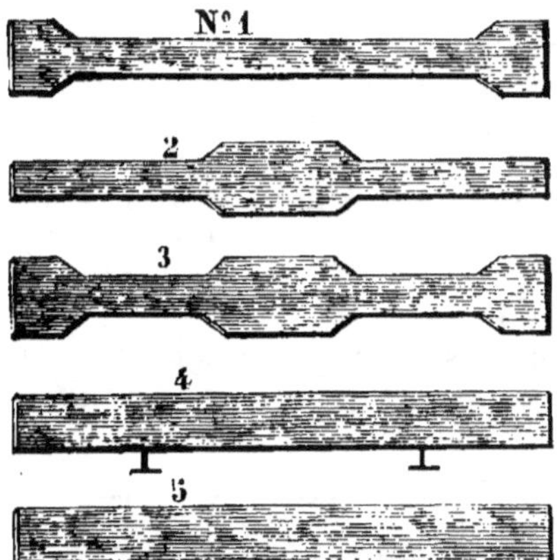

(*Fig.* 65.) Porte-rayons mobiles.

avec clous à tête par un côté pour l'intervalle des rayons (n° 4, *fig.* 65), ou encore d'une simple planchette (n° 5, *fig*. 65). Dans ce dernier cas, la largeur du porte-rayon est d'environ 4 centimètres (0ᵐ,038). Les planchettes à épaulement ont environ 3 centimètres de largeur.

273. Ruche grecque (*). — « Les ruches à la grecque

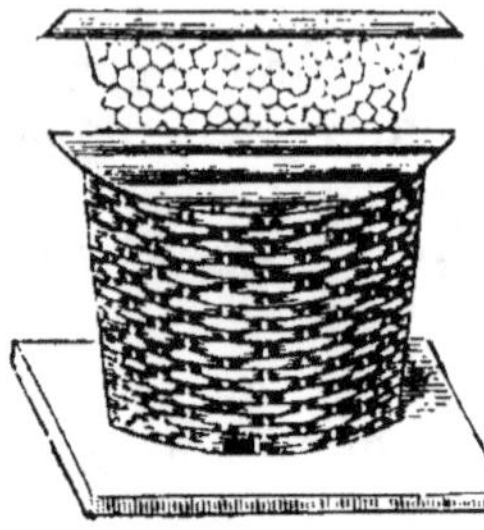

(*Fig.* 66.)
Ruche grecque à rayons mobiles.

(*fig*. 66) sont faites de saule ou d'osier, comme un de nos paniers, médiocres, larges par en haut, étroites par en bas et plâtrées de boue et de terre par dedans et par dehors. On les place l'extrémité la plus large en haut, et ce haut est couvert de cinq ou six planches, plus ou moins, selon le diamètre de la ruche, qui sont aussi plâtrées de terre en dessus, avec un petit toit de paille pour les défendre du mauvais temps. Les abeilles attachent leurs rayons à ces planches, et ainsi, quand les Grecs veulent tailler leurs ruches, ils n'ont qu'à tirer ces planchettes sans briser le reste, ce qui est très-facile. Ils les partagent pour les accroître au printemps (c'est-à-dire aux mois de mars et avril jusqu'au commencement de mai), premièrement, en séparant avec un couteau les planches où les rayons sont attachés avec les abeilles, et ainsi, en ôtant les premiers rayons et les abeilles ensemble sur chaque côté, ils les mettent dans une autre ruche, dans le même ordre qu'ils les ont ôtés, jusqu'à ce qu'ils les aient partagés également. Après cela, lorsqu'ils les ont raccommodés avec les planches et les plâtras, ils mettent une ruche neuve en place de la vieille, et celle-ci en quelque autre endroit. Tout cela se fait vers le milieu du jour, pendant que la plupart des abeilles sont en campagne, en sorte, qu'à leur retour, elles se partagent d'elles-mêmes dans les paniers; par là, on a l'adresse de les empêcher de se mettre en essaim et de s'envoler. »

(*) La description et la représentation de cette ruche sont empruntées à la *Maison rustique* de Liger, 8ᵉ édition (1752), p. 408. Nous la reproduisons non comme un modèle à copier, mais comme le type des ruches à rayons mobiles. Les Anglais ont conservé une ruche en paille de forme évasée par le haut comme l'est l'ancienne ruche grecque.

273 *bis*. Afin de pouvoir changer indifféremment de place tous les rayons, Della Rocca les a construits uniformes et les a logés dans une ruche carrée, en planches, ruche à deux compartiments superposés (hausses) que d'autres ont *inventée* depuis ce temps-là (*). Les rayons, au nombre de neuf, étaient à épaulements et s'enlevaient par le haut. Ils étaient, comme chez les Grecs, placés en travers de l'entrée.

273 *ter*. La *ruche Dzierzon* ou *silésienne*, qui a failli faire tourner toutes les têtes des amateurs allemands, il y a une vingtaine d'années, a été copiée sur les précédentes. Dans sa dernière modification, la fameuse *ruche jumelle*, ruche longue, à deux compartiments contigus, Dzierzon manie les rayons par les bouts. Ces rayons circulent dans des rainures et sont établis dans le sens de l'entrée, comme les abeilles les établissent le plus communément.

Les rainures sont doubles et ne sont pas placées tout à fait du au haut de la ruche. Un espace est laissé qu'on garnit de paille ou de mousse en hiver. Dzierzon entoure de paille pressée sa ruche en planches légères de sapin. Les ruches jumelles doivent être extérieurement deux fois plus longues que larges, afin que deux ruches placées l'une à côté de l'autre forment un carré parfait. Cette disposition permet de les établir les unes sur les autres dans le sens opposé. Cette ruche a permis à Dzierzon de faire des études qui n'avaient pas encore été faites sur l'histoire naturelle, entre autres la parthénogénèse. Elle lui a permis aussi de fractionner les colonies italiennes qu'il a propagées à gros bénéfices en Allemagne. Mais la pratique a délaissé cette ruche compliquée.

274. Récolte des ruches à rayons mobiles. — La récolte des ruches à rayons mobiles est le plus souvent partielle. Lorsque les fleurs produisent du miel, la ruche est agrandie par des porte-rayons ajoutés. On a tout in-

---

(*) L'abbé Della Rocca, vicaire général de Syra, qui a habité longtemps en France, a publié un *Traité complet sur les Abeilles*, avec une méthode de les gouverner, telle qu'elle se pratique à Syra, île de l'Archipel (Paris, 1790, 3 vol.). Dans le volume II, p. 465, on lit : « La pratique que Contardi attribue aux anciens Grecs, d'où elle a passé en Allemagne, n'est plus d'usage aujourd'hui dans le Levant que dans l'île de Candie. »

térêt à donner à ce moment des rayons garnis de cire, c'est-à-dire des planchettes (porte-rayons) après lesquelles se trouvent des gâteaux vides édifiés par les abeilles ouqu'on a collés soi-même ; en peu de temps, ils sont remplis de miel. Si l'on manque de rayons vides, on peut en enlever de pleins et les vider par le mello-extracteur, que nous apprendrons à connaître plus loin (409), puis les redonner ensuite aux abeilles. C'est par l'enlèvement à volonté de rayons pleins rendus vides que les mobilistes établissent la prétendue supériorité de leur système sur le fixisme, qui, lui, s'il ne donne en détail, donne, du moins, sinon plus facilement, au moins plus économiquement des bâtisses vides lorsque besoin en est. Lorsqu'on ouvre le volet d'une ruche pour placer des rayons ou en enlever, il faut, aussitôt qu'il est entr'ouvert, envoyer de la fumée aux abeilles qui montent. On ouvre entièrement et on enfume encore pour faire déguerpir les abeilles du rayon d'en face qu'on se propose d'enlever. Avec une lame de couteau, on détache les deux côtés du gâteau qui sont collés à la ruche et, avec une tenaille spéciale ou un crochet à cet usage, on tire à soi le porte-rayon que la propolis a fixé. On lance de la fumée si les abeilles se montrent et, avec une aile d'oie ou une forte plume, on balaye celles qui se trouvent sur la face postérieure du rayon lorsqu'on l'a enlevé. Nous reviendrons sur ce point en parlant du cadre.

275. Avantages et inconvénients. — Les inconvénients du rayon mobile, dont l'extraction nécessite l'emploi d'une lame, c'est-à-dire une opération préliminaire assez difficile, ne sont pas compensés par ses minces avantages. Aussi les partisans du mobilisme lui préfèrent le cadre.

276. Rayon avec montants. — Pour supprimer l'emploi d'une lame de couteau et pour simplifier d'un quart le cadre, nous avons retranché la barre du bas de celui-ci et ajouté deux montants aux extrémités du rayon mobile (*fig.* 66). L'auteur d'un traité d'apiculture intitulé *les Abeilles*, le pasteur Bastian, s'est emparé de notre rayon avec montants et l'a baptisé du nom de *cadre ouvert*. Nous n'avons jamais attaché une bien grande valeur à notre invention, quoiqu'elle ait été médaillée au concours du Champde-Mars en 1854. Il en a été médaillé une foule d'autres qui ne valent pas davantage. Les montants jouent par la chaleur et l'humidité de la ruche ; ils s'écartent en arrière ou en avant. Pour obvier à cela, on a fait des montants en métal. D'autres ont établi dans le bas de leur ruche des crémaillères dans lesquelles s'emmanche l'extrémité des montants. Ces accessoires rendent ce cadre des plus compliqués.

(*Fig.* 67.)
Rayon avec montants.

277. Cadre mobile. — On appelle cadre mobile (*fig.* 68) un châssis en bois disposé pour être placé dans une ruche et pour recevoir le gâteau des abeilles. Ainsi que l'indique son nom, le cadre mobile, comme le rayon mobile, se place et s'enlève à volonté, plus ou moins facilement, soit par le haut, les côtés ou le bas de la ruche. Il y a des cadres mobiles *rectangulaires*, *obliques*, *demi-circulaires*, etc. L'épaisseur du cadre mobile est calculée sur celle du gâteau qu'il doit contenir. Or, comme l'épaisseur du rayon des abeilles, formé de cellules pour le couvain d'ouvrières, est de 24 millimètres, lorsque le couvain est operculé, et que l'intervalle entre chaque rayon est d'environ 1 centimètre, les cadres doivent occuper une profondeur de 34 millimètres au moins, tant pour l'épaisseur du gâteau que pour l'intervalle entre les édifices des abeilles. Cette profondeur ou distance peut varier de 2 et même de 3 millimètres au plus (*). Debeauveys lui donne 0^m,036 et de Berlepsch 0^m,037. La grandeur du cadre est très-variable sous les rapports de la hauteur et de la largeur. Chaque inventeur ou modificateur lui donne

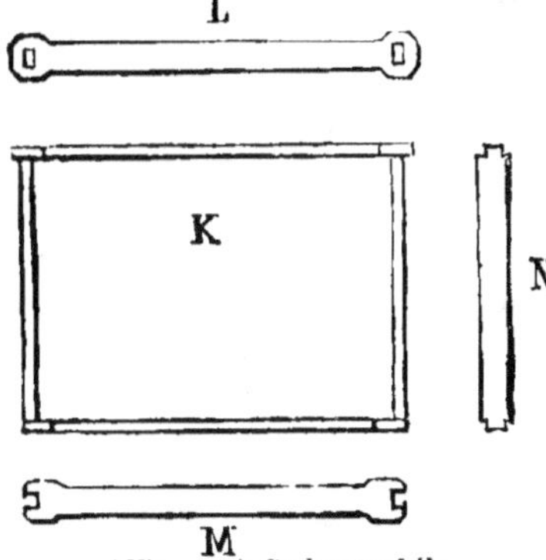

(*Fig.* 68.) Cadre mobile.

(*) Les cadres occupent une profondeur de 36 à 37 millimètres, à cause des rayons de mâles, plus épais.

la grandeur qu'il croit être la meilleure. Les dimensions du cadre étagé le plus employé en Allemagne sont les suivantes : largeur 0ᵐ,255, hauteur 0ᵐ,20 dans œuvre.

On façonne le cadre mobile en bois mince, hêtre ou sapin ; les barrettes qui le composent, la plupart du temps non rabotées, ont de 5 à 7 millimètres d'épaisseur ; elles sont fixées par des clous d'épingle, ou au moyen de colle forte lorsqu'elles ont des tenons. La barre du haut est à épaulement, ou elle est munie de deux clous à tête de chaque côté pour conserver l'intervalle voulu. Elle est quelquefois taillée à biseau en dessous. Les cadres sont supportés par des baguettes saillantes, ou circulent dans des rainures pratiquées dans les parois latérales, ou bien encore ils reposent sur le haut de la ruche et, dans ce cas, la barre du haut forme souvent clôture.

278. Ruche à feuillets ou à cadres extérieurs. — La ruche à feuillets (*fig.* 69), inventée par F. Huber au commencement de ce siècle, est la première ruche à cadres mobiles connue. Les cadres sont extérieurs, tandis que ceux inventés depuis sont intérieurs. La ruche à feuillets se compose d'un certain nombre de feuillets ou châssis mobiles (6, 7, 8, 9, 10, plus ou moins) ayant chacun 50 centimètres de hauteur sur 30 centimètres de profondeur (dimensions de Huber qui peuvent varier), et

(*Fig.* 69.) Ruche à feuillets.

35 à 37 millimètres de largeur. Les deux feuillets des extrémités peuvent recevoir un vitrage et sont recouverts d'un volet mobile (*). Les châssis ou feuillets sont fixés au moyen de

____

(*) Ce volet ou contrevent mobile n'est pas indiqué dans la figure. Le cadre

broches en fer ou de barres en bois, telles qu'on en aperçoit dans la figure ci-jointe. L'entrée des abeilles est ménagée dans l'épaisseur du tablier ou plancher de support. Huber donnait 3 centimètres d'épaisseur aux barres de ses feuillets, et, pour maintenir leur écartement dans le bas, il y plaçait une traverse mince qu'il mettait également dans le milieu.

Depuis Huber, on a construit des ruches à feuillets en toiture de maison, à feuillets obliques, en ogive, et des ruches à rayons ou à cadres dans les feuillets ; mais toutes ces ruches conviennent principalement à l'observation, but qui a dirigé le premier inventeur.

279. Ruche en ogive ou à arcades. — La ruche en ogive ou à arcades est la plupart du temps en paille : elle se compose de bourrelets épais, serrés dans un moule à angles droits ; réunis les uns à côté des autres, ces bourrelets forment une ruche par l'addition ou la soustraction

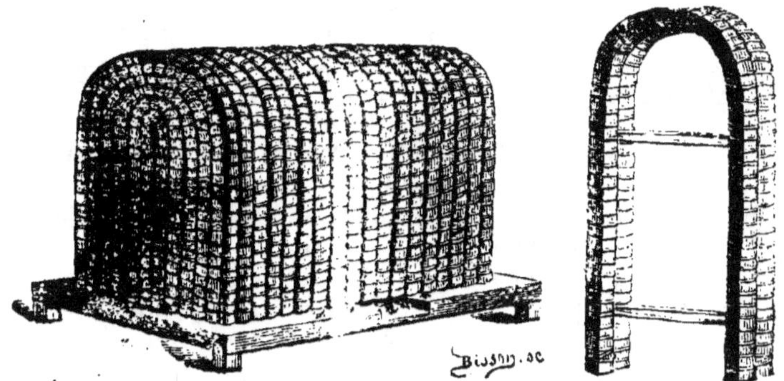

(*Fig.* 70.) Ruche en ogive ou arcades.

d'arcades pouvant s'agrandir et se diminuer à volonté. Quelquefois les arcades (feuillets) sont composés de deux cordons, comme dans la figure ci-dessus. Les Allemands, qui font usage de cette ruche, ne composent leurs arcades que d'un cordon. Ils ont inventé une machine (presse-paille) pour les façonner.

280. Ruche à cadres intérieurs. — La ruche à cadres

---

extérieur de cette figure est disposé pour recevoir une vitre. Autrement, il n'aurait qu'une barrette mince par le bas, à 15 millimètres de hauteur.

intérieurs se compose d'un compartiment qui reçoit des cadres, s'enlevant, soit par le haut, soit par les côtés, soit par le bas ou dessous. La première inventée remonterait à 1834 et serait due à l'Anglais A. Munn (*). Mais la première ruche à cadres mobiles qui ait fait parler d'elle en France fut celle du Russe Prokopowitsh, qu'une *Notice* publiée en 1841, fit connaître (**). En 1846, Paix de Beauvoys, l'auteur du *Guide de l'apiculteur*, inventa sa ruche à *cadres verticaux*, qu'il a successivement modifiée. En 1851, ses cadres étaient inclinés, doubles et réunis par des mains de fer. Ceux du bas pouvaient occuper la place de ceux du haut et *vice versa;* en outre, ils pouvaient être renversés sens dessus dessous. Ces cadres s'enlevaient par les côtés. Un peu après, sa ruche de prédilection devint carrée et plus haute que large, et ses cadres s'enlevèrent par le haut. Le système de Beauvoys fit un moment école. Depuis, les amateurs du mobilisme ont augmenté, ainsi que la diversité des ruches de ce système, et la marée des inventeurs continue à monter. C'est à qui présentera le cadre le plus simple et qui fonctionne le mieux. En Allemagne, celui de Borleps a grand crédit, et aux Etats-Unis celui de Langstroth.

281. Ruche de Berlepsch. — Berlepsch (le baron A. de) auteur allemand d'un traité d'apiculture remarquable(***) a proposé son cadre mobile en 1853. Ce cadre (*fig.* 68) a, hors-d'œuvre, $0^m,183$ millimètres de hauteur sur $0^m,220$ de largeur. Mais l'épaisseur des traverses du haut et du bas étant défalquée, et aussi l'épaisseur des montants, le petit cadre est réduit à n'avoir plus, hors d'œuvre, que $0^m,170$ de hauteur sur $0^m,210$ de largeur. Il se compose d'une barrette de dessus L, avec mortaises carrées dans les épaulements pour recevoir deux montants à tenons N, qui s'emmanchent dans une barre de dessous M. L'épaisseur de ces quatre parties est de 6 à 7 millimètres. La

---

(*) Dans son *Nouveau Manuel complet du propriétaire d'abeilles* (Paris, 1828), A. Martin donne la description d'une ruche à cadres mobiles qui aurait été inventée avant cette époque par un Américain du nom de Blake.

(**) Voir *Ruches de tous les systèmes* pour la figure et la description.

(***) Voir l'*Apiculteur*, 14e, 15e et 16e années, pour le compte rendu de ce traité ou Etudes sur Berlepsch, par un *Apiculteur lorrain.*

barrette supérieure et la barrette inférieure sont en hêtre, et les montants en sapin. Le bois est scié à la mécanique et non raboté. Les tenons du bas des montants sont à queue d'aronde; ils sont fixés à la colle forte.

Berlepsch conseille encore un cadre ayant, hors œuvre, 0^m,366 de hauteur sur 0^m,222 de largeur. Ces deux cadres ne diffèrent que par la hauteur. Mais le premier s'applique à une ruche étagée, c'est-à-dire haute, et le second à une ruche longue. Entre ces deux formes, hautes ou longues, le cœur des Allemands paraît balancer jusqu'à ce moment. Les Américains inclinent vers la ruche longue.

La ruche haute (*fig.* 71) se compose de deux ou trois

(*Fig.* 71.) Ruche à cadres étagés.

étages, plus d'un dessus (grenier), incliné ou non, et destiné à recevoir en été des boîtes-chapiteaux et, en hiver, une matière mauvais conducteur (foin, mousse, etc.) pour que la chaleur ne se perde pas de ce côté (*). Chaque étage

---

(*) Des modificateurs de cette ruche ont supprimé le dessus vide et se sont bornés à deux étages égaux. D'autres font le second étage — le grenier

a un volet mobile qui entre dans la ruche et sert à diminuer le compartiment. L'entrée est sur le devant A ou sur l'un des côtés latéraux.

La ruche basse, ainsi appelée par opposition à la ruche haute, mesure en hauteur $0^m,382$, en largeur $0^m,235$, en profondeur $0^m,709$. Cette ruche, qui jauge 63 litres 64 centilitres, ne renferme que 142 décimètres carrés, 80 0/0, de bâtisse (*).

282. Ruche Langstroth. — La ruche de Langstroth (**) est plus longue que haute et se compose, tantôt d'une seule partie et tantôt de deux parties superposées. En outre, elle est disposée pour recevoir des boîtes-chapiteaux. La dimension n'est point déterminée. Cet apiculteur a posé en principe que la grandeur de la ruche doit être en raison des ressources florales ; mais il la veut plutôt grande que petite. Toutefois, l'addition de chapiteaux lui permet d'agrandir le logement de ses abeilles au moment de la miellée. Les cadres sont simples; ils s'enlèvent par

(*Fig. 72.*) Ruche Langstroth.

le haut. Les boîtes-chapiteaux sont au nombre de 9 par ruche : ils reçoivent ou non des cadres.

Les inventeurs de ruches à cadres sont aussi nombreux aux États-Unis qu'en Allemagne. Voici des noms que la

---

ou magasin — moins grand que le premier, qu'ils appellent chambre à couvain.

(*) Une ruche à bâtisse fixe, ayant 382 millimètres de hauteur sur 250 de longueur et 549 de profondeur, ne jauge que 50 litres 33/100 ; mais elle renferme 16 gâteaux qui fournissent 142 décimètres carrés 84/100 de bâtisse.

(**) Le révérend L.-L. Langstroth, d'Oxford, Ohio (États-Unis), principal rédacteur de l'*American bee Journal*, a présenté sa ruche vers 1850 ou 1851.

publicité fait connaître : Adair, Alley, Harbison, Grabbe, King, Moore, Quinby, Wheeler, etc., et cent autres dont la ruche est patentée (brevetée). La plupart de ces inventeurs de cadres mobiles emploient des petites boîtes pour chapiteaux. Il y en a qui placent ces boîtes dans l'intérieur de la ruche ; d'autres sur les côtés.

283. Ruche à cadres perfectionnés et ruche à cadres simples. — La ruche à cadres perfectionnés ne peut être la ruche à cadres les plus simples. La plus perfectionnée s'ouvre comme un tiroir qui fonctionne bien, et ses cadres circulent « comme sur des roulettes. » Telle est la ruche à rails de Favarger, qui a été imitée en Italie, par Fumagalli.

(*Fig.* 73.) Ruche à cadres et rails.

Cette ruche à un porte-cadres ou sorte de tiroir qui glisse sur des bandes de fer mince, de véritables rails fixés aux parois latérales. La *fig.* 73 représente une ruche à trois compartiments, ayant par conséquent trois porte-cadres qu'on sort et rentre à volonté et sans écraser d'a-

beilles. On peut poser sur une table ou à terre le porte-
cadres, qui a trois pieds en fer, et en manœuvrer les
cadres à son aise. Ceux-ci n'adhèrent pour ainsi dire pas entre eux, leur épaule-ment rond (*fig.* 74) ne se touchant que par un point, et leur support (la partie qui pose sur le porte-cadre en fer) étant une pointe de Paris. Mais cette ruche coûte de 30 à 40 francs, et très-peu d'apiculteurs peuvent la fa-briquer eux-mêmes.

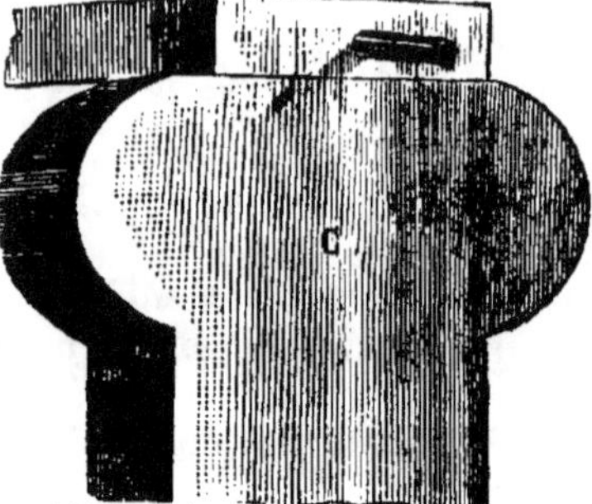

(*Fig.* 74.) Epaulement de cadre.

La ruche à cadres simples est celle, au contraire, que la plupart des possesseurs d'abeilles peuvent confectionner eux-mêmes et dont le prix n'est pas élevé lorsqu'on la fait fabriquer par un menuisier. C'est celle dont le maniement des cadres ne demande d'autre outil qu'un couteau pour les décoller, et qui s'enlèvent à la main comme un simple chapiteau. Les ruches de MM. Mona et Warquin réunissent assez bien cette condition. Marchands éleveurs de mères italiennes, ces deux apiculteurs ont dû chercher une ruche autant que possible pratique. Celle de M. Warquin, que nous avons imitée, est la plus simple. Elle est plus longue que haute et ses cadres s'enlèvent par le haut. La barre de dessus a 27 millimètres de large (on lui donne l'épaisseur que l'on veut), et, entre les cadres, se place une barrette mobile (*), large de 1 centimètre environ, qu'on peut enlever lorsqu'on désire placer un chapiteau quelconque sur la ruche, ou qu'on désire lancer de la fumée afin de chasser les abeilles de ce point. Cette barrette et le dessus du cadre forment fermeture par le haut et ont des petits tasseaux à leurs extrémités, en dessous, qui maintiennent l'écartement des côtés latéraux. Les bouts peuvent être fermés par une planche clouée, ou bien ils peuvent recevoir un volet mobile, entrant dans la ruche, de façon à en diminuer la capacité

(*) Cette barrette n'est pas indispensable. On peut la supprimer. On tient alors la largeur du haut du cadre de 37 millimètres environ.

au besoin pour former l'intervalle entre un cadre et son voisin. Les pointes peuvent être remplacés par des pitons.

Voici les dimensions quenous donnons à cette ruche : hauteur 0^m,3 ; largeur 0^m,34; longueur 0^m,37. Cette ruche jauge 40 litres 25 centilitres ; elle renferme 10 cadres ; la bâtisse de chaque cadre mesurant 290 millimètres de hauteur sur 310 millimètres de largeur, les

(*Fig.* 75.) Ruche à cadres simples.

dix cadres donnent 89 décimètres carrés, 90 centièmes de bâtisse. Le nombre des cadres peut être diminué, c'est-à-dire la ruche rétrécie, par un volet mobile ou un châssis vitré qu'on pousse contre les cadres conservés. Une lame de couteau ou une spatule en fer suffit pour décoller les cadres qui s'enlèvent à volonté par le haut ou par les côtés. L'entrée est dans leur verticalité.

284. Récolte des cadres mobiles. — La récolte des cadres mobiles est, comme celle des rayons, totale ou partielle (274), le plus souvent partielle, et elle s'exécute communément après la première coupe des prairies artificielles — vers la Saint-Jean — s'il y a dans la ruche un excès de provision pour les abeilles, ou si l'on compte sur les deuxièmes coupes pour remplacer ce qu'on enlève et qui est nécessaire à la colonie. La récolte partielle peut se faire en plusieurs fois; mais il vaut mieux l'exécuter en une seule fois, à moins qu'il y ait un excès à enlever à la première coupe et que la seconde soit aussi copieuse. Des mobilistes recommandent d'enlever les cadres au fur et à mesure qu'ils sont remplis, au moment où la miellée donne, et de les remplacer par des cadres garnis de cire. Il faut donner de l'espace, mais éviter de déranger trop souvent les abeilles. Lorsqu'on se propose d'opérer l'extraction de plusieurs cadres, il faut être muni d'une boîte porte-cadres, dans laquelle on place chaque cadre à mesure qu'il est extrait et débarrassé des abeilles qui le recouvraient. On tient cette boîte fermée autant que possible pour que les abeilles du rucher ne viennent pas incommoder l'opérateur, ce qu'elles ne tardent pas à faire si les rayons extraits sont laissés à l'air. Le porte-cadres rempli est porté au laboratoire où il est vidé. En été, hors du temps de la miellée, on ne peut guère opérer qu'une heure ou deux au milieu du jour, temps après lequel les pillardes deviennent incommodantes ; le matin, on peut opérer plus longtemps sans inconvénient.

284 bis. Fixer des bâtisses dans les cadres. — Les cadres donnés à l'époque de la miellée doivent être garnis de bâtisses, et il est bon de coller des bouts de rayons *indicateurs* dans ceux qu'on donne vides. Mais les morceaux de rayon ayant quelque peu d'étendue peuvent ne pas tenir suffisamment, parce que du miel y est emmagasiné avant que les abeilles les aient solidement fixés. On les consolide par une mince planchette maintenue au moyen de deux gros fils qu'on croise en dessous en les serrant (*fig.* 76). Par ce moyen, on peut garnir des cadres entiers, même remplis de couvain ou de miel, sans crainte de les voir tomber ou se renverser. Après avoir fixé le rayon, les abeilles rongent le fil et finissent par le transporter dehors. On les aide au besoin.

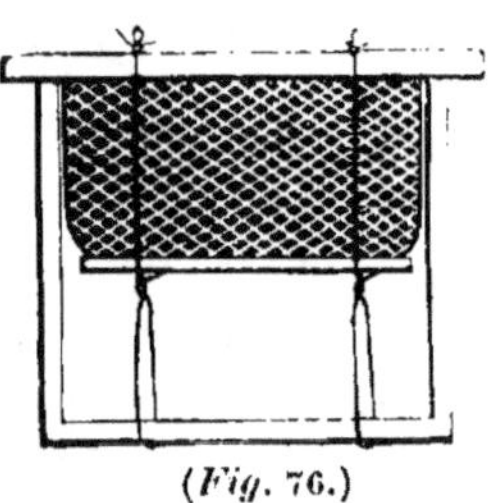

(*Fig.* 76.)

Cadre garni artificiellement.

285. Avantages et inconvénients. — Les grands avantages qu'offrent les ruches à bâtisses mobiles sont : 1° de pouvoir être visitées plus minutieusement que les ruches à bâtisses fixes ; 2° de rendre plus facile l'enlèvement de la mère, la prise de couvain, etc. Mais elles ont les défauts essentiels de coûter plus cher et de loger moins bien les abeilles que les ruches à bâtisses fixes. Aussi sont-elles délaissées par nos principaux producteurs de miel, par ceux dont la pratique entendue supplée à ce qu'a de défectueux la ruche à bon marché. Au contraire, elles sourient aux débutants, à ceux qui veulent *arriver vite*. Elles sont également préférées pour les amateurs qui ne comptent ni avec le temps ni avec l'argent. Pour notre compte, nous laissons là toutes ces combinaisons ingénieuses lorsque nous voulons économiser le temps et la dépense, et nous leur préférons les ruches à chapiteaux et celles à hausses; c'est faire connaître notre opinion sur ce qu'elles valent pour la grande production. Ce qui n'empêche pas qu'elles réunissent des avantages incontestables pour les personnes qui font de l'apiculture par agrément et pour l'observation.

286. Ruches mixtes. — Nous donnons le nom de *mixtes* à toutes les ruches qui tiennent de plusieurs systèmes. Beaucoup de ruches améliorées dans ces derniers temps rentrent dans cette classe. Nous ne nous arrêterons qu'aux plus remarquables.

Dans les éditions précédentes, nous avons décrit et figuré une ruche à divisions verticales et horizontales qui a eu quelques partisans, mais dont l'usage ne s'est pas étendu.

286 *bis*. Ruche vulgaire recevant un chapiteau. — La ruche simple en planches, en paille ou autre matière, et quelle qu'en soit la forme, peut recevoir un chapiteau simple ou composé en perçant un trou par le haut. Elle devient alors une ruche mixte (*). Mme Santonax, qui a modifié la plupart des ruches en usage autour d'elle, a indiqué comment on peut adapter une réunion de petites boîtes sur une ruche en cloche. Ces boîtes, au nombre de neuf dans la figure ci-contre, sont réunies au moyen de deux ficelles et forment un chapiteau de neuf compartiments qui peut se placer sur toute ruche coupée. Un trou

---

(*) A l'aide de leur couteau ou d'un sécateur et avec l'emploi du pourget, nos praticiens entendus du Gâtinais et d'autres régions transforment la ruche en cloche en ruche à chapiteau, en ruches à hausses, voire même en ruche à divisions verticales, et cela bien entendu d'une façon très-économique, ce qui contribue au revenu qu'ils en obtiennent.

de 5 ou 6 centimètres est pratiqué au sommet de la ruche, qui reçoit une planchette carrée et percée circulairement. Cette planchette, assez épaisse, est consolidée par un cordon de foin ou de paille établi en dessous. Elle reçoit le chapiteau formé par la réunion des petites boîtes. Le trou circulaire de la planchette a quatre échancrures opposées qui permettent aux abeilles d'aller dans les compartiments les plus éloignés. Les petites boîtes sont en bois mince de 4 à 5 millimètres d'épaisseur. Ce sont des cubes de 9 centimètres de côté. Leur capacité donne environ 500 grammes de miel en deux rayons. On peut en employer de plus spacieuses. La direction de ces rayons doit être

(*Fig.* 77.) Ruche vulgaire à chapiteau composé.

indiquée par des amorces. Dans le fond de chaque boîte est ménagé un trou fermant avec un bouchon de liége de la grosseur d'un bouchon à bouteille ordinaire. Ce trou est établi pour qu'on puisse placer un second chapiteau sur le premier. La réunion des petites boîtes est recouverte d'une grande boîte qui sert de surtout.

Le miel en rayon, présenté dans de petites boîtes pouvant recevoir un couvercle, se transporte sans accident et trouve facilement acheteur, surtout quand les rayons sont blancs.

287. Ruche Œttl. — Œttl, apiculteur allemand mort il y a quelques années, et auteur d'un bon traité pratique, employait la ruche en paille fabriquée au métier, ainsi que l'emploient des apiculteurs de la Bohême ; mais il faisait aussi usage d'une ruche longue, également façonnée au métier, qui rentre dans la classe des ruches mixtes. Cette ruche (*fig.* 78) a trois divisions verticales, dans lesquelles il a adapté des rayons mobiles à l'instar de Dzierzon. Tantôt il n'employait qu'une rangée de rayons qu'il établissait au haut de la ruche, tantôt il en employait deux se correspondant et divisant la capacité de la ruche, A. Les rayons des deux rangées, étant uniformes, peuvent se transposer.

« Aucune ruche, dit l'auteur, ne permet de faire plus facilement un essaim artificiel par la division de la souche : on n'a qu'à ôter une division remplie de couvain et d'abeilles et à lui donner une division vide. On distance

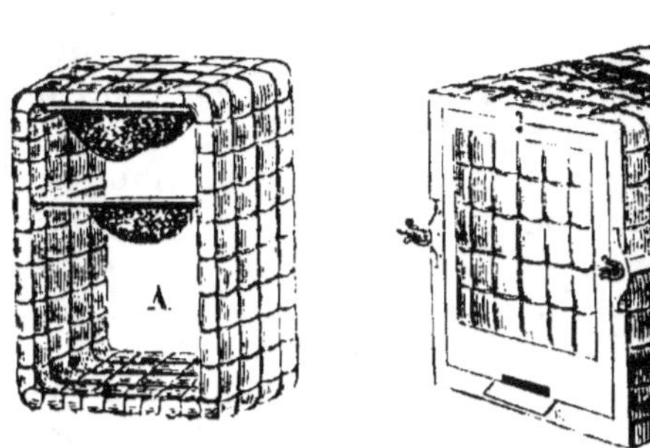

(*Fig.* 78.) Ruche Œttl.

les deux colonies, et celle qui n'a pas de mère s'occupe d'en élever une. » Œttl a modifié plusieurs autres ruches.

Le plus grand mérite que nous reconnaissions aux ruches Œttl est celui d'avoir des parois épaisses et, par conséquent, d'être peu impressionnables au froid et au chaud.

M. Mona, que nous avons déjà cité, a proposé une ruche qu'on peut appeler de conciliation, car elle a été faite pour être adoptée par les fixistes et par les mobilistes. C'est une ruche à chapiteau en bois dont le chapiteau est garni de cadres mobiles. Le corps n'en a pas. Cette ruche n'est pas sans avantages.

Nous aurions à citer une foule de ruches, si nous devions donner la liste de toutes celles qu'on a proposées et qui ont fait plus ou moins parler d'elles. Nous nous bornons aux suivantes, dont le nom indique l'usage particulier qu'on leur a attribué. La plupart rentrent dans la classe des ruches mixtes : *ruche des champs, ruche des bois, ruche des jardins, ruche du cultivateur, ruche de l'amateur, ruche de l'école et du presbytère, ruche à air libre, ruche perpétuelle, ruche polytrope, ruche internationale, ruche* *universelle*. N'oublions pas la fameuse ruche de l'Anglais Nutt qui faillit faire tourner toutes les têtes, il y a un demi-siècle, parce qu'elle promettait *dix fois plus* que ses devancières. Nutt a eu des imitateurs du côté des promesses, notamment parmi les mobilistes. Pour donner une idée du nombre des ruches inventées ou réinventées, nous devons dire que les cinq ou six cents auteurs de tous les pays qui ont écrit sur les abeilles ont presque tous proposé *leur* ruche comme étant la meilleure et presque la seule bonne. Un certain nombre de modernes en ont présenté plusieurs (*). Ajoutons qu'un bien plus grand nombre d'inventeurs ou de modificateurs de ruche n'ont pas écrit de traité. C'est donc par milliers qu'il faut compter les ruches inventées.

Comme on le voit, les inventeurs de ruches ne manquent pas ; mais ce qui manque assez souvent, ce sont des *ruchophiles*, c'est-à-dire des hommes assez consciencieux et assez désintéressés pour reconnaître le mérite des ruches qui ne sont pas les leurs, et assez sensés pour ne pas prôner un système que n'a pas sanctionné une longue pratique.

Trop souvent les personnes qui se font un amusement ou une occupation de soigner les abeilles apportent des changements aux ruches qu'elles emploient et pensent que ces modifications contribuent pour beaucoup à entretenir l'activité des abeilles. Si ces personnes voulaient comparer toutes les circonstances, elles trouveraient que les soins y sont pour plus que l'habitation. Aussi a-t-on dit avec raison : La meilleure ruche est celle qu'on sait le mieux conduire.

288. Ruche d'observation. — Une bonne ruche d'observation, une ruche qui mérite ce nom, doit permettre de visiter toutes les parties des édifices des abeilles et de suivre tous leurs travaux sans les déranger. La plupart des *ruches vitrées* ne remplissent pas ces conditions, at-

---

(*) On nous reprochera peut-être de passer sous silence des ruches que des auteurs actuels recommandent chaudement et qui paraissent avoir des succès. Nous engageons le lecteur à s'en rapporter plus à l'expérience qu'il pourra faire de ces ruches qu'à accepter sur parole ce qu'on en dit. Nous en appelons à l'expérience pour qu'elle enseigne l'art essentiel de se servir des ruches.

tendu qu'elles ne laissent voir que quelques rayons à l'endroit des vitres et que le reste est caché. Avec sa ruche à feuillets, Huber put porter ses investigations d'un bout à l'autre des édifices; mais la ruche à feuillets a ses inconvénients : devant être ouverte chaque fois qu'on veut faire une observation, les abeilles peuvent se jeter sur l'observateur et le contraindre à fuir.

M. Mona a imaginé une ruche à feuillets qui rend l'observation facile. Son feuillet circule autour du piquet en fer placé dans le plancher. Deux pitons l'attachent à ce piquet. Sa ruche est composée de neuf cadres, et elle s'ouvre comme un livre; de plus, chaque cadre s'enlève à volonté. Une boîte mobile enveloppe les feuillets.

« Il n'est qu'une sorte de ruche, dit Bosc, qui puisse remplir complétement l'objet du philosophe observateur et du naturaliste : ce sont celles qui ne sont composées que par un seul rayon parallèle aux carreaux. »

Depuis Bosc, plusieurs apiculteurs ont modifié la ruche plate, qui présente le grand avantage de laisser voir tous les travaux des abeilles, mais qui a l'inconvénient de n'être pas habitable en hiver, ou du moins dans notre latitude, attendu que les abeilles n'y peuvent entretenir le degré de chaleur dont elles ont besoin.

Il importe cependant de faire des observations pendant la saison froide. Dans ce cas, on est obligé de recourir à la ruche à feuillets ou à celle à cadres mobiles, qui en est une modification. Comme ruche à cadres mobiles pour l'observation, on peut adopter une ruchette (petite ruche de trois ou quatre cadres) semblable à la figure 80 ci-contre, qu'on enferme dans une boîte mobile ou sur les côtés de laquelle on applique des volets mobiles. Entre ces volets et la ruchette s'applique une vitre, et volets et vitre sont tenus d'une façon quelconque.

288 bis. On peut réunir la ruche plate proposée par Bosc à une ruche à cadres mobiles, et avoir ainsi une combinaison qui permette l'observation en tout temps. C'est ce que nous avons fait dans la ruche ci-contre (*fig.* 79). Cette ruche se compose donc de deux parties principales : un corps de ruche qui reçoit douze cadres en deux étages (il pourrait en recevoir davantage, c'est-à-dire être plus profond) et un chapiteau qui ne loge qu'un cadre. Le corps de ruche se compose d'une boîte de 40 centimètres de hau-

teur sur 40 centimètres de largeur et 22 centimètres d'é-
paisseur dans œuvre, ayant deux châssis mobiles, recouverts de volets également mobiles qui permettent l'entrée
et la sortie des cadres. Les cadres ont 17 centimètres de
haut sur 385 millimètres de large ; les barres du haut ont
3 centimètres environ de largeur ; des clous ou des pitons
établissent l'intervalle demandé. Ces cadres circulent sur
des tasseaux minces fixés aux parois ou dans des rainures
ménagées dans les parois latérales. On peut établir un fil

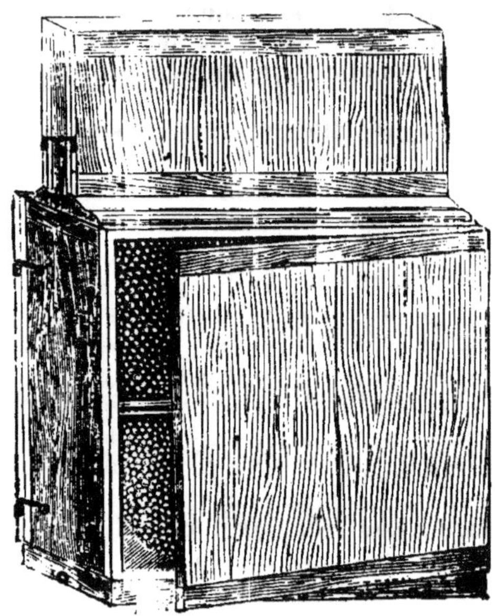

(*Fig.* 79.) Ruche d'observation.

de fer en saillie, et si les portées de soutènement des cadres sont une pointe, la propolis n'a pas de prise sur ces
parties minces. Le chapiteau a deux volets, mais il n'a
qu'un seul châssis mobile pour l'entrée du cadre que l'on
veut particulièrement observer. Une issue est ménagée au
corps de ruche pour les abeilles qui se rendent dans le
chapiteau. La largeur du chapiteau est la même que celle
du corps de ruche ; sa hauteur dans œuvre est celle du
cadre, plus 2 ou 3 millimètres pour la circulation facile

de celui-ci ; son épaisseur est de 43 millimètres de vitre à vitre.

Les planchettes inférieures et supérieures des cadres doivent être taillées à angles saillants intérieurement. Malgré ces saillies, il est bon de coller à la planchette du haut un petit fragment de rayon qui déterminera les abeilles à travailler parallèlement aux vitres.

Il faut se servir de bois épais pour les montants et le dessus de cette ruche, et, pour les volets, il faut en choisir qui se déjette le moins possible. Le tablier est une planche entaillée. La ruche doit être placée de manière que l'observateur puisse aisément en approcher.

On ne saurait trop recommander de tenir bien couverte en·hiver toute ruche qui a des vitres ; car il se fait contre ces vitres une condensation de vapeur qui produit de la glace lorsque le froid est vif et de l'humidité lorsqu'il est plus tempéré.

Une ruche d'observation est indispensable dans tout grand rucher et à tout apiculteur qui désire s'instruire ; elle lui permet de se procurer facilement du couvain d'ouvrières, lorsqu'il s'agit de donner artificiellement une mère à une ruche qui a perdu la sienne et qui ne possède pas d'éléments pour la remplacer ; elle lui sert de baromètre au moment des travaux et lui procure des distractions et des sujets d'étude pendant toute l'année.

(*Fig. 80.*) Ruchette d'observation propre à élever des mères.

X° LEÇON

CONFECTION DES RUCHES

Confection des ruches en paille. — Description du métier OEltl à confectionner des hausses en paille. — Métier Lelogeais. — Métier Durant. — Aiguille à coudre les ruches. — Construction des ruches en bois. — Peinture des ruches en bois. — Boiseries des ruches. — Entrées. — Fermeture des entrées. — Manches et poignées.

289. Confection des ruches en paille. — La confection des ruches en paille est assez simple et peut se pratiquer par la plupart de ceux qui s'occupent des abeilles. On fabrique des ruches en paille de plusieurs manières; la plus généralement suivie consiste à prendre une

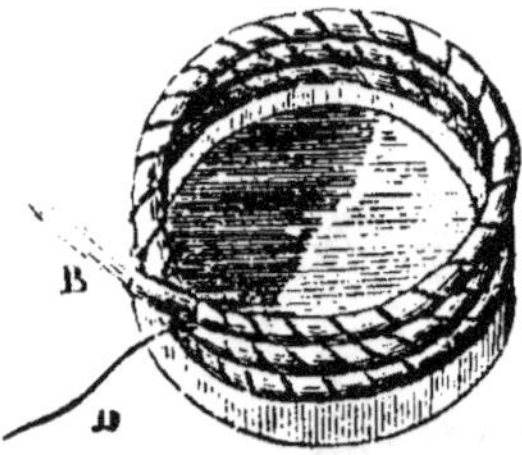

(*Fig.* 81.)

Enroulement des cordons.

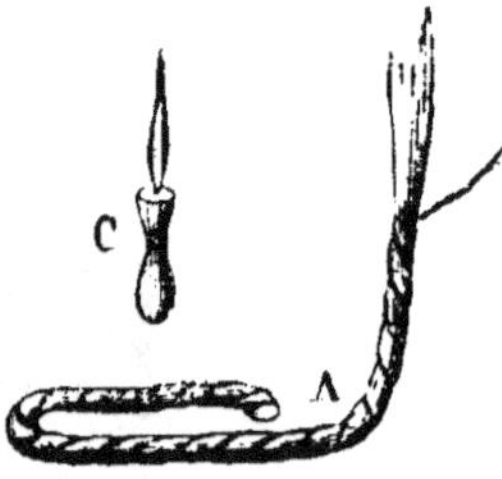

(*Fig.* 82.)

Formation d'un cordon.

certaine quantité de paille, à en former un cordon que l'on coud à mesure qu'on l'enroule sur lui-même (*fig.* 81). Pour conserver la grosseur uniforme de ce cordon, l'on emploie un anneau ou bague B, dans laquelle passe la paille. Les brins de paille qu'on ajoute successivement le sont en les plantant au milieu du cordon et au-dessus de la bague, qui doit être constamment entretenue pleine. Les points de couture sont passés du dedans en dehors, bien qu'on puisse les passer du dehors en dedans; ils prennent à peu près le tiers du cordon inférieur et forment l'X avec les points correspondants. Une alène de bourrelier C ou un simple poinçon (un morceau de bois dur aiguisé peut en faire l'office) sert à percer le cordon déjà attaché à l'endroit où doit passer le fil D.

On peut aussi disposer un cordon de paille A (*fig.* 82), pour la formation duquel on prend une certaine quantité de paille que l'on enroule d'une manière quelconque et que l'on coud ensuite. Cette méthode est plus longue.

Le fil dont on se sert pour coudre les cordons de paille est de la ficelle, de la ronce, de l'osier, du jonc aminci, de la tille, du coton de coudrier, etc.

290. Pour la calotte ou partie en corbeille (*fig.* 83), on commence le travail par le sommet du cône, et l'œil guide la direction à donner au cordon pour obtenir la forme désirée. En obliquant en dehors ou en dedans l'alène, lorsqu'elle perce le cordon inférieur, on éloigne ou on rapproche du moule le cordon supérieur.

290 *bis*. Pour les corps de ruches uniformes et pour les hausses, l'on commence un cordon A (*fig.* 82). On en réunit les deux bouts et on coud alors successivement sur le premier cordon. On peut aussi commencer le premier cordon sur le moule Lombard, qui se compose d'une planche circulaire (*fig.* 84) d'environ 5 centimètres d'épaisseur et

(*Fig.* 83.)
Calotte commencée.

(*Fig.* 84.)
Moule Lombard.

du diamètre que l'on veut donner à ses ruches. Cette planche a un rebord de 2 centimètres sur lequel sont ménagées, à distances égales, de petites échancrures servant à indiquer l'endroit des points de couture et à passer le fil lorsqu'il s'agit de coudre le premier cordon. Entre les échancrures et à la base du rebord sont pratiqués des trous de vrille qui donnent passage à la ficelle qu'on emploie pour coudre provisoirement le premier cordon. On conçoit que, étant toutes commencées sur ce moule, les hausses ou parties de ruches auront toutes le même diamètre. Pour conserver exactement ce diamètre lorsqu'il s'agit de hausses élevées, on peut se servir d'un billot ou d'un cercle de tamis sur lequel est placé le travail commencé. A mesure que ce travail avance, il est enfoncé sur le moule-guide et on obtient ainsi une forme régulière. Mais, quand on s'est exercé un peu, on obtient des formes régulières sans le secours de moule.

La paille dont on doit faire usage est celle de seigle ; elle doit être fine, débarrassée des épis et des herbes qui l'accompagnent souvent. Il faut avoir soin de la battre pour l'écraser, et de la tenir humide lorsqu'on l'emploie : elle se travaille alors beaucoup mieux.

291. Description du métier Œttl à confectionner les hausses en paille. — Œttl a inventé, pour fabriquer les corps de ruche et les hausses, une machine que nous allons faire connaître.

Cette machine se compose d'un plancher circulaire formé de planches épaisses en bois dur, consolidées au moyen de traverses en dessous. Le diamètre de ce plancher varie selon la grandeur des ruches que l'on veut fabriquer : il est de 40 à 50 centimètres dans les proportions ordinaires.

Sur l'étendue du plancher se trouvent deux circonférences de cercle, distantes l'une de l'autre de l'épaisseur à donner aux parois des ruches ; cette épaisseur est d'environ 45 millimètres et peut varier en plus ou en moins. Les ruches épaisses sont lourdes, il est vrai, mais elles sont plus solides que les ruches légères et abritent mieux les abeilles. L'espace compris entre les lignes des deux circonférences est la ruelle qui reçoit la paille. Cette ruelle circulaire est formée par deux haies de piquets plantés à distance. Les piquets ou colonnes sont uniformes sur la haie intérieure, et de deux sortes sur la haie extérieure qui en compte douze demi-circulaires, et douze plus petits et circulaires (on peut faire ceux-ci triangulaires). Ces piquets sont à égale distance et fixés solidement sur le plancher, dans lequel on a pratiqué des mortaises carrées pour les recevoir. Ils sont percés, dans leur étendue et du côté par où ils se regardent, de quatre trous de vilebrequin pour recevoir des fiches de fer : les trois premiers sont à égale distance, 4 centimètres, et le quatrième à 45 millimètres du troisième. Il résulte de cette disposition que le quatrième est à 165 millimètres d'élévation. Si l'on voulait obtenir des hausses plus grandes, il faudrait des piquets plus élevés auxquels on percerait de nouveaux trous.

Les piquets ou colonnes doivent être établies en bois dur et avoir une épaisseur assez forte pour que la pression exercée sur la paille qu'elles maintiendront ne les fasse pas dévier en dehors; car alors les parois de la hausse seraient plus épaisses dans un point que dans l'autre. Elles doivent être verticales sur le plancher, par conséquent parallèles entre elles. Mieux vaut qu'elles se rapprochent un peu plus par le haut que par le bas, car la pression finit par les écarter un peu à leur partie supérieure. Entre chaque colonne de la haie extérieure est pratiqué un petit creux ou entaille, qui traverse la ruelle, et dont le but est de permettre au fil de passer facilement lorsqu'on coud la paille.

Au milieu du plancher est pratiqué un trou qui reçoit un montant en fer, plus large qu'épais, dont la base forme une vis qui reçoit, en dessous du plancher, une patte, au moyen de laquelle on le fixe. Ce montant est percé de quatre trous, à des distances à peu près semblables à celles des trous des piquets; la distance du dernier est un peu plus grande. Ces trous sont destinés à recevoir une cheville en fer qui sert à donner un point d'appui au levier. L'usage de ce levier, comme on doit le comprendre, est de presser la paille lorsqu'elle a été introduite dans la ruelle ménagée entre les deux lignes de piquets. Vers son milieu .est pratiquée une échancrure; qui sert, lorsqu'il fonctionne ou presse la paille, à donner passage aux piquets. C'est en appuyant sur l'extrémité du levier que la paille placée entre les piquets se presse.

La paille s'arrange par lits, qu'on presse les uns après les autres. Lorsque la ruelle en contient une certaine quantité, qu'on arrange de manière que les épis soient en

dedans et que la couche soit uniforme, on presse fortement et on obtient le premier lit, qu'on fixe provisoirement au moyen de chevilles de fer. On regarnit la ruelle
d'une nouvelle portion de paille, qu'on presse de nouveau pour avoir un second lit, lequel est assujetti sur le
premier en enlevant les chevilles qui retiennent celui-ci,
et en les mettant au-dessus du second au moment où la
presse le serre fortement. On continue ainsi jusqu'à ce
que la ruelle soit garnie jusqu'au haut des colonnes. Alors
on a quatre ou cinq sections de cercles, en fer ou en bois,
qu'on place sur la paille pressée et qu'on maintient au
moyen des chevilles en fer.

Lorsque les sections sont posées et que la paille pressée
est ainsi maintenue, on peut enlever le montant ou pivot,
en desserrant la patte ; on enlève en même temps le levier,
mais on peut se contenter d'enlever seulement ce dernier,
en ôtant la cheville ; c'est ce que l'on fait le plus souvent.
On pend alors la machine au moyen d'un crochet et on
procède à la couture de la paille.

Le point de couture se fait en ligne droite, et de bas en
haut ou de haut en bas entre chaque colonne. On fait un
point en arrière, c'est-à-dire qu'on le croise, de manière
que la couture présente en dehors une ligne de points qui
se touchent, et en dedans une ligne de points qui se croi-
sent dans leur milieu. On se sert d'une aiguille ronde et
longue de 20 centimètres, sans compter le manche. Lorsqu'on a percé l'endroit où doit passer le fil, on place
celui-ci dans le trou de l'aiguille, qu'on retire et qui entraîne ce fil. On le retire de la main gauche en frappant,
avec le manche de l'aiguille, le côté opposé de la paille,
ce qui aide à serrer les points. On passe ensuite le fil du
dehors en dedans, et on continue ainsi pour chaque couture.

La figure ci-contre représente l'aiguille inventée par
M. Durant, dont le métier est décrit plus loin. Cette
aiguille, de grandeur naturelle dans la figure ci-contre,
mais brisée en deux, a une douille mobile D, qui serre
la lanière O, en osier, ronce, etc., avec laquelle on coud
la paille.

L'aiguille que l'on emploie est tantôt une sorte d'alène
longue et forte, percée d'un trou ovale à son extrémité,
lequel trou reçoit la lanière ou fil, et tantôt une aiguille

spéciale, ayant quelque analogie avec celle dont se servent les matelassiers.

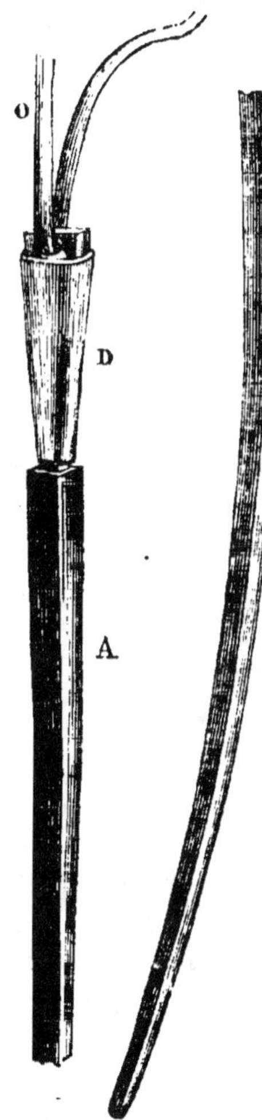

(*Fig.* 85.)

Aiguille Durant, grandeur naturelle.

Au lieu d'une machine circulaire, on peut en employer une carrée, qui donnera des hausses carrées. Pour cette forme, les colonnes formant les haies doivent être uniformes et en nombre égal sur les lignes paralèlles.

Qu'elle soit ronde ou carrée, la machine à faire les ruches se fixe sur un banc au moyen d'une main de fer et d'une vis de pression ; le banc est tenu par un bout à un poteau, afin qu'il ne s'enlève pas lorsqu'on appuie sur le levier.

Le métier OEttl a été modifié. Parmi les modifications importantes, nous devons mentionner celle de M. Lelogeais, apiculteur de Seine-et-Marne.

292. Métier Lelogeais. — Le métier Lelogeais à façonner les ruches en paille se compose de deux parties principales : l'une, X (*fig.* 86), qui sert à fabriquer des hausses et des corps de ruches droits, et l'autre, C, qui sert à fabriquer des chapiteaux en dôme. Ces deux parties constituent deux métiers distincts que l'on établit sur une table ou sur un banc.

La partie X est une sorte de lanterne composée de deux haies parallèles et circulaires de montants en bois, **AA**, terminés par des dents entre lesquelles se place la paille qui doit former les cordons. Les montants de la haie extérieure sont fixés à leur base sur une rondelle circulaire épaisse de 3 centimètres environ, et vers le haut ils sont tenus par un cercle en fer auquel ils sont attachés. Les montants de la haie intérieure sont fixés à une rondelle mobile, épaisse de 2 centimètres environ, qui s'enlève avec le corps de la ruche pour faciliter la sortie du métier. Cette double haie n'est pas maintenue par le haut. La partie intérieure est maintenue à la hauteur des mon-

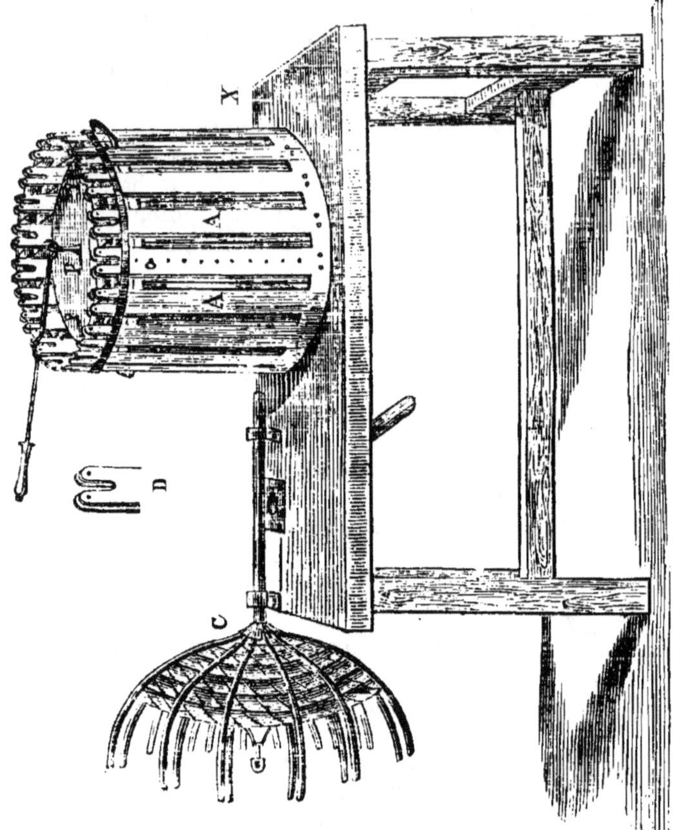

(*Fig. 86.*) Métier Lelogeais.

X, Lanterne ou métier à façonner les hausses. — A A, Barre de la lanterne. — D, Dents entre lesquelles se place la paille. — P, Point qui sert de point d'appui au levier pressant la paille. — C, Partie servant à façonner les cônes.

tants sur une rondelle fixe de même diamètre soutenue par trois montants plantés dans la rondelle du bas, épaisse de 3 centimètres. La rondelle mobile reçoit un pivot, P, qui sert de point d'appui au levier pressant la paille, plus deux vis, une de chaque côté du pivot, qui tiennent cette rondelle fixée lorsqu'il s'agit d'opérer. Une autre rondelle mobile reçoit un cercle en fer au-dessous pour la maintenir. Cette rondelle se lève et s'abaisse à volonté au moyen de deux mains de fer que l'on aperçoit des deux côtés du métier. Les trois montants intérieurs. dont nous avons déjà parlé, étant parallèles aux montants circulaires du dehors AA, forment une ruelle pour recevoir le premier cordon ou plutôt la première couche de paille qui doit former un corps de ruche. Le levier, comme sa position l'indique, presse cette paille que l'on retient ainsi pressée à l'aide de pitons en fer qu'on passe dans des trous pratiqués dans les montants parallèles, lesquels trous s'aperçoivent dans le montant de face placé entre AA. Au fur et à mesure qu'une nouvelle couche de paille est ajoutée, la rondelle mobile est abaissée d'autant et est fixée à l'aide de pitons. Toutefois, une nouvelle couche de paille n'est ajoutée que quand la précédente est cousue. On opère donc autrement qu'avec le métier OEttl, où toute la paille devant former une hausse est pressée avant que d'être cousue. Ici la couture a lieu comme dans les ruches faites à la main, en allant de gauche à droite, comme l'indique la coupe des montants. Chaque couche forme un cordon horizontal, et chaque dent des montants donne un point. Le fil passant d'une dent à la dent voisine produit un point de couture oblique. On coud avec la ronce, l'osier ou toute autre lanière, et on se sert d'une aiguille qui ressemble à une lardoire. S'agit-il d'enlever du métier la hausse ou le corps de ruche terminé, on retire deux vis qui retiennent la partie intérieure, et, en montant la rondelle circulaire à l'aide des mains, le travail sort facilement de la forme.

La partie destinée à façonner les chapiteaux en dôme se compose d'une double haie de pièces de fer courbes et parallèles, C, entre lesquelles se place la paille des cordons. La première poignée est, comme dans le métier précédent, attachée avec un fil à un trou ménagé dans la rondelle du fond. Les cordons de chaque couche sont serrés à l'aide d'un levier et retenus au moyen de pitons passés dans les branches parallèles. On coud les cordons de la même manière que ceux du corps de ruche. Les deux haies de fer sont mobiles, ce qui permet l'enlèvement facile des chapiteaux terminés. Une pièce de rechange plus petite remplace la haie intérieure pour exécuter les quatre premiers cordons. Cette pièce facilite l'entrée de la paille et la couture. Pendant l'exécution de ces quatre cordons, le métier occupe la position horizontale qu'on lui voit dans la figure. Pour le reste, il se place obliquement en introduisant le pivot qui retient les haies dans un trou oblique ménagé dans la table de support.

La paille doit être préparée à l'avance ; elle doit être émondée de toute herbe et des épis, si l'on tient à obtenir un travail très-propre. On la mouillera légèrement et on l'écrasera, afin qu'elle se serre mieux ; mais on ne l'emploiera que lorsqu'elle sera sèche. Celle de seigle, notamment quand elle est fine, est la plus convenable. Le métier Lelogeais, ainsi que le métier Durant dont nous allons parler, est expéditif et donne un travail régulier qu'on n'obtient pas toujours à la main.

293. Métier Durant. — Le métier Durant tient du métier OEttl et du métier Josselin (V. l'*Apiculteur*, 3e année). Ce dernier est une modification du moule de Lombard. Il se compose de deux parties distinctes. La première, V (*fig.* 87), est une rondelle circulaire armée de dents, sur laquelle se font les hausses et les corps de ruches régulières ; cette rondelle est fixée sur un montant, S, qui, à son tour, s'établit sur une table *a* suffisamment indiquée dans la figure ci-contre. La seconde, SCT, est une sorte de triangle formé d'un côté courbe, C, et de deux côtés droits, S et T. Le montant S s'emmanche sur la table V de la même manière que le montant S de la première partie.

Les pièces importantes de la première partie sont, outre celles dont il vient d'être parlé : 1° un cylindreur, *d*, adapté en *d*, au montant S. L'extrémité de ce cylindreur ou chariot mobile est armée de deux galets mobiles, KH, dont l'usage est de régulariser, aidés de la rondelle R, le cordon de paille, et d'établir la forme des hausses. Ce cylindreur est terminé par une poignée, P, qui sert à lui imprimer un va-et-vient lorsqu'il s'agit de presser la paille ; 2° un calibre en fer blanc redoublé, C, en forme de cône tronqué, garni d'une bague en cuivre et formant bourrelet sur sa gauche. Cette bague a la même destination que celle qu'on emploie dans la fabrication des ruches à la main ; elle reçoit la paille du cordon et en détermine la quantité. Ici elle est conduite par une branche en fer, *f*, qui en maintient l'écartement.

Lorsqu'on veut commencer une hausse on place de la paille sur l'extrémité de la pièce circulaire, ainsi qu'on le fait sur le moule de Lombard ; on attache provisoirement cette paille au métier. Je dis provisoirement, car, lorsque le second cordon est formé, c'est-à-dire lorsqu'il arrive sur le premier, celui-ci est réuni au second, et les points provisoires sont coupés. Le premier cordon établi, il est fixé au métier (à la pièce circulaire) par des mains de fer,

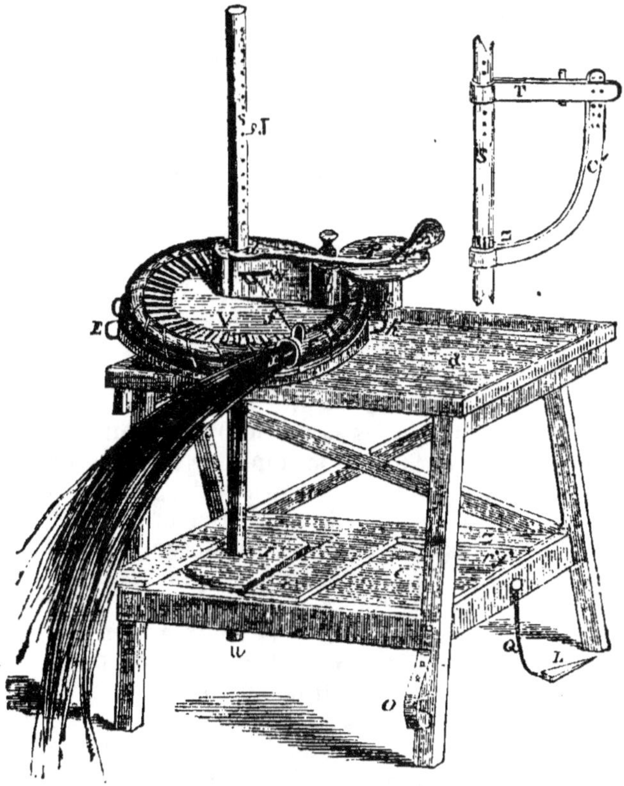

(*Fig* 87.) Métier Durant.

S, Arbre vertical faisant corps avec V et I, le premier servant à coudre la paille régulièrement, le second à arrêter en temps utile.
J, Point d'arrêt pour régler la hauteur des hausses.
P, Poignée du cylindreur.
K, Galet à double effet cylindrant horizontalement et verticalement.

b, Galet simple opérant avec K.

R, Rondelle mobile opérant avec les galets.

d, Corps du chariot cylindreur.

W, Ouverture extérieure correspondant avec l'ouverture intérieure, inaperçue, pour pouvoir loger autour de l'arbre le guide du calibre *c*.

V, Pièces circulaires en bois, dites plateaux superposés, avec retraite circulaire pour loger le premier cordon des hausses.

f, Guide du calibre qui enveloppe l'arbre qui s'accroche au point *g* au calibre.

c, Calibre en fer-blanc redoublé en forme de cône tronqué, garni d'une bague en cuivre formant bourrelet sur sa gauche.

E, Main de fer retirée du travail et la pointe tournée en dessous du plateau pour ne pas gêner, et pour la trouver à sa place au premier besoin.

h, Main de fer aussi, maintenant le cordon dans son encastrement, que l'on a soulevé avant de l'y introduire et pressé la paille à sa hauteur.

x, Continuation du cordon de paille.

a, Charpente de table qui est, lorsqu'on a enlevé l'arbre vertical S, une petite table fort commode pour les besoins domestiques.

I, Rondelle circulaire emprisonnée par des recouvrements à l'orifice de son cercle, destiné à tourner de gauche à droite et à ne pouvoir faire le contraire.

u, Tourillon central.

e, Table inférieure pour recevoir un poids de 30 kilos.

O, Brise-osier.

Q, Ficelle tenant le coin L.

L, Coin propre à empêcher la table de boiter.

Z, Vis à bander le ressort *r*, *y*, formant arrêt.

E*h*, qui, d'un côté, entrent dans le bois de la pièce circulaire, et de l'autre dans la paille du cordon. Au fur et à mesure que les cordons montent, le cylindreur monte également et il ne s'arrête qu'au point J, ou piton mobile qui règle la hauteur des hausses. Le cordon s'achève en le diminuant jusqu'à ce qu'il se perde dans le cordon inférieur. Il se commence dans les mêmes conditions. La rondelle R l'aplatit et fait que la hausse est terminée horizontalement, ainsi qu'elle a été commencée. La couture ne peut manquer d'être régulière; les premiers points sont indiqués par les dentelures de la pièce circulaire. On coud de dedans en dehors, et, en se servant d'une aiguille recourbée, ainsi que l'a améliorée M. Durant, on obtient un travail plus prompt et meilleur qu'en faisant usage du carrelet ou de l'alêne ordinaire. Pour abréger la besogne, on a soin de préparer à l'avance un certain nombre d'aiguillées, c'est-à-dire de bouts de fil (osier, ronce, etc.) armés d'une aiguille.

La seconde partie, CST, celle qui sert à fabriquer des

chapiteaux coniques et les ruches en cloche d'une seule pièce, est beaucoup plus simple que la première. Elle n'est pas précisément un métier, c'est plutôt un régulateur, une sorte de moule par lequel on obtient une courbure régulière. Le travail commence en Z ; la paille se fixe à cet endroit au moyen d'un étui qu'on ne peut indiquer ici. Pour le reste on opère comme dans la fabrication des ruches à la main, en ayant soin d'appuyer constamment le cordon contre la courbe C. Ce point d'appui régularise la forme et facilite le cousage, opération qui se fait pour les deux modèles comme lorsqu'il s'agit de coudre à la main. Mais elle est plus rapide et plus facile à cause du point d'appui.

Pour opérer rapidement avec ce métier, il faut, comme en toutes choses, faire un apprentissage de quelques jours, au bout desquels on gagne moitié de temps sur le mode ordinaire, et le travail est supérieur. La légende jointe à la figure indique l'usage de chaque pièce.

M. E. Beuve, apiculteur et fabricant de ruches à hausses à Creney, près Troyes (Aube), a apporté des modifications heureuses au métier Durant. Il faut aussi citer les moules et métiers très-simples de M. Cayatte.

294. Construction des ruches en bois, etc. — Nous n'entrerons pas dans les détails de la construction des ruches en bois, tout le monde sachant faire une boîte quelconque. Nous dirons seulement qu'il faut choisir du bois peu lourd et travaillant le moins possible, et prendre des planches épaisses d'au moins 3 centimètres, à moins que les ruches ne soient destinées à être enveloppées d'un paillasson bien fourni, ou renfermées dans un rucher bien clos et bien abrité. Quant aux ruches en petits bois : osier, troëne, etc., c'est l'affaire des vanniers, à qui on ne saurait trop recommander une forme en dôme, et non allongée et pointue comme la plupart l'adoptent, croyant bien faire.

295. Peinture des ruches en bois. — C'est d'une bonne économie de peindre extérieurement les ruches en bois ; mais il faut employer une couleur qui n'absorbe pas les rayons du soleil, telle que le blanc ou le gris cendré. Cette peinture sera à l'huile. On pourra aussi employer la composition suivante, qui est plus économique : prenez une partie de terre glaise (grasse ou argileuse), deux parties de bouse de vache fraîche ; délayez-les et les triturez séparément avec de l'eau dans laquelle on aura fait bouillir de la morue ; mêlez ensuite le tout ensemble en y ajoutant de l'eau de morue et quelques décigrammes de savon commun, jusqu'à ce que le tout ait la consistance d'une épaisse bouillie. Avec un balai fin, on barbouille fortement les planches brutes des ruches ; la première couche étant sèche, on en applique une seconde plus légèrement. Cette peinture ne laisse aucune odeur et adhère fortement au bois.

Voici d'autres recettes pour des vernis et peintures à l'usage des ruches en bois. — Vernis siccatif à l'eau : faites dissoudre dans un litre d'eau 125 grammes de gomme laque en lames minces et 40 grammes de borax en poudre. Laissez bouillir 20 minutes et le vernis est fait après tamisage. On le conserve en bouteille. — Composition qui solidifie le bois et l'empêche de gauchir au soleil : on fait dissoudre du sulfure de boryte dans l'eau bouillante et on badigeonne les ruches avec cette dissolution : on laisse sécher chaque couche ; on dissout ensuite de la couperose verte (sulfate de fer), on badigeonne encore et on laisse sécher. — Recette plus simple : faites bouillir de l'huile de lin ou de noix, en ajoutant 2 p. 100 de soufre en fleur ; badigeonnez avec le liquide bouillant, ruche et plancher.

296. **Boiserie des ruches.** — On nomme ainsi les petits bâtons qu'on place dans l'intérieur des ruches pour soutenir les rayons des abeilles. Ces boiseries sont indispensables dans les ruches vulgaires, notamment dans celles que l'on transporte. Elles doivent être placées en X ou en croix de Saint-André, de manière à ce que l'une ou l'autre traverse les rayons. Deux bâtons ronds, sans nœuds ni coudes, d'environ un centimètre d'épaisseur (le jeune noisetier convient pour cet usage), suffisent pour une ruche sédentaire dont la hauteur n'excède pas 40 à 45 centimètres. Le premier est placé à 10 ou 12 centimètres du bord inférieur de la ruche, et l'autre à 10 ou 12 centimètres plus haut que le premier. Ils doivent sortir extérieurement d'un demi-centimètre environ pour pouvoir être enlevés facilement lors de la récolte des rayons. Des apiculteurs placent ces boiseries obliquement. On en placera

trois ou quatre dans les ruches qui doivent être transportées. On se contentera d'en placer une seule dans les hausses qui ont des planchers à claire-voie, et également une dans les chapiteaux de moyenne dimension. On pourra se dispenser d'en placer dans les petits chapiteaux, surtout dans ceux qui doivent contenir du miel destiné à être vendu en rayons.

297. Entrée des ruches. — Les ruches destinées à reposer sur des tabliers minces et non entaillés doivent avoir une ou plusieurs entrées pratiquées vers la partie inférieure. On n'en pratiquera qu'une de 2 ou 3 centimètres de hauteur sur 5 ou 6 de large pour les ruches en paille. Les grandes entrées ont plusieurs inconvénients : elles déforment les ruches et laissent trop de prise aux ennemis des abeilles. La ruche en menuiserie pourra avoir plusieurs entrées en dents de scie, ou une entrée carrée, et à côté plusieurs autres circulaires que l'on bouche à volonté. Lorsque les tabliers sont entaillés, il est inutile de pratiquer des entrées aux ruches.

Nous plaçons ici les réflexions que le *Guide* de M. Collin consigne sur l'entrée des ruches : « C'est par la porte d'entrée que les abeilles respirent et que l'air se renouvelle ; si donc les gâteaux de la ruche se trouvent en travers et barrent en quelque sorte le passage de l'air, les abeilles en souffriront : en hiver la mortalité sera plus grande, et en été le couvain prospèrera moins bien. Il est à remarquer que le couvain et le gros des abeilles se trouvent plutôt en avant que par derrière ou de côté. Vous vous étonnez quelquefois que certaines de vos ruches, quoique bien peuplées, n'essaiment jamais ou bien rarement : cela tient souvent à la direction des gâteaux relativement à la porte d'entrée. Comparez ces gâteaux avec ceux de vos ruches qui essaiment souvent, et vous verrez que dans ces dernières les gâteaux, au lieu d'être placés en travers de la porte, vont au contraire de devant en arrière. Avec cette disposition, l'air rencontre moins d'obstacles pour pénétrer dans l'intérieur, puisque chaque galerie vient aboutir sur le devant. Si la porte est entaillée dans le plateau, il sera facile de placer la ruche de manière que les gâteaux aient la position indiquée ; pour cela il suffira de faire faire un quart de tour à la ruche. Mais si l'entrée est pratiquée dans la ruche, il faut en faire une autre dans la direction des gâteaux et boucher l'ancienne par un moyen quelconque. »

298. Fermeture des entrées. — On emploie différents objets de fermeture pour les entrées régulières. Les plus simples consistent en planchettes minces, en ardoises, ou seulement en cartes ou carton gommé que l'on attache à la ruche au moyen d'un clou d'épingle. On se sert aussi de tôle perforée et de toile métallique. Aux ruches en planches, il est facile d'adapter une sorte de peigne ou râteau qui rétrécit à volonté l'entrée et la bouche entièrement au besoin.

Voici les plus ingénieuses qu'on ait imaginées :

Palteau employait, pour ses ruches en bois et à entrée entaillée circulairement dans le tablier, un cadran mobile en tôle, dont on comprend le jeu et le bon usage par la simple vue de la *fig.* 88. Pour les ruches en bois et à entrées entaillées en dents de scie, on a inventé une sorte

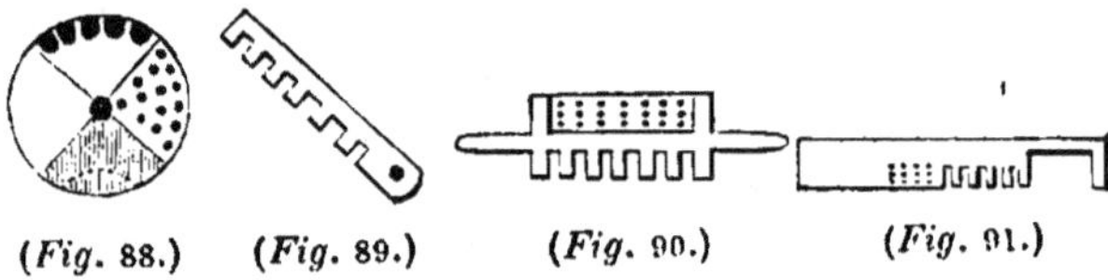

(*Fig.* 88.)   (*Fig.* 89.)   (*Fig.* 90.)   (*Fig.* 91.)

de peigne ou râteau, le plus souvent en bois (*fig.* 89), lequel, étant fixé par l'une de ses extrémités à la ruche, décrit un demi-cercle et ferme à volonté les entrées, les dents coïncidant aux entailles. On a modifié ce peigne en faisant une porte mobile (*fig.* 90) qui s'adapte aux entrées carrées des ruches en bois. Un côté de cette porte rétrécit l'entrée ; l'autre, tout en laissant pénétrer l'air, la bouche. Un apiculteur de la Meuse a imaginé une porte longue, en tôle étamée (*fig.* 91), qui avance et recule par le moyen d'un ressort en fil de fer qu'il adapte au tablier, lequel est creusé circulairement et arrangé pour recevoir des ruches en cône. La partie dentelée peut empêcher les mâles de sortir ou de rentrer. Un apiculteur des Ardennes a imaginé une porte simple qui s'adapte aux entrées de toutes les ruches ; elle consiste en une partie, A (*fig.* 92), qui se fixe sur la ruche au moyen de quatre petits clous et d'une partie, B, qui entre dans deux coulisses ménagées dans la partie A, où elle circule à volonté. On peut se contenter de cette dernière partie seulement, que l'on fixe à la ruche au moyen de petits clous d'épingle. Les deux parties sont en tôle mince.

La grille n° 36 (tôle perforée dont il a été parlé précédemment) est, pour les plateaux entaillés, ce qu'il y a de mieux pour fermer les entrées. En retranchant le plein, on a une ouverture de 9 millimètres de hauteur qu'aucun rongeur ne peut franchir. Avec deux grilles on peut faire toutes les combinaisons possibles.

Quelle que soit la porte dont on fait usage, il faut se garder de boucher hermétiquement les ruches, même en hiver, et notamment les ruches en menuiserie, car on pourrait asphyxier les abeilles.

(*Fig.* 92.)

299. Manches et poignées. — On peut se dispenser de mettre aux ruches des manches, qui, la plupart du temps, sont plus incommodes qu'utiles. On mettra des poignées légères à celles destinées à recevoir les essaims, et à quelques ruches d'amateur ; mais on se gardera bien de ces longs manches d'un quart de mètre et plus, qui font l'orgueil des ruchomanes de la campagne et le désespoir de l'apiculteur qui transporte ses colonies.

299 *bis*. Pourget. — Nous avons déjà dit un mot du *pourget* (245), sorte de mortier ou mastic composé le plus communément de bouse de vache, de cendre et de terre glaise, avec lequel on recouvre extérieurement les ruches en petit bois, et on bouche les issues inutiles des autres.

Une partie de sable tamisé, et deux parties de terre glaise tamisée, donnent un bon *pourget*.

La bouse de vache qui n'est pas épaisse et qui provient d'une bête nourrie au vert, peut s'employer seule. Le mastic qu'elle forme est léger et ne déplaît pas aux abeilles.

A la prochaine leçon, en parlant du rucher, nous vous entretiendrons des supports, des surtouts et des plateaux des ruches.

XIe LEÇON

DU RUCHER

300. Rucher. — On donne le nom de rucher, apier ou abeiller, au lieu, couvert ou non, où l'on réunit des ruches. Il y a donc des ruchers en plein air et des ruchers couverts. L'un et l'autre de ces ruchers présentent des avantages et des inconvénients, selon l'emplacement, la quantité des ruches et d'autres circonstances. Quel que soit celui qu'on adopte, il faut se garder de l'établir dans un terrain humide; et, lorsqu'il est établi, il faut, autant que possible, le tenir propre, détruire les plantes qui pourraient servir de pâture ou offrir une retraite aux animaux ennemis des abeilles et aux insectes qui viendraient s'y abriter, tels que guêpes, araignées, fourmis, limaçons, lézards, etc. Nous verrons plus loin les avantages particuliers de ces ruchers.

301. Effets de l'humidité et du vent sur les abeilles. — L'humidité est très-nuisible aux abeilles, en ce qu'elle produit la moisissure des rayons, vicie l'air de la ruche et occasionne la dyssenterie ; par conséquent, il ne faut pas établir de ruchers dans les endroits bas et humides. Il ne faut pas non plus, dans les climats pluvieux, tourner les entrées des ruches du côté d'où viennent les grandes pluies. Les vents, surtout les vents froids, ne sont pas moins nuisibles aux abeilles : si le vent est froid et que le devant des ruches soit tourné du côté du vent, les abeilles qui sortent et essaient de rentrer sont balayées par les rafales et jetées à terre, où, étant prises de froid, elles meurent souvent. A l'époque de l'essaimage, les vents qui frappent l'entrée des ruches s'opposent à la sortie des essaims ; la différence d'exposition est telle, sous ce rapport, que les ruches qui sont garanties du vent auront toutes essaimé lorsque celles qui ne jouissent pas de cet avantage n'auront pas encore fourni un seul essaim et n'essaimeront peut-être pas.

Les rayons trop ardents du soleil ne nuisent pas directement aux abeilles, mais, en tombant en plein sur les ruches non couvertes d'un épais surtout en paille, ils en font fondre les gâteaux et couler le miel : on voit les abeilles déserter des ruches exposées aux rayons trop chauds du soleil.

302. Choix de l'exposition. — On peut juger, par ces conséquences, combien il importe de choisir une exposition convenable : le sort du rucher et les bénéfices qu'il peut donner en dépendent. Il faut d'abord examiner le sol sur lequel on veut établir le rucher ; il faut ensuite tenir compte des circonstances d'étendue, de voisinage, de distance, de plantations, de pâturage, etc.

303. Orientation. — On croit généralement que les ruches réussissent mieux exposées au midi que dans une autre orientation, c'est souvent une erreur : l'exposition du sud ne vaut communément rien pour les pays méridionaux, surtout lorsque les ruches sont adossées à un mur, ou se trouvent au pied d'un rocher, ou dans un rucher découvert par devant, parce que, en été, les rayons brûlants du soleil de midi, tombant en plein sur les ruches, en font fondre la cire, en liquéfient le miel et asphyxient même les abeilles; aussi voit-on nos travailleuses rester presque constamment oisives, abritées derrière la ruche, lorsque l'excès de chaleur les force à en sortir. Les effets de la chaleur sont moins redoutables dans le Nord ; cependant il n'est jamais prudent d'y établir des ruches sans les couvrir d'un bon surtout de paille, si elles sont en plein midi, et de laisser circuler l'air du côté du nord, si elles sont dans un rucher couvert, construit en planches, ou couvert en ardoises.

En hiver, les rayons trompeurs du soleil ne sont pas moins dangereux pour les abeilles : ils viennent les stimuler et leur faire croire que la température permet la reprise des travaux ; un certain nombre de butineuses s'aventurent hors de la ruche, où elles sont prises par le froid et périssent, pour peu que le soleil soit caché par un nuage ou qu'un coup de vent les balaye au loin. En outre, la colonie consomme davantage, parce que la chaleur du milieu de la journée l'engage à s'adonner à l'éducation du couvain.

L'exposition du levant est préférée par beaucoup d'apiculteurs, qui pensent que la présence du soleil matinal engage les abeilles à sortir plus tôt. Lorsque la saison est douce et que le miel donne, les abeilles des ruches placées à l'ouest et même au nord sont tout aussi matinales que celles des ruches exposées à l'est et butinent autant. Il est vrai que celles placées au midi et à l'est essaiment souvent plus vite, mais aussi leurs essaims sont plus petits : si elles essaiment plus tôt, ce n'est pas parce qu'elles sont plus peuplées, mais parce que la grande chaleur qu'elles éprouvent à l'heure ordinaire de cette opération la détermine ; celles qui deviennent plus peuplées, à condition égale d'abeille mère vigoureuse, sont celles qui sont abritées dans les vallées ou par des bois, et que le vent n'empêche pas de butiner lorsque les premières fleurs arrivent.

Quelle que soit la latitude, il faut donc avant tout que les ruchers soient le plus possible abrités des vents dominants, qui amènent souvent la pluie. Si ces vents viennent de l'ouest et du nord, il faut établir les ruches de manière qu'elles soient abritées de ces côtés, et que leur sortie se trouve à l'est ou au sud. Si, au contraire, les vents viennent de l'est ou du sud, il faut les abriter de ces côtés et tourner les entrées du côté de l'ouest et du nord. Pour cela consultez la nature, et vous trouverez que les abeilles s'abritent, dans les forêts, là où les vents et les rayons trop ardents du soleil se font à peine sentir.

Il faut aussi et surtout prendre en considération la distance des pâturages, et en éloigner le moins possible les ruchers. Il ne doit pas y avoir non plus, devant les ruches, d'arbres, de haies vives ou de bâtiments qui contrarient la sortie des abeilles.

304. Lieux où l'on ne doit pas placer de ruches. — On ne doit pas établir de ruchers près des voies et passages publics fréquentés, près des rivières et des étangs un peu étendus, des cheminées toujours fumantes des usines, des fours à chaux et à plâtre, des fabriques de sirops, des brasseries, des tanneries, etc. On en établira le moins possible dans les basses-cours, au milieu de la volaille et des autres animaux domestiques, qui, s'ils ne détruisent les mouches, les gênent beaucoup dans leurs travaux. En outre, les abeilles peuvent se jeter sur ces animaux et occasionner des accidents.

On peut placer des ruches près des habitations où l'on est à la portée de leur prodiguer des soins ; mais on évitera que ce soit sur le passage des gens et des bêtes, les abeilles n'aimant pas à être dérangées par qui que ce soit pendant la bonne saison.

305. Rucher en plein air. — Le rucher en plein air doit être établi autant que possible le long d'une haie (*fig.* 75), ou au bord d'un massif d'arbres. Si l'on n'a que quelques ruches et que le sol soit un peu humide, ou qu'il soit engazonné, ou bien encore s'il renferme des fourmilières et d'autres repaires d'animaux ennemis des

(*Fig.* 93.) Rucher en plein air.

abeilles, il faut établir les ruches sur des piquets plus ou moins élevés (*fig.* 93). On les élèvera peu (de 20 à 35 centimètres) lorsque l'endroit sera sec et éventé ; ailleurs on les élèvera davantage : on les tiendra tantôt à 40 centimètres et tantôt à 50 centimètres d'élévation.

Si au lieu d'une haie, on ne dispose que d'un mur, il ne faut pas établir les ruches immédiatement contre ce mur, où la concentration des rayons du soleil leur nuirait : il faut les placer à 1 mètre au moins en avant ; mais si l'on dispose du terrain des deux côtés de ce mur, il vaut souvent mieux percer des entrées de 20 centimètres environ et établir les ruches derrière, de manière qu'elles soient abritées des rayons du soleil. On fait trop fréquemment le contraire.

(*Fig.* 94.) Ruches en plein air, dispositions en quinconce.

Lorsqu'on possède un grand nombre de colonies et que le sol est sec, on ne prend pas la peine d'établir les ruches sur des piquets ; on se contente d'exhausser de 2 ou 3 décimètres des bandes de terrain et de les poser non pas immédiatement dessus, mais sur trois cailloux ou trois morceaux de pierre gros comme le poing, sur lesquels on place le tablier de support. Lorsque le terrain est exigu on établit plusieurs bandes de terre, espacées de 2 mètres au moins, et l'on a soin de donner moins d'élévation au premier qu'au second gradin. On place les ruches sur ces gradins, de manière qu'elles se trouvent en quinconce ou en échiquier. Elles doivent être établies de manière aussi que leur tablier incline légèrement en avant. On comprend l'avantage que cette inclinaison donne aux abeilles pour porter dehors les débris de cire et les cadavres qui tombent sur le plancher. Cette inclinaison facilite aussi l'écoulement des vapeurs condensées. Toutefois, s'il régnait des vents forts dans le sens opposé aux entrées, c'est-à-dire des vents qui vinssent frapper le derrière des ruches, il ne faudrait pas donner cette inclinaison.

306. Distance des ruches. — La distance que l'on observe entre les ruches en plein air est souvent subordonnée à l'étendüe du terrain et aux nombre des colonies ; tantôt elle est de 40 ou 50 centimètres, tantôt de 60 et même de 80 centimètres. Lorsqu'on ne peut pas circuler derrière les ruches, la distance entre elles doit être plus grande, assez grande pour pouvoir les manœuvrer sans être gêné.

307. Avantages du rucher en plein air. — Le rucher en plein air est économique ; il permet en outre de manœuvrer à volonté les ruches et de pratiquer dessus toutes les opérations apiculturales qu'il convient de faire, notamment les essaims artificiels. Ces considérations le font adopter par les grands producteurs, quoique les ruches y exigent plus de soins et d'attention que lorsqu'elles sont placées dans un rucher couvert.

308. Rucher couvert. — Le rucher couvert est le plus souvent un bâtiment étroit et long. La longueur est déterminée par le nombre de ruches qu'on veut y loger, la largeur par la dimension des ruches et par l'espace nécessaire pour pouvoir les manœuvrer. Une largeur de 1 mètre 50 centimètres est suffisante pour des ruches

(*Fig.* 95.) Rucher couvert.

ordinaires en paille, et une longueur de 6 mètres permet de loger douze ruches de 35 à 45 centimètres de diamètre.

Le rucher couvert peut être à un seul étage et en avoir

jusqu'à trois, mais ordinairement on ne lui en donne que deux. Le premier est à 20 centimètres au-dessus du sol si ce sol est sec, et plus haut s'il se mouille facilement; le second étage est à 95 centimètres au-dessus du premier et à égale distance de la toiture. Le mur du devant sera en pisé, en torchis ou en autres matières non impressionnables aux rayons du soleil. S'il est peu épais, on se contentera d'y pratiquer des ouvertures de 20 centimètres carrés pour le passage des abeilles; on placera alors extérieurement des planchettes de 8 à 10 centimètres, qui serviront à reposer les abeilles à leur entrée et à leur sortie de la ruche. Si le mur est épais, on y ménagera des niches à l'intérieur qui permettront aux ruches d'avancer davantage, surtout si elles sont coniques. Le devant pourra aussi être formé par un treillage en bois ou en fil de fer, sur lequel on laissera courir le lierre grimpant.

Les autres côtés du rucher peuvent être en planches, en maçonnerie ou en roseau. Mais la toiture doit être, autant que possible, en paille ou en roseau; elle doit déborder de 75 à 90 centimètres, de manière que l'eau ne vienne pas tomber sur l'entrée des ruches. On évitera l'ardoise, qui s'échauffe considérablement lorsque les rayons du soleil sont ardents. La porte d'entrée sera ménagée dans l'un des côtés latéraux, ou derrière, si l'emplacement le commande. On pratiquera une petite fenêtre dans l'autre côté latéral pour établir un courant d'air lors des fortes chaleurs.

Si l'on craint que les rats, souris, etc., pénètrent dans le rucher, on ménage, à 30 ou 40 centimètres du bas de la porte, un trou pour le passage des chats.

La disposition intérieure se composera, à chaque étage et dans le sens de la longueur du rucher, de deux poutrelles de 10 centimètres d'équarrissage parallèles et distantes l'une de l'autre de 30 centimètres. Ces poutrelles, devant servir de chantiers pour supporter les tabliers et les ruches, seront soutenues par des montants placés toutes les trois ou quatre ruches, c'est-à-dire à une distance de 1 mètre 50 centimètres ou 2 mètres. La poutrelle qui se trouve près du mur pourra être remplacée par une tringle épaisse de 4 ou 5 centimètres, qui sera fixée contre ce mur.

On peut laisser courir une vigne sur la devanture du

(*Fig. 96.*) Rucher-école du jardin du Luxembourg.

rucher et placer sous la toiture une glycine, dont les fleurs en grappes font un effet charmant au printemps. Si l'on adoptait la tuile pour couverture, on pourrait laisser courir un lierre dessus.

Lorsque le rucher doit être placé dans un jardin paysagesque et d'agrément, il convient de lui donner une forme rustique. On emploiera alors des branches d'arbres arquées et fourchues pour la carcasse du bâtiment; les entrées des abeilles seront ménagées en cintres ou en ogives (*fig.* 95).

La figure 96 représente le Rucher-École du jardin du Luxembourg, ou du moins tel que nous désirions le faire établir (*). Cette figure montre comment on doit construire un rucher dans le jardin fruitier, voire même dans le potager.

On peut varier les formes du rucher couvert selon la situation du terrain et selon les caprices de l'amateur; mais le simple habitant des campagnes ne doit s'arrêter qu'aux formes simples, et par conséquent économiques. Voici une disposition qui atteint ce but :

308 *bis.* On enfonce dans la terre, à 1 mètre 75 centimètres ou 2 mètres d'un mur, deux poteaux de chêne ou d'autre bois résistant. Quelques perches de traverse lient ces deux poteaux entre eux et avec le mur; on établit sur ces traverses un toit en chaume. A droite et à gauche on fixe quelques perches entre les poteaux et le mur; on les lie par un grossier clayonnage, qu'on induit d'un torchis d'argile ou qu'on revêt de mousse. On fait la même opération sur le devant. Des traverses reçoivent les tabliers et les ruches.

On peut encore établir un rucher couvert très-économiquement en se servant de piquets pour la carcasse et de paillassons pour la garniture des côtés et pour la toiture. Les roseaux et la paille de sorgho à balai peuvent rendre de bons services dans cette circonstance.

La figure placée à la fin de cette leçon (page 221) montre une ruche à cadres mobiles établis sur des piquets et couverts de sa toiture en planches qui s'enlève à volonté.

(*) L'établissement de ce rucher et l'enseignement qui s'y donne n'ont pas toutes les sympathies de quelques employés du jardin.

Il est des personnes qui suspendent leurs ruches sous la toiture des bâtiments ou les placent dans des greniers. Ces emplacements conviennent lorsque le vent ne vient pas balayer les abeilles qui sortent et qui rentrent et les jeter à terre. En général, les ruches peu élevées se trouvent mieux que celles qui le sont beaucoup, parce que les abeilles, revenant chargées et lourdes, rentrent plus facilement dans les premières que dans les secondes. Il est vrai que dans les forêts elles se logent à un endroit élevé ; mais le vent se faisant peu sentir au milieu des grands massifs d'arbres, elles peuvent rejoindre leur habitation sans encombre ; d'ailleurs, elles souffriraient davantage de l'humidité si elles se logeaient près du sol dans les forêts. Il n'en est pas de même dans les terrains semés de rochers, terrains secs qui peuvent les recevoir sans nuire à leurs édifices, et elles prospèrent aussi bien dans les rochers de la Provence que dans les forêts du Nord.

309. Avantages des ruchers couverts. — Les ruchers couverts sont plus en sûreté et exigent moins de soins et d'attention que ceux en plein air : on n'a pas avec eux la crainte que le vent ou des bestiaux renversent des ruches. Dans une localité basse et marécageuse, l'humidité se fait moins sentir dans les ruches abritées par un bâtiment que dans celles qui ne le sont pas. Certaines opérations sont plus faciles ; d'autres, il est vrai, sont plus difficiles, parce qu'on manque souvent d'espace entre les ruches. Il arrive, en outre, dans les ruchers couverts à entrées uniformes, plus fréquemment que dans ceux en plein vent, que les jeunes mères qui sortent pour se faire féconder se trompent de ruche en rentrant ; elles sont sacrifiées et les colonies auxquelles elles appartiennent deviennent orphelines. Il importe, pour éviter cet inconvénient, de varier chaque entrée des ruchers couverts.

Il faut tenir les ruchers propres, avons-nous dit, et veiller surtout aux toiles d'araignées. On n'y laissera pas séjourner de vieux rayons ni de débris de cire, qui attirent la fausse-teigne. Le sol sera sarclé autant que possible autour du rucher, et si le terrain est en gazon on rasera souvent ce gazon près des ruches.

310. Plantations autour du rucher. — Si les ruchers

ne sont pas établis dans les vergers, il est bon de planter des arbustes autour d'eux pour que les essaims s'y reposent. Les arbres que ceux-ci semblent affectionner sont les pruniers, les pommiers, les cerisiers bas, les abricotiers, les pêchers, etc.

Lorsqu'on dispose, près du rucher, de terrain pour plates-bandes, on peut garnir ces plates-bandes de fleurs que les abeilles aiment, telles que le thym, la lavande, la mélisse, la véronique, le pouillot, le réséda, etc., etc. Dans les gazons, il ne faut pas manquer de faire entrer le trèfle blanc, sur lequel les abeilles butinent depuis le mois de mai jusqu'au mois d'octobre. Si l'on dispose de carrés inoccupés, on les sèmera de mélilot jaune, de sainfoin, de bourrache, de vipérine, de navette, etc. La plupart de ces plantes sont très-rustiques.

Lorsqu'il ne se rencontre pas de petit courant d'eau près du rucher, il est bon d'y entretenir un abreuvoir. Pour cela, on prend une auge en pierre que l'on enfonce à rase terre; on l'emplit d'eau, dans laquelle on jette une poignée de cresson de fontaine et un peu de mousse. On a soin d'entretenir l'eau de cet abreuvoir, surtout au printemps et dans une grande partie de l'été. Le cresson est coupé à mesure qu'il devient trop grand.

311. Tablier, plateau, siége ou tablette. — Ces quatre dénominations signifient la même chose; elles désignent une table en bois ou en pierre sur laquelle repose la ruche. Le tablier ou siége est la plupart du temps en bois; mais on en fait en pierre, en plâtre et même en ardoise, dans les lieux voisins des carrières. Les meilleurs sont ceux en bois : ils sont ronds ou carrés, suivant la forme des ruches, et leur diamètre doit avoir 5 ou 6 centimètres de plus que celui des ruches. Quant à leur épaisseur, elle doit varier selon leur usage. Les tabliers des ruches qui ne voyagent pas doivent être assez épais (4 centimètres environ) pour pouvoir y pratiquer une entaille servant de sortie aux abeilles (*fig.* 62). Ceux des ruches que l'on transporte, devant être transportés eux-mêmes, sont souvent minces; dans ce cas, ils ne peuvent être entaillés (*). Mais comme l'un et l'autre ont besoin

---

(*) On peut faire une entaille dans un tablier qui n'a que 15 millimètres

d'être solides, les deux planches qui les composent (il s'agit des tabliers en bois) sont réunies au moyen de deux bons tasseaux placés en dessous, B, C (*fig.* 97), et cloués avec des pointes de Paris. Ces planches ont ou n'ont point de rainure; elles sont polies du côté où elles reçoivent la ruche.

Quelques personnes ajoutent une sorte de menton un peu incliné du côté de l'entrée des ruches; d'autres n'inclinent pas ce menton, qui fait partie du tablier, A. La figure 97 représente le tablier à menton dont font usage des apiculteurs du Calvados qui transportent les colonies.

(*Fig.* 97.) Tablier circulaire.

Les plateaux entaillés présentent un avantage sur ceux qui ne le sont pas; ils dispensent de faire une coupure dans la ruche, et, en raison de la pente de l'entaille, ils facilitent les abeilles lorsqu'elles jettent leurs ordures hors de la ruche. Ils sont en quelque sorte indispensables pour les ruches à hausses, sans quoi on est obligé de faire une coupure à chaque hausse.

Il est bon, mais cela n'est pas indispensable, de ménager une ouverture circulaire au milieu du plateau, qui sert à donner de l'air aux abeilles au moment des fortes chaleurs et à leur présenter de la nourriture à une autre époque : un bouchon de liége ou de bois ferme ordinairement ce trou.

Le plateau en pierre consiste en une pierre plate dont la grandeur est proportionnée à la ruche qu'il doit porter; il en est de même de ceux en ardoise. Ces deux espèces de plateaux étant froids, beaucoup d'abeilles sont exposées à périr quand, à la fin de l'automne et dans les beaux jours d'hiver, elles s'y reposent.

Les plateaux en plâtre, peu dispendieux dans les cantons où le plâtre est commun, sont les meilleurs après ceux en bois, sans les valoir toutefois. Il est bon d'apprendre la

---

d'épaisseur. Pour cela, ou met sous l'entaille une planchette qui déborde et sert aux abeilles de reposoir

manière de les confectionner aux habitants des lieux où cette matière est à bas prix et où le bois est rare et cher.

312. On a un moule composé d'un morceau de planche carré ou rond, suivant la forme de la ruche ; on cloue autour une latte qui fait un rebord d'environ 4 centimètres de haut. Quand on veut faire un plateau, on répand dessus une poignée de plâtre bien fin et bien sec ; ensuite on délaye du plâtre grossier, mais nouveau et bon, et quand il durcit, on le verse dans le moule. On y enfonce aussitôt trois baguettes de 12 à 15 millimètres d'épaisseur, et de 15 à 20 centimètres de long si les plateaux sont ronds, et de 11 centimètres s'ils sont carrés ; on les place de manière qu'elles se trouvent sur les supports. On unit la partie supérieure avec une truelle, et on y laisse le tout une demi-heure en cet état. Le plâtre est alors assez consolidé pour retirer le plateau et en faire un second (*).

Si l'on désire pratiquer le passage des abeilles dans le plateau, voici comment on s'y prend : on taille un morceau de bois de 20 à 22 centimètres de long et de 3 à 4 centimètres de large ; ce morceau de bois a 2 centimètres d'épaisseur à une extrémité, et se réduit insensiblement à 1 millimètre ; on le saupoudre de plâtre fin et, après avoir versé le plâtre dans le moule, on pose horizontalement cette petite pièce, la partie la plus épaisse sur le bord du plateau, et la plus mince dirigée vers le centre. On l'enfonce dans la maçonnerie pour la mettre de niveau avec le rebord du moule, et on égalise le plâtre avec la truelle. Il est bon de donner une couche de peinture à l'huile à ces plateaux quand ils sont secs.

Au moyen de tabliers qui ont une entaille, on peut se dispenser de portes aux ruches, en faisant ces tabliers plus long que larges. L'entaille étant plus profonde sur le bord et se réduisant à rien dans l'intérieur de la ruche, il est évident qu'en reculant ou en avançant la ruche on réduit ou on augmente d'autant la hauteur de l'ouverture.

313. **Supports des ruches.** — Les supports sont le

(*) On peut se contenter d'un cadre si l'on a une pierre plate et unie pour le poser. Un des côtés du cadre doit être mobile pour le séparer plus facilement du plateau. Les baguettes, plongées dans le plâtre mou, sont mises pour la consolidation du plateau. On peut se dispenser d'en employer.

plus souvent des piquets enfoncés en terre, de 40 à 50 centimètres, sur lesquels on assoit les tabliers qui reçoivent les ruches placées en plein air. On en emploie ordinairement trois, qu'on place en triangle si le tablier est rond, et quatre s'il est carré. Les tabliers doivent déborder les supports de quelques centimètres pour empêcher les rats, les souris, etc., de monter dessus.

Ces supports peuvent être de toutes sortes de bois ; mais

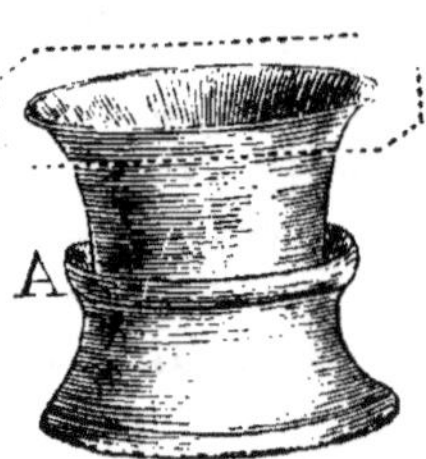

(*Fig.* 98.) Trépied-support.

on fera bien de n'employer que ceux qui se pourrissent le moins, tels que chêne, acacia, etc. Pour leur donner plus de durée, il faut les carboniser ou les goudronner à la partie qu'on enfonce en terre, et les peindre à l'endroit resté apparent. On peut faire usage d'un trépied mobile (*fig.* 98), qui offre l'avantage de pouvoir se transporter à volonté et rend des services lors de l'essaimage artificiel.

Au lieu de trois piquets pour supports, on peut se servir d'un billot proprement scié, d'un dé de pierre ou d'un cône en terre cuite tronqué (*fig.* 80). Au milieu de sa hauteur en A, est ménagé un bassin que l'on emplit d'eau pour couper le passage aux fourmis et aux mulots. Mais quelquefois les abeilles s'y noient. On peut aussi établir les supports en maçonnerie. Nous avons vu que des apiculteurs se contentent de trois briques ou trois cailloux plus ou moins gros ; il en est même qui posent le tablier immédiatement sur le sol, et d'autres enfin qui n'emploient pas de tablier et qui établissent les ruches directement sur le sol. Nous n'avons pas besoin de faire remarquer combien ce dernier mode est défectueux : outre que le sol pourrit les ruches, il communique une humidité toujours préjudiciable aux abeilles, qu'on laisse, d'un autre côté, exposées à leurs nombreux ennemis.

(*Fig.* 99.)

Support en poterie.

314. Surtouts, capuchons, paillons ou enveloppe des ruches. — Les ruches placées en plein air doivent être recouvertes, avons-nous déjà dit, d'un bon surtout ou enveloppe de paille dont le but est de les garantir des intempéries du temps, de conserver la chaleur des abeilles en hiver, ainsi que de les abriter des rayons du soleil en été. Ces surtouts doivent être autant que possible en paille de seigle, qui se détériore moins vite que toute autre paille ; ils doivent être assez épais pour abriter suffisamment les ruches. Souvent ils ne se composent que d'une simple botte de paille liée sans art du côté des épis ; mais il convient d'apporter des soins dans leur confection, car de ces soins dépendent leur durée et la commodité avec laquelle on peut les manœuvrer. Voici la manière ordinaire de les faire :

315. On prend une demi-botte de paille de seigle bien épluchée, qu'on lie vers les deux tiers de sa hauteur à l'aide d'une forte ficelle passée à double tour et arrêtée par un nœud coulant. On serre le plus possible en s'aidant du pied. On rabat la partie supérieure, le côté des épis, et on lie de nouveau de manière à former une tête propre à recevoir un pot à fleurs ou autre. Pour serrer plus fortement cette tête, on emploie du fil de fer recuit après avoir lié avec une ficelle. Bien serrée, la tête ne donne pas prise à l'eau et contribue à la durée du surtout.

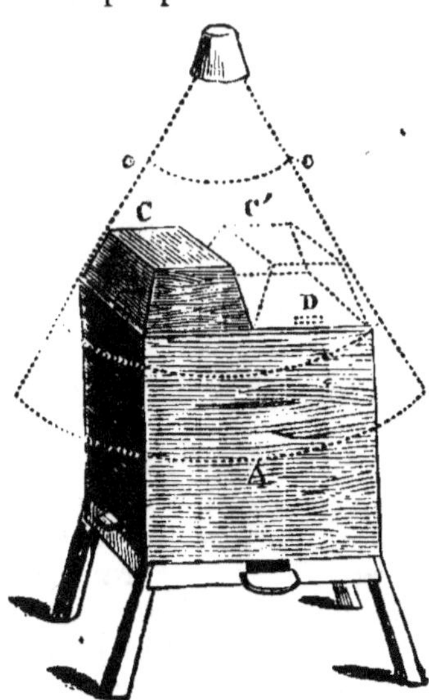

(*Fig.* 100.) Carcasse de capuchon.

On étend en parapluie ce surtout, qu'on place sur une ruche ; on le rogne à la partie inférieure au moyen de forts ciseaux ou d'une faucille ; si on le laisse descendre au-dessous du tablier, on a soin de rogner la paille à l'entrée de la ruche, de manière à laisser un passage suffisant aux abeilles (*fig.* 94) ; on le tient sur la ruche au moyen d'un cercle ou d'un fort fil de fer qu'on met par dessus, et, pour pouvoir l'enlever à volonté, on met dessous un second fil de fer qu'on attache de distance en distance avec celui de dessus au moyen de fil de fer mince ;

on a alors un surtout qui s'enlève comme une forme de
pain de sucre. Lorsque la ruche est haute et que, par conséquent, le surtout est élevé, on place un double cercle
de fil de fer qui le consolide davantage (*fig.* 100).

(*Fig.* 101.) Ruches garnies de leur surtout.

Si c'est pour une ruche carrée, après avoir lié la paille
à la hauteur nécessaire, on lui donne la forme carrée au
moyen des doubles fils de fer placés en dessus et en
dessous.

Au lieu de la forme carrée, on peut donner la forme
ronde en plantant en terre trois piquets qui se réunissent
au-dessus de la ruche, en les fixant en cet endroit, et en
leur ajoutant deux cerceaux qui maintiendront le surtout,
ainsi que cela se voit pour la ruche en bois de la figure 101.

Dans certaines localités les souris abîment plus que la
pluie les capuchons en paille. Elles vont s'abriter au haut
des ruches où elles trouvent une température douce. On
les en éloigne en y plaçant quelques têtes de faux char-
dons à fouler ou autres.

316. On peut faire des surtouts en zinc ou en bois pour
les ruches carrées à dessus plat. Ces surtouts sont le plus
souvent des sortes de chapiteaux ou toiture qui abritent
plus ou moins les ruches de la pluie, mais les garantissent
généralement mal de la chaleur et du froid : mieux vaut
donc adopter la paille ; on peut d'ailleurs marier la paille
avec le bois. Pour les ruches carrées, on peut, par
exemple, se servir de paillassons de paille pour l'enve-

loppe générale, et de chapiteaux en bois pour abriter le tout. Il est vrai que cette double enveloppe est plus dispendieuse ; mais, lorsqu'il s'agit d'assurer la conservation des abeilles, il ne faut pas lésiner.

On prolonge la durée de la paille en la trempant dans une solution de sulfate de cuivre ou de zinc.

(*Fig.* 102.) Ruche à cadres mobiles établie sur quatre piquets.

XIIe LEÇON

Affection qu'on doit avoir pour les abeilles et moyens de se familiariser avec elles. — Causes qui les irritent. — Annonce de l'attaque et moyen de l'éviter. — Masque ou camail. — Piqûre. — Composition de l'aiguillon. — Remèdes pour atténuer les effets de l'aiguillon. — Moyen de rendre les abeilles paisibles par l'état de bruissement. — Enfumoir. — Visite générale. — Achat des colonies. — Caractères d'une bonne ruchée. — Vieille ruchée. — Ruchée dont la population a souffert de l'hiver. — Ruchée orpheline. — Ruchée dépourvue de provisions. — Ruchée dont les abeilles sont mourantes. — Ruchée abandonnée. — Peuplade morte de froid. — Taille des rayons ou récolte de la cire. — Taille des ruches grasses. — Donner de la nourriture aux colonies qui en manquent pour atteindre la saison des fleurs. — Estimer le miel d'une ruche après l'hiver. — Placer de l'eau à proximité des ruches.

317. Affection qu'on doit avoir pour les abeilles, et moyens de se familiariser avec elles. — On peut compter, dirons-nous avec Lombard, qu'on réussira à soigner convenablement les abeilles si on y met de l'affection; et comment ne pas s'attacher à ces insectes dont l'activité est si grande, les travaux si admirables, l'harmonie qui préside à leur organisation sociale si bien

---

(*) Ces travaux doivent se modifier et varier d'époque selon le climat et la flore locale. Dans les localités, par exemple, où l'essaimage n'a lieu qu'en juillet ou en août, on ne peut surveiller la sortie des essaims naturels ni faire d'essaims artificiels en mai ou en juin.

réglée, les bénéfices qu'ils procurent si rémunérateurs ? Cependant la crainte qu'inspire leur aiguillon empêche un grand nombre de personnes de les cultiver. Il faut surmonter cette puérilité : que ceux qui ont cette crainte se couvrent bien la figure et les mains les premières fois qu'ils approcheront des abeilles ; en y mettant de la douceur et du calme, ils se convaincront bientôt qu'il y a peu de circonstances où l'accoutrement soit nécessaire ; plus ils approcheront de ces travailleuses vigilantes, plus ils s'y attacheront, et l'admiration dans laquelle ils seront leur procurera souvent un plaisir qui assurément est un des plus agréables de la vie champêtre.

318. Lorsqu'on approche des abeilles, il faut le faire avec calme et sans gesticuler : les mouvements brusques et le bruit les irritent. Il ne faut pas non plus souffler dessus, car l'air que nous exhalons a une odeur qui les irrite également. Si elles se posent sur nous, même sur notre figure, il faut les laisser tranquilles et attendre qu'elles s'envolent, ou bien il faut les y engager en les poussant doucement avec un objet quelconque. Si on veut les déplacer d'un groupe, on peut le faire avec la main en agissant doucement, ou avec un corps doux, tel que les barbes d'une plume. Les couleurs sombres, telles que le noir, le brun et le bleu, leur plaisent moins que les couleurs pâles : aussi, dans leur colère, elles s'attachent aux chapeaux noirs, s'enfoncent dans les cheveux, se jettent aux sourcils, sur tout ce qui est noir et sur tout ce qui remue.

Un moyen efficace de calmer, ou plutôt de dompter les abeilles, c'est l'emploi de la fumée de chiffons, de bouse de vache sèche, de foin ou d'autre corps qui en produit beaucoup. Non-seulement cette fumée les gêne, mais elle leur donne la *crainte* que leur mère pourra en être incommodée. « Je ne doute point, dit Radouan, que les abeilles ne soient susceptibles de crainte. Les coups réitérés qu'on donne sur une ruche pleine pour faire passer les abeilles dans une ruche vide le prouvent. » C'est assurément la *crainte* qui leur fait quitter celle sur laquelle on frappe pour monter dans l'autre. « En prenant la précaution de s'entourer d'une petite atmosphère de fumée, ajoute Lacène, et en agissant tranquillement et avec douceur, on se garantit des piqûres. » D'ailleurs les abeilles se familiarisent avec ce qui remue et s'accoutument avec les personnes qui les fréquentent.

« Lorsqu'on sera bien convaincu de ces vérités, dit Huber, on ne les craindra plus, et on les soignera avec plaisir ; on parviendra même à les manier sans les irriter, en le faisant avec douceur. » Toutefois, les personnes timorées font bien de battre en retraite lorsque les abeilles sont trop irritées. Mais les personnes aguerries savent que les abeilles qui les poursuivent les ont plus vite quittées près des ruches qu'à une certaine distance.

319. Causes qui irritent les abeilles. — Nous venons de voir que les abeilles n'aiment pas les mouvements brusques devant leurs ruches. L'état de l'atmosphère et les émanations qui sortent du corps de ceux qui les approchent contribuent à les mettre en fureur et augmentent leur acharnement. Elles sont très-irritables lorsque l'air est chargé d'électricité et que le temps est chaud ou à l'orage. Il fait bon aussi de ne pas les tourmenter au moment de la grande ponte, c'est-à-dire lorsqu'il y a beaucoup de couvain dans la ruche. Il est des personnes dont l'odeur déplait singulièrement aux abeilles. Ces personnes, ainsi que celles qui sont sensibles aux piqûres, doivent se couvrir la tête d'un masque chaque fois qu'elles ont à visiter et à opérer des ruches.

320. Annonce de l'attaque des abeilles. — Sauf dans les cas que nous venons de voir, les abeilles n'attaquent que pour repousser une agression. Jamais elles ne pensent à le faire lorsqu'elles sont dans les champs occupées à butiner ; si on les tourmente alors, elles s'éloignent. Mais il n'en est pas de même aux abords de leur ruche. On comprend qu'une abeille est irritée par le bourdonnement clair et bruyant qu'elle fait entendre en volant et en tournant autour de la personne qu'elle poursuit : ses mouvements sont rapides et vifs. Il fait bon alors de se retirer à l'ombre et de s'abriter derrière un buisson, surtout si l'attaque paraît violente ; mais si elle ne le paraît pas, il suffit de baisser la tête et de rester immobile pendant une minute ou deux ; l'abeille cesse souvent ses démonstrations, qui semblent n'avoir eu pour but que de vous intimider, et elle s'éloigne; mais quelquefois c'est pour revenir à la charge. Si l'irritation se communique à plusieurs abeilles, il est prudent, à moins qu'on ne soit couvert d'un masque, d'abandonner le terrain et de remettre à un autre moment l'opération qu'on se proposait de faire.

321. Masque ou camail. — Le masque à abeilles (*fig.*103) est une sorte de cage en toile métallique dont on se couvre la tête; une garniture en toile serrée ou en lustrine gommée y est jointe, laquelle entre dans l'habit et enveloppe le cou, partie du corps qu'il importe le plus de garantir. Des auteurs conseillent, pour approcher des abeilles, tout un affublement complet, une sorte de fourreau qui vous enveloppe des pieds à la tête, vous donne la tournure de Carême-Prenant,

(*Fig.* 103.) Masque ou camail.

et, ce qui est moins amusant, gêne vos mouvements et vous procure une chaleur insupportable. Le camail simple, comme nous venons de le décrire, et le plus léger possible, suffit. Si l'on craint pour les mains, on peut user de gants en toile forte; on peut aussi enfermer le bas du pantalon dans des guêtres, si l'on craint que les abeilles se faufilent par là; on peut également passer une ceinture sur l'habit ou sur la blouse, afin de fermer toute issue; mais, la plupart du temps, ces dernières précautions sont inutiles. Il est des praticiens qui ne savent même pas ce que c'est que le masque. Je dois ajouter que certaines personnes sont peu attaquées par les abeilles, et que d'ailleurs elles sont presque insensibles aux piqûres. Il en est qui ne sont sensibles qu'à une partie du corps; ailleurs la piqûre n'a pas d'effet appréciable. Il en est enfin qui *s'accoutument* aux effets de l'aiguillon.

322. Piqûre de l'abeille. — Avant de parler de la piqûre, il est bon de faire connaître l'appareil qui la procure. L'aiguillon (*fig.* 104) se compose de trois filets extrêmement grêles, qu'enferme une sorte de gaîne ar-

roundie en dessus, cannelée et ouverte en dessous ; deux
pièces écailleuses très-déliées, garnies chacune à leur
extrémité de dix à seize dentelures invisibles à l'œil nu,
complètent cet appareil, vers la base duquel existe une
ampoule vénifère (13). Quand l'insecte veut employer son
aiguillon, les pièces du fourreau s'écartent, après avoir

(*Fig.* 104.) Aiguillon (*).

(*) A, extrémité de l'abdomen avec l'aiguillon rétracté : *a*, aiguillon dans
son fourreau ; *b*, sa base composée de cartilages et de muscles. — B, apparei.
développé : *a*, glandes venimeuses ; *b*, réservoir du venin ; *c*, son cana.
excréteur ; *d, d*, racines des dards composant l'aiguillon ; *e*, les deux dards
appliqués l'une contre l'autre ; *f*, gaîne de l'aiguillon, ouverte en dessus ;
g, appendices écailleux formant ensemble une pièce fourchue ; *h, h*, huit pièces
cartilagineuses qui soutiennent les racines des dards et les fixent à l'abdomen ; *i, i*, muscles protracteurs et rétracteurs de ces pièces ; *k*, extrémité
d'un dard très-grossie, pour montrer sa pointe et les denticules inclinées de
son bord extérieur.

servi de point d'appui aux efforts qu'il a faits pour l'enfoncer, et que la dentelure que l'on aperçoit au bout de cet aiguillon s'oppose souvent à ce qu'il puisse en être retiré. Aussi l'abeille le laisse-t-elle la plupart du temps avec les organes qui l'accompagnent, ce qui lui procure la mort au bout de peu de temps.

323. Quoique séparé du corps de l'abeille, l'aiguillon conserve pendant un temps assez long un mouvement qui paraît lui être propre et qui tend toujours à s'enfoncer plus avant dans les chairs; si on le pose sur une partie quelconque de la main; par exemple, il s'enfonce de lui-même et fait une blessure comme s'il tenait encore à l'abeille, et cette blessure est d'autant plus forte qu'il reste plus longtemps dans la plaie. Aussi doit-on l'arracher promptement, en ayant soin de ne pas presser la vessie qui renferme le venin, ce que l'on parvient à faire en grattant lestement la place piquée avec l'ongle.

324. **Remède pour atténuer les effets de la piqûre.** — Aussitôt que l'aiguillon est sorti de la plaie, il faut la sucer si cela est possible, ou la frotter fortement avec une plante aromatique, telle que l'absinthe, le persil, la menthe, etc., la bassiner d'eau fraîche ou mieux d'alcool ou d'alcali volatil (ammoniaque), ou encore de laudanum. A défaut de ces liquides, il faut prendre le premier venu. Il est des personnes qui se trouvent bien de l'huile, du miel, de la chaux éteinte, etc.; mais il faut avouer que souvent ces remèdes ne font que calmer un peu la douleur, et s'ils paraissent efficaces pour quelques personnes ils ne le sont pas pour d'autres. Lombard conseille, lorsqu'on a reçu un grand nombre de piqûres, de recourir à l'eau froide, d'en tenir couverte la partie piquée : « l'eau froide, dit-il, atténue les douleurs et l'enflure. » L'alcool nous paraît préférable; nous avons eu occasion de l'employer pour un grand nombre de piqûres reçues à la tête, et l'accident n'a pas été ce qu'il aurait pu être sans le secours de ce remède.

L'acide phénique est donné comme un remède très-efficace pour enlever la douleur et pour empêcher l'enflure. On n'a qu'à poser une gouttelette de cet acide sur la plaie, qui est à l'instant cautérisée. Il faut en employer peu, car il y aurait brûlure cuisante. (L'acide phénique Arnauld se vend 3 francs le petit flacon, et se trouve dans toutes les bonnes pharmacies.)

Lorsque des animaux domestiques ont été piqués, il faut les bouchonner fortement avec une poignée de paille pour arracher les aiguillons; frictionner les parties piquées avec de l'alcali ou de l'alcool, et, à défaut, avec de l'eau froide; on peut les couvrir d'une couverture mouillée et les inonder d'eau froide pendant un moment et à plusieurs reprises. On a vu des bestiaux se débarrasser des abeilles en se jetant à la nage : si l'on est à portée de quelque pièce d'eau, on doit promptement y faire plonger les animaux qui sont poursuivis par des abeilles.

325. Moyen de rendre les abeilles paisibles par l'état de bruissement. — Nous avons vu (318) que les abeilles sont susceptibles de crainte moins pour elles que pour leur mère, qu'elles couvrent de leur corps et ne quittent que lorsque le danger est passé. Si donc on leur projette de la fumée, elles en sont fortement incommodées et cherchent à l'éviter en s'éloignant. Si on prolonge cette fumée, on les entend bientôt battre des ailes d'une manière toute particulière : elles sont en *état de bruissement.* Après avoir couru sur les rayons, elles se sont groupées autour de la mère, et toutes celles qui sont restées sur le groupe et sur les rayons se sont élevées sur leurs pattes de derrière, ont redressé leur abdomen et ont fait entendre ce battement d'ailes général qui annonce l'état de bruissement. A ce moment, c'est-à-dire dans cet état, on peut faire des abeilles à peu près ce que l'on veut : tailler les rayons, extraire du couvain ou du miel sans qu'une seule abeille s'échappe. Si quelques-unes gênent l'opérateur, celui-ci peut les pousser plus loin avec une barbe de plume ou avec les doigts. On a soin d'entretenir un peu de fumée pour maintenir les abeilles dans le même état, qu'il ne faut cependant pas prolonger trop, vu qu'il finit par les fatiguer; il les asphyxierait même si l'on continuait de leur projeter abondamment de la fumée, surtout pour peu que cette fumée soit âcre (379). Mais lorsqu'on se propose seulement de les apaiser et de prévenir leur colère, on se contente de les mettre, pendant une demi-minute environ, en contact avec la fumée, et de réitérer cette opération si, après un moment de calme, elles

s'émeuvent et menacent de se fâcher. On se sert de différents appareils pour projeter de la fumée aux abeilles;
souvent on fait usage d'un enfumoir spécial : on en façonne de plusieurs sortes.

326. Fumigateurs. Enfumoir à soufflet. — L'enfumoir à soufflet se compose d'un cylindre en tôle (*fig.* 105,
105 *bis*), ayant une porte à coulisse et deux douilles à ses

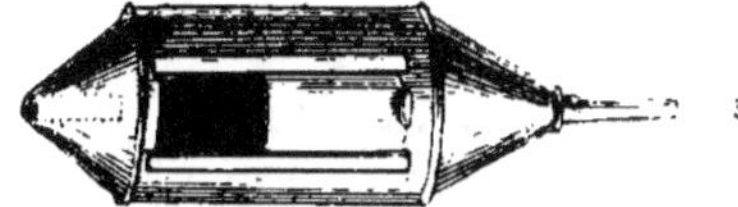
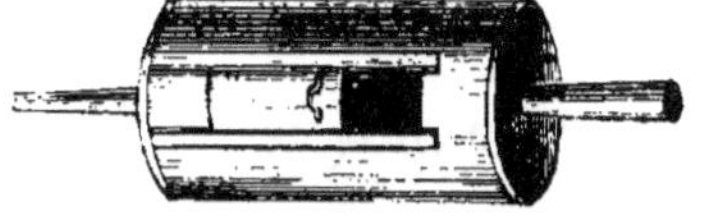

(*Fig.* 105.) Enfumoir à soufflet.   (*Fig.* 105 *bis.*)

extrémités. On le fait plus ou moins grand, selon le
nombre de ruches qu'on a à manœuvrer. Pour compléter
l'enfumoir, on y adapte un soufflet de cuisine, le premier venu, et l'on a l'appareil complet, qui est commode
lorsqu'on n'a à enfumer que quelques ruches, ou bien
lorsqu'on est deux pour opérer. Mais il est mal commode
lorsqu'on est seul et que l'on a, par exemple, une ruche
sur les bras, dont il faut enfumer les abeilles. Dans ce
cas, cet enfumoir ne saurait convenir; on fait alors usage

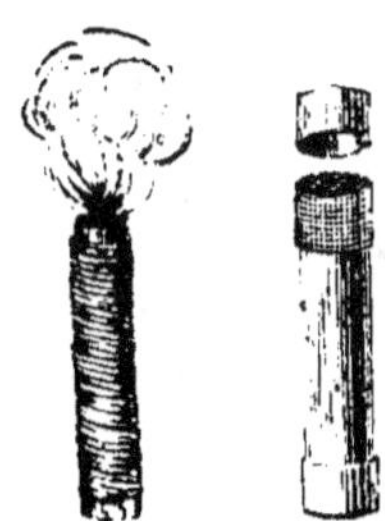

(*Fig.* 106.)   (*Fig.* 107.)   (*Fig.* 108.)   (*Fig.* 109.)

Fumigateurs divers.

d'une sorte de cassolette à manche (*fig.* 108) dans laquelle
on jette des charbons ardents et, dessus, de la bouse de
vache sèche; ou bien encore on se sert tout simplement
d'un tapon de vieux linge arrangé en andouille ou en
poupée (*fig.* 106), qu'on porte avec soi et qu'on pose à

13

terre lorsqu'on a à manœuvrer une ruche. Des apiculteurs logent cette poupée dans un tube en fer-blanc ayant un fond fixe et un fond mobile, sur lequel sont ménagés de petits trous (*fig*. 107. La figure 109 représente un fumigateur d'un bon usage pour les asphyxies momentanées. Cet appareil se compose d'une lanterne A, dont le couvercle mobile et à charnière, C, a un menton, D, qui en permet l'ouverture et la fermeture sans qu'on se brûle. La partie inférieure a un fourneau grillagé qui reçoit la matière fumante.

327. Servante. — Les apiculteurs qui taillent les ruches au rucher et qui pratiquent d'autres opérations sans chasser préalablement les abeilles font usage d'une sorte de tréteau, propre à recevoir les ruches renversées, qu'ils appellent *servante*. Cette servante tient la ruche à leur portée et leur donne toute facilité pour projeter de la fumée aux abeilles et pour les opérer.

328. Visite générale. — Nous passons aux soins pratiques à donner dans le cours de l'année apicole, que nous ferons commencer à la fin de l'hiver. A cette époque, nous avons à faire une visite générale de nos colonies, et à en acheter si nous n'en possédons pas encore. Dans la visite générale, que nous faisons par une belle matinée, nous pesons les ruches à la main ou à la romaine; nous nettoyons les tabliers, nous en enlevons toutes les ordures; nous réparons les surtouts s'il en est besoin, et repourgetons le bas des ruches. On doit souvent visiter les ruches, mais il ne faut pas trop y toucher, surtout dans la saison froide; on ne doit le faire que dans les cas indispensables et agir avec précaution. On a remarqué que les ruchées souvent dérangées et tourmentées prospèrent moins que celles qu'on laisse tranquilles, c'est-à-dire qu'on ne tourmente pas inutilement. Aussi nous n'aimons pas ces officieux qui, à propos de botte, et pour nous montrer leur science, viennent retourner nos ruches, frapper dessus ou souffler dedans pour s'enquérir de la vigueur de nos abeilles.

329. Achat des colonies. — On achète et, par conséquent, on vend des colonies à trois époques principales,

au sortir de l'hiver, au moment de l'essaimage et en
arrière-saison. Après l'hiver, on paye un peu plus cher,
mais on est plus certain de ce qu'on achète : on n'a plus
à redouter le temps froid, pendant lequel des mères
abeilles peuvent mourir. Au moment de l'essaimage, on
court le plus de chances, car on achète des colonies qui
n'ont rien, des *essaims à la branche* que l'on paye peu
cher, mais qui peuvent être bons si la saison est favorable, et mauvais si elle ne l'est pas. En arrière-saison, on
est assuré du poids.

N'achetez jamais d'essaims au moment de l'essaimage,
dit le *Guide* de M. Collin, c'est un marché aléatoire où
l'acheteur est plus souvent dupe que le vendeur. Mais
il est des possesseurs d'abeilles qui ne veulent vendre
que des essaims à la branche : c'est à prendre ou à
laisser. D'ailleurs, les prix en sont très-doux; la plupart du temps les primaires ne coûtent que de 6 à
10 francs. Il recommande aussi à l'acheteur de se réserver
la faculté de choisir dans le rucher du vendeur. Mais
celui-ci n'accède presque jamais à cette condition, et il
faut prendre ou refuser ce qu'il offre : c'est la loi commune du commerce. Si l'acheteur est au courant de son
affaire, il connaît la valeur de ce qu'on veut lui vendre;
s'il est novice, il doit s'en rapporter à un vendeur de
confiance. Ajoutons que le prix des essaims, comme
celui des colonies mères, varie beaucoup selon les localités. Les bonnes colonies à garder (*) se payent, depuis
quelques années, 18 francs pièce par les apiculteurs du
Gâtinais. En 1861, ce prix a presque doublé. Aux environs de Paris, dans une partie de la Picardie et de la
Normandie, le cours moyen est de 14 à 15 francs. En
Champagne et en Bourgogne, de 15 à 16 francs. Dans le
Berry et le Centre, de 12 à 14 francs. En Bretagne, de
10 à 12 francs. Dans quelques cantons du Midi, de 8 à
10 francs, le tout en bonnes colonies prises en nombre
à l'arrière-saison ou au sortir de l'hiver. En petit nombre, de bonnes ruchées se payent parfois 4 ou 6 francs
de plus.

(*) Poids moyen avant l'hiver de 20 à 22 kilogr., ruche de petit bois pesant 5 kilogr. environ; en février ou mars, de 14 à 16 kilogr.

330. Caractères d'une bonne ruchée (*). — Dans la seconde moitié du mois de mars (un mois plus tôt dans le Midi), profitez du premier beau jour pour faire l'inventaire de votre rucher. Soufflez légèrement de la fumée dans la première ruche que vous voulez examiner; puis, avec un couteau à miel (369) ou un couteau ordinaire, mais solide, vous la décollez. La ruche enlevée est placée à terre ou sur la *servante*, sens dessus dessous; on commence par racler et brosser fortement le plateau, que l'on remet aussitôt à sa place : cela fait, on s'occupe de la ruche. Après avoir écarté les abeilles avec la fumée, on coupe tous les gâteaux moisis. D'un seul coup d'œil le praticien se rend compte des provisions et de la population : deux choses essentielles pour la prospérité future de la ruche. Il ne s'en tient pas là : cette ruche, quoique bien peuplée, bien approvisionnée, pourrait encore tromper ses espérances si l'abeille mère était morte pendant l'hiver. Pour s'assurer que ce malheur, qui est rare, n'existe pas, il écarte avec la fumée les abeilles groupées dans le centre, il examine attentivement les gâteaux; s'il y voit du couvain operculé, la ruche est dans un état très-satisfaisant, elle a une mère, une forte population, des gâteaux jaunes plutôt que noirs, et des provisions grandement assurées jusqu'au 1er mai. Content de cette visite domiciliaire, il replace la ruche sur son plateau et ne s'en inquiète plus qu'à la saison des essaims. Seulement, le soir du même jour ou le lendemain, il fera bien de calfeutrer le joint entre le plateau et la ruche.

331. Vieille ruchée. — Après cette revue, qui n'exige que cinq minutes, on passe à une seconde ruche. Celle-ci, comme la première, a une forte population, ses provisions sont suffisantes, elle a du couvain; mais les gâteaux sont noirs; les alvéoles, berceau du couvain, se trouvent durcis et en même temps rétrécis par une couche de pellicules stratifiées, que les abeilles, en prenant naissance, y ont déposées. Il existe, au fond des vieilles

---

(*) Les sept paragraphes qu'on va lire sont empruntés à l'excellent *Guide du propriétaire d'abeilles* de M. Collin. Nous n'aurions rien su dicter de plus clair et de plus pratique.

cellules, un dépôt de pellicules d'un demi et même d'un millimètre d'épaisseur. Cette ruchée pourra vivre encore quelques années, mais elle ne prospérera plus : ces alvéoles à parois épaisses nuisent au développement du couvain; les mouches, pendant l'hiver, sont mal à l'aise entre ces gâteaux, qu'elles ont peine à échauffer et qui s'imprègnent d'humidité. Que faire dans ce cas? Si la ruche est à hausses, il faut sans hésiter supprimer la hausse du bas, dans le cas cependant où il y en aurait plus de deux. Nous verrons comment il faudra conduire cette ruche en mai.

Si, au contraire, il s'agit d'une ruche commune, vous aurez deux partis à prendre : ou la laisser telle qu'elle est, ne toucher qu'aux rayons moisis, sauf au mois de juillet à tout enlever, miel et cire, et à réunir la population à une autre population; ou la rajeunir, et, à cette fin, couper tous les rayons horizontalement à une profondeur de 10 à 12 centimètres, même plus, si toutefois le couvain, sous forme d'œufs, larves, chrysalides, ne s'y oppose pas. Le travail terminé, et avant de passer à une autre ruche, rassemblez tous les gâteaux que vous venez d'extraire et transportez-les à la maison, de crainte que l'odeur du miel et de la cire n'excite les abeilles à s'inquiéter entre elles et à se piller. Vous vous trouverez bien de cette précaution.

Observation. — Par vieille ruchée il faut entendre celle dont les gâteaux existent depuis cinq ou six ans au moins; un essaim de l'année précédente aura une cire d'un jaune clair dans la partie occupée par les abeilles, et d'un blanc sale dans les autres parties; à deux ans, la cire sera d'un jaune plus foncé; à trois ans, elle brunira et deviendra presque noire; enfin, à six ans, les rayons du centre seront entièrement noirs. On aura de la peine à les froisser entre les doigts, on les déchirera plutôt qu'on ne les coupera; car les pellicules qui tapissent les parvis et le fond des alvéoles s'opposent à l'action du couteau. En outre, ils sont beaucoup plus lourds que ceux d'une date plus récente; avec un peu d'habitude et d'expérience, on peut sans peine faire cette distinction (*).

(*) Les gâteaux des ruches exposées au soleil noircissent et vieillissent

332. Ruchée dont la population a souffert de l'hiver.
— Passons à une troisième ruche. Celle-ci nous présente un triste spectacle : les parois intérieures sont humides; les rayons eux-mêmes le sont également; une population affaiblie occupe à peine quelques gâteaux; peut-être même les rayons latéraux sont remplis d'abeilles mortes; du reste, elle a suffisamment de vivres. La seule chose à faire pour le moment, c'est d'enlever les rayons vides, de ne laisser que ceux habités par les abeilles ou contenant du miel. La citadelle, ainsi restreinte, deviendra plus facile à défendre contre l'invasion de la fausse teigne. Mais, comme la fausse teigne n'est à craindre qu'à partir du mois de mai, on peut, à la rigueur, attendre cette époque pour supprimer le superflu des appartements. Quoi qu'il en soit, replacez et n'oubliez pas le soir de calfeutrer.

Si cette ruche est un essaim de l'année précédente, elle peut encore, toute faible qu'elle est, donner un bon panier; mais, autrement, c'est une ruchée perdue dont on ne peut tirer parti qu'en la réunissant à une autre. Oublions-la pour le moment; nous y reviendrons plus tard, nous lui ferons une seconde visite. En attendant, elle est signalée comme une non-valeur.

333. Ruchée orpheline. — La quatrième ruchée que nous avons à explorer est passablement fournie de miel et d'abeilles; mais nous cherchons en vain à découvrir quelques traces de couvain operculé. Ecartons bien les mouches pour pénétrer au fond des gâteaux et découvrir quelque chose qui nous rassure, car le couvain est un indice certain de la présence de l'abeille mère : rien ne vient accuser cette présence. Malgré les justes inquiétudes que doit nous inspirer l'état de cette ruchée, ne la condamnons pas sans de nouveaux renseignements; marquons-la comme la précédente du signe des suspectes : elle est fortement soupçonnée d'être orpheline, c'est-à-dire de manquer de mère. C'est ce dont nous nous assurerons sous peu.

---

plus vite que ceux des ruches qui en sont abritées et dont les parois sont épaisses.

On peut estimer de trois à quatre pour cent le nombre des paniers qui perdent leur mère en hiver.

334. Ruchée dépourvue de provisions. — Nous arrivons à la cinquième ruche : elle est bien légère, point ou presque pas de miel; enfin il faut la nourrir si on ne veut pas la perdre. Elle est passablement peuplée; c'est une colonie laborieuse qui vous demande à lui faire des avances; elle vous les rendra plus tard avec de gros intérêts; vos prêts vous enrichiront. Elle ne vous demande que son pain quotidien : donnez-lui quelque chose de mieux, prévenez ses besoins; donnez-lui en abondance, elle n'abusera pas de vos dons; il ne lui manque pour prospérer qu'un peu de miel; hâtez-vous de le lui donner. Notez cette ruche et toutes celles qui sont dans le même cas; replacez-la sur le plateau sans la calfeutrer, parce qu'il faut la nourrir, le jour même ou le lendemain.

335. Ruchée dont les abeilles sont mourantes. — Une sixième ruche se présente à notre examen : au dedans, au dehors, il n'y a ni bruit ni mouvement; aucune abeille n'en sort, aucune n'y rentre; soulevez cette ruche, les habitantes sont mortes ou paraissent l'être. Les unes sont tombées sur le plateau; les autres, aussi sans mouvement, sont retenues entre les rayons; quelques-unes peut-être donnent encore signe de vie : hâtez-vous de leur venir en aide. Si leurs formes extérieures ne vous paraissent pas altérées, si la trompe se trouve repliée sous les mandibules, si l'abdomen n'est pas raccourci et comme replié sur lui-même, les abeilles ne sont peut-être qu'engourdies par le froid. Le principe de la vie existe encore : il ne faut que les ranimer par l'action simultanée de la chaleur et de la nourriture. Il ne vous restera aucun doute si, réunissant dans le creux de la main et réchauffant au souffle de votre haleine une vingtaine de vos abeilles, vous les voyez quelques minutes après remuer faiblement leurs pattes ou leurs antennes. Jetez aussitôt dans la ruche les abeilles tombées sur le plateau; enveloppez celle-ci d'une serviette pour les retenir prisonnières et portez-la dans une chambre bien chaude, auprès d'un feu modéré. Quand les abeilles commencent à se réveiller, la ruche étant placée sens dessus dessous, on répand sur la serviette qui l'enveloppe deux ou trois cuillerées de miel liquide. Les abeilles viennent sucer à travers le tissu; bientôt des milliers de trompes s'empressent de recueillir la manne du désert. On peut leur distribuer ainsi, et par intervalle, de 100 à 200 grammes de miel. Le soir du même jour, le panier sera porté au rucher, sur son plateau et dans sa position ordinaire, mais toujours enveloppé de la serviette; une petite cale le tiendra soulevé au-dessus du plateau pour la circulation de l'air. Le froid de la nuit fera remonter les abeilles dans les gâteaux, et le matin, après avoir enfumé à travers la serviette, on enlèvera celle-ci sans difficulté. J'ai sauvé de la sorte nombre de paniers. N'espérez pas toutefois rappeler à la vie toute la population; soyez heureux si vous en sauvez la moitié ou les deux tiers. Lorsque l'engourdissement ne date que d'un jour, le chiffre des morts se réduit à peu de chose. Plusieurs ruches ainsi ravivées ont donné des essaims la même année, ou des produits qui ont payé les avances faites.

336. Ruche abandonnée. — Voici une autre ruche qui va vous intriguer : il y a du miel, mais la maison est déserte; on trouve seulement quelques centaines d'abeilles étendues sans vie sur le plateau. Pourquoi cette solitude? A quelle cause l'attribuer? C'est tout simplement une ruche qui s'est trouvée orpheline à l'automne; alors les abeilles, se trouvant en trop petit nombre pour maintenir une température convenable, sont mortes pendant les froids de l'hiver. On peut donner le miel qu'elle renferme à d'autres ruches nécessiteuses; et, si aucune n'est dans le besoin et que le miel en vaille la peine, après avoir retranché toutes les portions de gâteaux altérées, on porte cette ruche à la cave, afin de la conserver à l'abri de la fausse teigne jusqu'à ce qu'on ait un essaim à y loger.

337. Peuplade morte de froid. — Les sept paniers que nous venons de passer en revue représentent tous les cas, toutes les circonstances que l'on peut rencontrer dans un rucher au printemps; il sera facile à chacun de comparer et de juger. Aux sept tableaux que je viens d'exposer on pourrait en ajouter un huitième. L'hiver de 1829 à 1830 a été très-long et très-rigoureux ; beaucoup de ruches, même très-lourdes, ont été dépeuplées par le froid et la faim. Voici comment : les abeilles, après avoir consommé tout le miel contenu dans les rayons qu'elles occupaient, se sont trouvées dans l'impossibilité, à cause de la violence et de la durée du froid, d'aller occuper ceux qui étaient remplis de miel. Ainsi, au centre de la ruche, pas une goutte de miel ; les abeilles y étaient mortes dans les alvéoles et entre les gâteaux vides, tandis que pas une seule mouche ne se trouvait dans ceux de côté, qui étaient remplis de miel. Pour la ruche dont il s'agit au paragraphe 332, on devra attribuer la perte d'une bonne partie de sa population, tantôt à la cause que je viens d'indiquer, tantôt à la vétusté des rayons.

338. Taille des rayons ou récolte de la cire au sortir de l'hiver. — A la fin de février pour le Midi, en mars et même en avril pour le Nord, il faut tailler la partie inférieure des ruches vulgaires dont les rayons ont vieilli, ont été attaqués de moisissure ou rongés par la teigne, les souris, etc. On se sert pour cela d'un couteau à lame recourbée, B (*fig.* 124). Après avoir projeté un peu de fumée aux abeilles, on renverse sens dessus dessous la ruche, que l'on place sur une servante ou sur un simple tabouret dépaillé ; on projette de nouveau de la fumée aux abeilles afin de les éloigner des parties de rayons que l'on veut retrancher, puis on opère (*fig.* 110). Après l'opération, ou replace la ruche sur son tablier et on la pourgette si elle laisse prise au vent.

Pour les ruches à haussss, il faut retrancher la hausse inférieure de celles qui sont composées de trois parties au moins, si la cire de cette hausse demande à être renouvelée. On ne replacera une hausse vide que vers la fin d'avril ou le commencement de mai, et on la mettra sur la ruche si les parties sont uniformes, et si l'on tient à récolter un peu plus tard une hausse de miel de choix. Les ruches à calotte se taillent comme les ruches en une pièce.

Il est des apiculteurs qui font une récolte de cire sur toutes les ruches mères, sur lesquelles ils enlèvent près du tiers des rayons. Cette pratique n'est pas toujours rationelle, tant s'en faut : elle est plus préjudiciable qu'avantageuse aux ruches dont la cire est propre et en bon état ; elle met à découvert les abeilles lorsque surviennent les froids d'avril, et retarde souvent l'essaimage.

Il ne faut pas oublier que c'est avec le miel qu'est produite la cire, et que les abeilles ont besoin d'absorber une quantité notable de ce suc pour reconstruire les édifices qu'on leur a enlevés (88). Or, toutes celles qui s'occupent de transformer ce miel et de rebâtir les rayons ne peuvent pas s'occuper de l'éducation du couvain ni de la récolte des produits ; en outre, le miel absorbé est autant d'enlevé aux approvisionnements, qui ne sont plus bien forts à cette époque.

339. Taille des ruches grasses et enlèvement des calottes qui n'ont pas été récoltées avant l'hiver. — On doit, au sortir de l'hiver, tailler les ruches grasses qui ne l'ont pas été auparavant : il s'agit de colonies logées dans des ruches en une pièce. Faite avec circonspection, cette taille donne de bons résultats : elle procure aux abeilles de l'espace pour bâtir des berceaux au couvain et renouvelle la cire. Il faut enlever les rayons de côté des ruches qui permettent de le faire, procéder par la partie supérieure des ruches hautes, et par la partie postérieure des ruches longues. Cette opération se fait comme la précédente, c'est-à-dire au moyen de la fumée (368). Il faut également récolter les calottes pleines des ruches dont la partie inférieure contient des approvisionnements suffisants pour attendre la saison des fleurs. Ces calottes ne seront remplacées qu'au moment de la production du miel, immédiatement après la sortie du premier essaim, ou une quinzaine de jours avant l'essaimage si l'on tient moins aux essaims qu'au miel. On procédera de même à l'égard des ruches à hausses.

340. Scier et couper les ruches vulgaires. — C'est aussi au commencement du printemps, au moment où l'on fait la taille des rayons défectueux, qu'il convient de scier les ruches vulgaires pour en faire des ruches à divisions (240 *bis*), ou pour en placer la partie supérieure, celle qui renferme les abeilles et les approvisionnements, sur une ruche modifiée qu'on veut adopter. On commence par mettre les abeilles en état de bruissement ; l'opéra-

(*Fig. 110.*) Taille des ruches. Opération.

tion est ensuite beaucoup plus facile qu'elle ne le paraît (*).

341. Donner de la nourriture aux colonies qui en manquent. — C'est d'une sage économie de ne pas épargner la nourriture en mars et en avril aux ruches légères, c'est-à-dire aux colonies qui en manquent. Moyennant 1 ou 2 kilogr. de miel, on sauve des colonies qui, la plupart du temps, produisent, deux ou trois mois plus tard, 10 ou 15 fr. de bénéfice à leur propriétaire. Il faut, à cette époque, présenter une nourriture substantielle, telle que du bon miel en rayons ou fondu, du sirop de sucre ou de cassonade contenant peu d'eau. Ce dernier surtout échauffe et stimule les abeilles d'une manière remarquable. Ne mettez dans ces sirops aucune liqueur alcoolique, qui ne convient aucunement aux abeilles, quoiqu'on ait dit le contraire. Si le temps n'est pas froid, c'est le soir qu'il faut placer la nourriture sous la ruche, soit dans un vase plat, soit dans un rayon vide. Mais s'il est froid, il faut rentrer les ruches à nourrir dans une pièce saine et dont la température soit au moins modérée ; autrement les abeilles ne descendraient pas pour prendre cette nourriture, et si l'endroit n'était pas sain elles attraperaient la dyssenterie. Lorsqu'on rentre les ruches, on peut leur présenter la nourriture pendant le jour ; mais, dans ce cas, il faut avoir soin de boucher les issues, afin que les abeilles ne puissent sortir. Après leur avoir administré un demi-kilogr. ou un kilogr. de miel, en une fois si la colonie est forte, et en deux ou trois fois si elle est faible, on les replacera au rucher, quitte à recommencer sept ou huit jours après la même opération. Lorsque les rayons n'arrivent pas jusqu'à la partie inférieure des ruches, il faut, au moyen de cales, exhausser le vase qui contient la nourriture, de manière qu'il arrive près des rayons et permette aux abeilles l'enlèvement de cette nourriture sans grand déplacement. Ce déplacement est la cause d'une déperdition assez sensible. C'est ainsi qu'un kilogr. de miel donné aux abeilles dans une saison froide ne leur vaut pas 8 hectogr. emmagasinés dans leurs rayons. Cela se comprend

---

(*) Voir *Guide* Collin, p. 221 et 222. Voir aussi les figures de la p. 183 de l'*Apiculteur*, 3ᵉ année.

d'ailleurs : le déplacement des abeilles fait perdre une certaine quantité de chaleur à l'endroit qu'elles occupent, chaleur qui ne sera retrouvée qu'aux dépens du miel absorbé pour la produire.

Avec les ruches qui ont une issue par le haut on peut, en toute saison, donner de la nourriture aux abeilles en évitant les inconvénients que présentent les autres modes. On prend un pot d'un kilogramme environ qu'on emplit de miel liquide ou d'autre matière sucrée à consistance de sirop ; on le recouvre d'une toile ni trop serrée (la toile à faire des torchons convient, ainsi que le vieux linge des chemises en toile, drap, etc.), qu'on attache à l'aide d'une ficelle. On place ce pot renversé au haut de la ruche à alimenter, ainsi que cela est indiqué dans la figure 111.

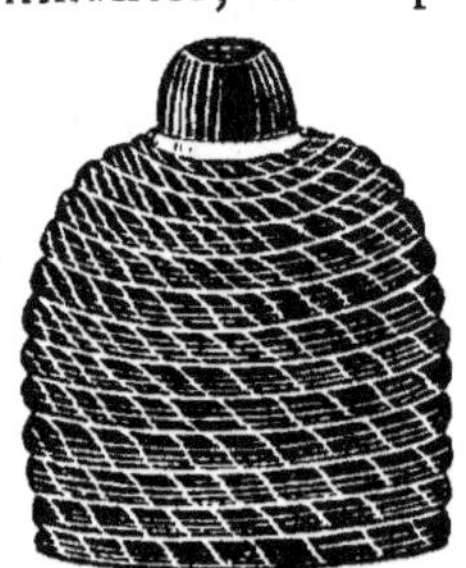

(*Fig.* 111.)

Ruche nourrie par le haut.

L'orifice de la ruche doit être moins grand, bien entendu, que le diamètre du pot. Mais plus l'orifice de la ruche est grand, plus les abeilles se trouvent à leur aise pour mordre au râtelier. Il faut avoir soin, pendant les froids vifs, d'envelopper le pot d'un linge, de mousse ou de foin, afin que la nourriture conserve une température douce et ne granule pas. On couvre la ruche de son surtout et l'on ne s'en occupe plus autrement que pour enlever ou pour changer le pot quand il est vide. On peut pratiquer une issue aux ruches coniques qui n'en ont pas en sciant la partie supérieure si elles sont en petit bois, et en s'aidant de la lame d'un couteau si elles sont en paille (340).

342. Estimer le miel d'une ruche en mars ou avril. — Connaissant le poids du panier vide, cette estimation peut se faire très-approximativement, en ajoutant à cette époque un kilogramme pour les abeilles, un ou deux pour la cire, suivant que la ruche est plus ou moins grande, ou la cire plus ou moins vieille. Si l'éducation du couvain est commencée, on devra noter un poids quelconque pour ce couvain et le pollen, tant nouveau que vieux, que peut contenir la ruche.

Voici deux estimations à consulter. Ce sont deux ruchées,

l'une jeune et l'autre vieille, pesées en mars, c'est-à-dire à l'époque où l'éducation du couvain de l'année commence à peine.

Essaim de l'année précédente.

Poids brut.		8 k. 300 gr.
Ruche vide. . . . 3 »		
Abeilles. . . . . . 1 »		
Gâteaux et pollen. » 700	5 »	
Couvain, environ. » 300		
Reste, miel		3 300

Ruche à vieux gâteaux.

Poids brut..		8 k. 300 gr.
Ruche vide.. . . . 3 k. » gr.		
Abeilles . . . . . . 1 »		
Gâteaux et pollen. 1 500	5 . 800	
Couvain, environ. » 300		
Reste, miel..		2 500

Les paniers dont il est ici question jaugent 18 litres environ ; mais s'ils sont plus grands, fait remarquer l'auteur de ces appréciations (M. Collin), on doit augmenter proportionnellement le poids des gâteaux. En réalité, il n'y a pas plus de cire dans la vieille ruche que dans l'essaim, quoique le poids en soit bien différent. Les cellules qui ont servi longtemps de berceau aux abeilles sont tapissées d'une couche épaisse de pellicules que chaque nymphe y a déposées ; ces vieilles ruches peuvent encore renfermer du pollen durci par les années : c'est ce qui rend les vieux gâteaux plus lourds que les nouveaux. Aussi, pour les vieilles ruches, recommanderons-nous d'élever le poids des déchets et de s'exposer à donner plutôt un kilogramme de nourriture en plus qu'un kilogramme en moins.

Il est bon de faire remarquer que le poids d'un kilogramme d'abeilles, au commencement du printemps, suppose une bonne population. Il en existe de plus fortes ; mais on en voit aussi bon nombre d'inférieures, qui seront souvent doublées et triplées six semaines plus tard, si le miel ne manque pas dans l'intérieur et si les abeilles peuvent aller recueillir le pollen abondant des premières fleurs.

343. Placer de l'eau à proximité des ruches. —
L'eau est indispensable aux abeilles, qui en ont besoin
pour préparer la bouillie alimentaire de leur couvain. Il
convient donc d'en placer à proximité du rucher lorsqu'il
ne s'en trouve pas dans le voisinage, et lorsque celle qui
s'y trouve est dans des mares publiques ou dans des étangs
éventés, où bon nombre d'abeilles se noient. Pour cela, on
établit à la surface du sol un ou plusieurs bacs en pierre
que l'on entretient pleins d'eau, et, pour que les abeilles
ne s'y noient pas, on jette dessus des brins de paille ou
des morceaux de liége, ou mieux une poignée de cresson
de fontaine, qui prend racine et forme un tapis sur lequel
les quêteuses d'eau viennent se poser. Le moment de la
grande ponte est celui où la consommation de l'eau est la
plus forte. Pendant l'hiver, elles remplacent l'eau par la
buée qui humecte les parois de la ruche. En été, outre
celle qu'elles vont quêter aux mares, rivières, etc., les
abeilles en ramassent des particules avec le suc mielleux
des fleurs, lorsque le temps est humide, et après une
rosée abondante.

Le moyen d'attirer les abeilles à l'abreuvoir qu'on a
disposé pour elles près du rucher consiste à les allécher
par un peu de miel liquide ou d'eau miellée.

344. Au moment de la grande ponte, les abeilles paraissent rechercher les eaux ammoniacales des fumiers : il
est présumable que ces eaux leur rendent des services
dans la préparation de la bouillie du couvain. On en voit
aussi, pendant la belle saison, fréquenter les lieux où l'on
dépose des urines, probablement pour recueillir le sucre
que contiennent ces urines. On sait que celles des diabètes
en contiennent beaucoup. Nous avons vu ailleurs que les
abeilles savent transformer en miel tous les sucs déli-
quescents (66).

XIIIe LEÇON

SUITE DES TRAVAUX APICOLES DU PRINTEMPS

Deuxième visite du printemps. — Rucher de 1er, de 2e et de 3e ordre. — Ruchée sans valeur. — Ruchée orpheline qu'il faut réunir. — Réunion en avril des ruchées sans valeur. — Détruire les insectes et surtout la fausse teigne. — Transport des colonies aux pâturages. — Transport en voiture. — Toiles à transporter les ruches. — Travaux de mai. — Saison des essaims. — Moyens de se procurer des abeilles mères. — Donner une abeille mère à une colonie qui a perdu la sienne. — Moyen d'équilibrer les populations et de rendre fortes les populations faibles. — Veiller aux ennemis des abeilles. — Destruction des abeilles dans certaines colonies. — Abeilles noires et abeilles grises.

345. Deuxième visite du printemps (*).—La deuxième visite du printemps n'a d'autre but que d'examiner de près les quelques ruches douteuses que nous avons signalées. Cette visite se fera du 15 au 30 avril (trois semaines ou un mois plus tôt dans le Midi). Il faut, avant de la faire, que ce mois ait fourni au moins huit jours de beau temps et de travail pour les abeilles, sinon on attendra au mois de mai. Pourquoi cette condition de huit jours de beau temps? C'est qu'alors les abeilles en auront profité pour multiplier le couvain et le proportionner à la population, et que tous les paniers ayant une mère auront aussi du couvain. Pour cette visite, choisissez une belle journée, un beau soleil, depuis dix heures du matin jusqu'à trois heures du soir. C'est le moment de la plus grande activité.

(*) Nous avons encore recours, pour les cinq paragraphes qui vont suivre, aux indications données par le *Guide du propriétaire d'abeilles*.

346. Ruchées de 1er, de 2e et de 3e ordre. — Pour faire mieux comprendre l'état des ruches malheureuses que nous allons visiter, nous jetterons préalablement un coup d'œil rapide sur le rucher ; nous étudierons en quelque sorte la physionomie de chaque ruche. Examinez attentivement l'entrée de la première : le passage suffit à peine, tant est grand le nombre des ouvrières qui reviennent des champs et qui y retournent. Dans une minute on peut compter jusqu'à une trentaine d'abeilles chargées de pollen qui se hâtent de rentrer dans la ruche. Au milieu de ce mouvement d'entrée et de sortie, on remarque de quinze à vingt abeilles placées tantôt à la file, tantôt de front, comme des tambours à la tête d'un bataillon. On les voit cramponnées au plateau, la tête baissée, l'abdomen en l'air, agitant vivement les ailes : ces abeilles sont en bruissement, elles font l'office de ventilateur, elles renouvellent l'air de la ruche. Tous ces signes indiquent une ruchée de premier ordre : inutile d'y toucher.

La seconde est moins animée ; les abeilles qui sont en bruissement, celles qui reviennent chargées de pollen sont moins nombreuses. De ces dernières on ne compte qu'une vingtaine à la minute ; mais c'est un mouvement régulier et continu d'entrée et de sortie. Ne touchez pas encore à cette ruche : elle essaimera si l'année est favorable.

En voici une troisième, encore moins animée que la précédente : à l'entrée, trois ou quatre abeilles sont en bruissement, huit ou dix seulement rentrent chargées dans l'espace d'une minute ; si c'est un essaim de l'année précédente, cette ruchée prospérera d'une manière remarquable ; elle ne fournira pas d'essaims, mais à l'automne on la comptera très-probablement au nombre des meilleurs paniers. Si, au contraire, les gâteaux sont anciens, on ne pourra pas beaucoup espérer de son avenir. Du reste, qu'on soit sans inquiétude sur la présence de la mère. Je suis encore d'avis de ne pas toucher à cette troisième ruche.

347. Ruchée sans valeur. — Vient ensuite une quatrième : quelques rares abeilles montant la garde, deux ou trois en bruissement, quatre ou cinq à la minute rentrent avec du pollen, voilà le triste spectacle qu'elle nous présente. Selon toute apparence elle a une mère ; mais que peut faire un général sans soldats ? Examinez l'intérieur de cette ruche : si vous y trouvez du couvain et s'il vous plaît de vouloir la conserver, coupez tous les rayons qui ne sont ni occupés par les abeilles ni remplis de miel ; la garde sera plus facile et la ruche sera moins exposée aux attaques de la fausse teigne. Mais, si vous en croyez les conseils de l'expérience, je vous dirai tout simplement que cette ruchée doit être réunie à une voisine, et cela le jour même.

348. Ruchée orpheline qu'il faut réunir. — Enfin nous arrivons à une dernière ruche : elle a passablement d'abeilles à l'entrée, cependant tout à l'extérieur paraît triste et désœuvré. De loin en loin une ouvrière sort, une autre chargée de pollen rentre ; l'une et l'autre semblent hésiter pour sortir ou pour rentrer ; une ou deux abeilles essayent de faire le bruissement ; c'est un bruissement qui paraît les fatiguer et les ennuyer, car il est souvent interrompu : voilà la physionomie d'une ruchée orpheline. Visitez l'intérieur, regardez jusqu'au fond de la ruche, coupez quelques gâteaux du centre à une profondeur de 15 centimètres, examinez-les de près, regardez dans le fond des cellules : si vous n'y découvrez pas des œufs ou des vers d'abeilles ouvrières, vous pouvez avoir la certitude que la ruchée manque de mère. Il peut arriver que cette colonie n'ait pas de couvain d'ouvrières, mais qu'elle en ait de faux-bourdons : le mal est également irréparable, car ce sont des ouvrières fécondes ou des mères bourdonneuses qui produisent ce couvain, elles n'en produisent jamais d'autre (*).

349. Une ruchée qui n'a point de couvain d'ouvrières en avril doit être réunie à une autre. N'essayez pas de lui procurer une mère, ce serait souvent peine perdue ; et si par hasard vous y réussissez, il serait encore très-douteux que cette ruche pût se repeupler pour la saison du miel : mais alors une moissonneuse après la moisson est-elle bien utile ?

(*) Les ouvrières pondeuses pondent très-rarement dans les cellules d'ouvrières, et les mères bourdonneuses n'ont pas une grande répugnance pour les cellules des mâles qui sont à leur portée.

350. Réunion en avril des ruchées sans valeur. — On ne doit supprimer au printemps que des ruchées qui, quoique ayant une mère, ne forment qu'une très-faible population, et les ruchées orphelines, lesquelles sont ordinairement peu peuplées. L'opération est très-simple : on choisira un beau temps et un moment de la journée où les ouvrières vont à la campagne ; après avoir enfumé modérément la ruche à supprimer, on la secoue légèrement contre la terre, quelques abeilles tombent ; on secoue de nouveau, d'autres abeilles tombent encore ; enfin, on secoue successivement et plus fortement jusqu'à ce qu'il n'en reste plus. Si, malgré ces secousses répétées, il reste encore quelques abeilles, on enlève les gâteaux qui les retiennent. Les abeilles se relèvent, retournent à leur place, et, ne trouvant pas leur ruche, elles entrent sans beaucoup de cérémonie dans les ruches voisines, où elles sont reçues sans difficulté. Quand la ruchée est un essaim d'un an, et quand surtout elle a du miel, on fera bien de la conserver à la cave pour y loger un premier essaim. On prendra alors plus de précaution dans la chasse aux abeilles, afin de ne pas détacher les gâteaux. On peut secouer la ruche avec ses bras sans la frapper contre la terre. Lorsque la ruche orpheline est à hausses, si la population est encore suffisamment considérable, au lieu d'en chasser les abeilles comme nous venons de le voir, j'aimerais mieux la réunir à une autre ruchée dont la population est faible ; dans ce cas, la réunion se fait le soir après la rentrée des abeilles : on enfume les deux ruches jusqu'à bruissement (325), on porte ensuite la ruche orpheline sur la ruche faible dont on a débouché le trou du couvercle ; on calfeutre soigneusement, afin que les abeilles du haut ne puissent sortir qu'en traversant la ruche inférieure. La réunion se fera d'autant mieux que les deux familles se mettront plus tôt en communication ; il est donc nécessaire qu'elles soient rapprochées le plus possible, et pour cela, s'il en est besoin, on placera sur le couvercle de la ruche inférieure un petit gâteau qui devra toucher ceux de la ruche supérieure, et qui servira d'échelle pour communiquer de l'une à l'autre.

Les choses resteront dans cet état jusqu'au moment de la récolte du miel ; cependant si les abeilles, trop peu nombreuses pour occuper les deux ruches, en abandonnaient une, il faudrait enlever celle-ci, parce qu'elle finirait par devenir la proie de la fausse teigne.

351. Détruire les insectes, et surtout la fausse teigne. — Après l'inspection que nous venons de voir, le plus grand travail jusqu'à l'essaimage consiste à détruire les insectes qui peuvent nuire aux abeilles et à écarter les oiseaux qui s'en nourrissent. Dans les cantons où la fausse teigne est à craindre, il faut veiller sur les ruchées faibles. A cette époque, la destruction de quelques larves ou phalènes prévient la multiplication de plusieurs milliers d'insectes qui porteraient la désolation dans le rucher. Nous avons vu qu'il est facile de s'apercevoir de la présence de la fausse teigne dans une ruche : les abeilles se découragent, ne travaillent plus avec activité. Si l'on se doute de l'existence de ces ennemis dangereux, on soulève doucement les surtouts, où les phalènes se placent assez communément, et aussi contre les parois extérieures de la ruche ; on tue tous les papillons ou phalènes qu'on y trouve. Ces visites se font après le soleil levé. La visite des surtouts terminée, on soulève les ruches, et si l'on voit sur le plateau des débris de cire, des grains jaunâtres ou rouges qui ne sont que des parties de pollen, et des grains noirs, excrément de la larve de la fausse teigne, on est certain que cette larve existe dans la ruche. On peut même être assuré qu'il y en a si l'on voit la petite fourmi s'introduire dans la ruche, parce que cet insecte ne commence jamais les dégâts dans les ruches pas plus que dans les arbres : il en profite. On doit s'occuper sur-le-champ de leur destruction.

352. Transport des colonies aux pâturages. — Dans plusieurs cantons on profite de diverses fleurs mellifères que ne donne pas la localité où l'on se trouve en transportant les colonies où sont ces fleurs : c'est ce qu'on appelle apiculture nomade ou pastorale. Aux mois de mars et d'avril, on les transporte, par exemple, près des champs de colza, qui se trouvent quelquefois éloignés de plus de 40 kilomètres de l'habitation de l'apiculteur.

Le transport des abeilles demande des précautions sérieuses, surtout en été, et souvent il est cause de la perte d'un certain nombre de colonies ; il importe donc de le faire avec entendement. Il s'effectue la plupart du temps soit à cheval, au moyen d'échelettes, soit en voiture. Le transport à dos d'animal ne doit avoir lieu que quand l'accès au moyen de la voiture est difficile. Lorsque la distance n'est pas éloignée et que le nombre des colonies n'est pas grand, on les transporte quelquefois à dos d'homme. La ruche enveloppée est alors placée droite ou sens dessus dessous sur une hotte ou sur un crochet à porteur.

353. Transport en voiture. — La voiture doit être longue et légère, garnie de chaque côté de deux grandes ridelles, hautes de 1 mètre environ et très-solidement fixées au moyen de clous à vis, de manière à ne pouvoir vaciller (*). Le fond de la voiture, lorsque celle-ci n'est pas à ressort, est garni de paillassons sur lesquels on place un encadrement qui doit supporter les ruches, lequel encadrement repose sur des torches de paille qui jouent le rôle de ressort. Les bois de sapin et de frêne sont les plus convenables pour la confection de cet encadrement, garni de tringles et de traverses. A défaut de voiture spéciale, on se sert avec avantage de tapissière ou de toute autre voiture suspendue. Après avoir placé dessus un premier étage de ruches, on peut en mettre un deuxième si cela est nécessaire, en recouvrant le premier de paillassons sur lesquels on place un nouvel encadrement (**).

(*) Il est des apiculteurs qui préfèrent des ridelles vacillantes, qu'ils serrent au moyen de cordes lorsque la voiture est chargée. Ainsi serrées, ces ridelles empêchent les ruches de bouger.

(**) Nous usons communément de tapissière pour conduire nos abeilles au chemin de fer et de voiture sans ressorts pour les prendre aux gares d'arrivée. Dans le wagon comme dans la voiture, nous posons les ruches sur leur tablier renversé. Les deux barres de chaque tablier permettent un courant d'air. Arrivée sur place, chaque ruche est laissée sur son tablier renversé, et, lorsque toutes les ruches sont alignées, nous nous occupons de délier les toiles. Une heure ou deux après, ces toiles sont enlevées, les tabliers sont placés dans leur sens et les ruches sont coiffées de leur capuchon.

Le jour de l'entoilage, nous plaçons aussi à l'avance les toiles sous les ruches; quelquefois nous faisons cette opération la veille. Le soir, le liage des toiles est facile, et on ne perd aucune abeille quand on a ainsi placé les toiles à l'avance et sur le plancher renversé.

Il faut, en plaçant les ruches dans la voiture, avoir soin de les rapprocher le plus possible et de les garnir de paille du côté des ridelles pour empêcher l'effet des cahots. Si l'on place deux rangs l'un sur lautre, il est bon de conserver pour l'étage supérieur les ruches les plus légères et celles qui contiennent les essaims de l'année, et placer ces dernières l'orifice en haut; autrement leurs rayons pourraient se rompre, surtout s'ils ne se trouvaient pas dans le sens de l'essieu.

Quand les transports s'effectuent durant les chaleurs, ils doivent nécessairement avoir lieu la nuit; ce serait plus que de la témérité de s'exposer à le faire pendant le jour. En préparant les ruches pour le transport, il faut aussi avoir soin de n'en fermer l'orifice que très-tard, c'est-à-dire à l'heure où les abeilles sont rentrées. Si les transports ont lieu au mois de juillet, il arrive souvent qu'à cette époque les ruches ont une population nombreuse, particulièrement celles qui n'ont pas essaimé. Alors elles ont besoin de beaucoup d'air durant la route, et dans ce cas il faut les poser sur une *hausse à cul*, hausse à fond d'un diamètre au moins aussi grand que celui de la ruche. Trois ou quatre petites chevilles, passées dans les cordons de la ruche, suffisent pour les y maintenir. Il s'agit ici de ruches en paille comme on les emploie en Normandie. Celles en petit bois sont placées dans la voiture, la première rangée debout, et la seconde l'ouverture en l'air. On met des surtouts entre les ruches de la première rangée pour recevoir celles de la seconde. Dans tous les cas, il importe beaucoup de placer les ruches de manière à pouvoir, durant le voyage, serrer et desserrer la toile à volonté, rafraîchir les abeilles si elles s'échauffent, etc. On les rafraîchit par un courant d'air et en jetant de l'eau à travers le canevas ou la toile métallique qui les tient prisonnières.

Un seul conducteur pour la voiture ne suffit pas si la distance à parcourir est longue; car il faut souvent s'enquérir des colonies et s'assurer si quelques-unes ne courent pas risque d'être étouffées. Quand on redoute cet accident pour quelques-unes, on s'en assure en appliquant sur les ruches la paume de la main; si la chaleur est plus qu'ordinaire, on se hâte de leur donner de l'air en pratiquant au besoin une ouverture dans la toile pour laisser sortir les abeilles gênées. Dans ce cas, il arrive qu'on en perd un certain nombre, il est vrai, mais il vaut mieux cela que de perdre entièrement la ruche; car, dans ces circonstances, tout est perdu, mouches et miel. Quand une ruchée périt de cette manière, le calorique s'y dégage si violemment que les parois des alvéoles se dilatent tout à coup, le miel qu'ils contiennent s'en échappe et se répand dans la voiture. S'il arrive que durant le jour on ait besoin de délier une ruche pour y renouveler l'air, on ne doit pas oublier de dételer les chevaux et de les conduire à une distance assez éloignée pour les garantir de l'attaque des abeilles. Aussitôt que la ruche est déliée, les mouches les plus mutines s'en échappent et vont se perdre à travers les champs; d'autres s'attachent aux parois extérieures de la ruche qu'elles viennent de quitter, aux ruches voisines, ou même quelquefois à la voiture et aux paillassons qui la garnissent. Durant la marche, les abeilles, étourdies, sont assez paisibles; mais, quand par hasard on vient à s'arrêter, elles reprennent leurs sens et se portent en masse sur les enveloppes pour chercher à sortir. Cela arrive surtout quand il fait chaud, et particulièrement aux heures du jour où la chaleur se fait le plus sentir. Dans ce cas, quand la marche devient nécessaire à ces heures, on tâche de ne faire aucune halte, et de nourrir les chevaux en conséquence dès le matin même, pour faire, s'il se peut, le trajet sans s'arrêter.

Dès l'arrivée à destination, on commence d'abord par placer les ruches qui ont été déliées pendant la route si l'on a été obligé de le faire; on examine attentivement celles dont les abeilles sont sorties et on essaye d'y faire rentrer celles qui se seraient attachées aux parois extérieures des autres ruches ou aux paillassons. On place ensuite les ruches que l'on croit le plus en souffrance; il ne faut jamais les placer directement sur leur siége. Dès leur arrivée, le bord de l'orifice doit poser sur une pierre ou sur un appui quelconque qui permette à l'air de pénétrer largement à l'intérieur, sans quoi la plupart des mouches périraient étouffées. Après avoir fait la visite des ruches, si l'on a remarqué qu'aucune d'elles n'est en souffrance, on peut, avant de les délier, les coiffer de leur surtout, afin que les abeilles, qui se trouvent dépaysées, les reconnaissent plus facilement; car si, venant à quitter une ruche découverte pour aller à la campagne, elles les retrouvent coiffées à leur retour, il arrive que souvent elles se trompent et s'adressent à une ruche où elles se font tuer en voulant y pénétrer. Avant d'envelopper les ruches pour le transport, comme avant de les développer après l'arrivée, il faut projeter de la fumée aux abeilles. La prudence exige aussi que dans ces opérations, surtout dans la dernière, on se couvre la figure d'un masque.

Les essaims achetés à la branche doivent être transportés ce jour-là; et ils ne peuvent accomplir un long trajet si le temps est chaud et si les abeilles se sont fortement gorgées de miel. Il est imprudent aussi de faire voyager les essaims de quelques jours; leurs rayons se détachent et tombent.

354. Toiles à transporter les ruches. — La toile dont on se sert pour clore les ruches qui doivent être transportées est le plus souvent carrée; elle est claire et en fil fort; c'est une sorte de canevas fait exprès (*fig.* 112), ou une toile à sac ou autre dont le milieu est garni d'une pièce métal-

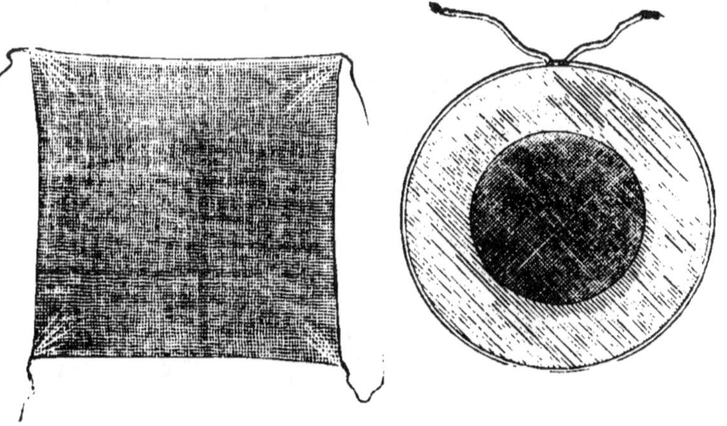

(*Fig.* 112.)   Toiles à transporter les ruches.   (*Fig.* 113.)

lique pour laisser passer librement l'air. D'autres fois, elle est circulaire (*fig.* 113); le centre est en toile métallique galvanisée, et une coulisse ménagée à la circonférence reçoit une ficelle qui la fronce autour de la ruche à clore; cette disposition paraît la plus avantageuse. Néanmoins, la toile carrée, sans cordons fixés après, permet d'opérer

14

plus vivement, et cela est à considérer lorsqu'on a un grand nombre de ruches à entoiler et à détoiler. Le canevas convient pour les ruches en paille, et la toile ordinaire avec pièce métallique pour les ruches en petit bois. Quant aux ruches carrées en planches ou autres matières, elles sont la plupart assez difficiles à entoiler et demandent des toiles plus grandes que les ruches cylindriques. Nous verrons plus bas que, pour le transport de ruches à hausses en planches, on a inventé un tablier mobile qui supprime l'entoilage. Il y a des personnes qui ne se servent que d'un lien de paille pour fixer la toile. Elles renversent précipitamment la ruche, la couvrent aussitôt de la toile, qu'elles attachent au moyen d'un lien passé autour de la ruche. Cette opération doit avoir lieu le soir, ou le matin avant le lever du soleil en été. En hiver, on peut envelopper et transporter les ruches à toute heure de la journée.

354 *bis*. Tablier de transport. — Le tablier de transport (*fig.* 114) se compose d'un cadre en bois garni de toile métallique. Ce cadre ferme le dessous de la dernière

(*Fig.* 114. Tablier de transport.

hausse de la ruche à transporter. Il a, sur trois côtés, un tasseau saillant, A, qui empêche tout vacillement. Il est muni aussi, en dessous, d'un boudin en fil de fer qui ne va pas tout à fait d'une barre à l'autre ; ce boudin élastique peut s'allonger : deux ficelles bouclées sont attachées à chaque

bout, et les boucles, comme on le voit en B, sont reçues
par deux clous à vis et à tête saillante, établis dans la
paroi C de devant et de derrière de la ruche. On peut
ouvrir la ruche fermée par ce tablier, c'est-à-dire laisser
sortir les abeilles, si le besoin s'en fait sentir, sans être
obligé de déboucler les ficelles; on passe un coin ou une
cale entre le tablier et la hausse (on n'a pas mis de tasseau
saillant en devant dans ce but). L'élasticité du boudin en
fil de fer permet l'allongement de la ligature.

355. Travaux de mai. — Mai ne manque pas de
fleurs qui procurent d'amples moissons aux abeilles lorsque le temps est beau; malheureusement, il ne l'est pas
toujours, et il arrive quelquefois que la température est
assez mauvaise pour qu'on soit obligé de nourrir encore
les ruchées peu approvisionnées. Il ne faut pas oublier
de le faire après plusieurs jours de pluie et de froid,
pendant lesquels les abeilles ne peuvent sortir pour
butiner.

Comme le départ des essaims commence dans ce mois
(latitude de Paris), il faut apprêter des paniers vides pour
les loger. Bien qu'en moyenne il n'y ait que les trois
quarts des colonies qui essaiment, il faut se munir d'environ une fois et demie autant de ruches vides qu'on
possède de ruches garnies, car un certain nombre pourront essaimer plusieurs fois, et puis il vaut mieux en
avoir de reste que d'en manquer. C'est le moment d'essayer les modèles nouveaux.

356. Saison des essaims. — Par suite d'une grande
éclosion de couvain, provoquée par un temps favorable et
des fleurs abondantes, les colonies sont devenues très-
populeuses; quelques-unes font la barbe, et l'on commence à apercevoir des faux-bourdons qui sortent au
milieu du jour. Il faut surveiller ces colonies, car le
moment de l'essaimage approche. On peut commencer
les essaims artificiels, et il faut se hâter d'agrandir, par
une calotte ou par une hausse, les ruches des colonies
dont on ne désire pas obtenir d'essaim et dont on veut,
au contraire, obtenir une belle récolte de produits. On
sait que plus les ruches sont populeuses, plus elles
amassent de provisions, et souvent une colonie qui n'es-

saime pas en amasse plus qu'elle n'en eût amassé, elle et son essaim, si elle eût essaimé. Il ne faut donc tenir aux essaims que lorsqu'on désire augmenter le nombre de ses colonies, et que la vente des abeilles est plus lucrative que celle de ses produits.

Dans les contrées très-mellifères, on doit toujours opérer dans le but d'avoir peu d'essaims; il en vient toujours assez pour entretenir le rucher; en ne procédant pas toutefois comme le font des apiculteurs du Gâtinais, qui épuisent les abeilles par une récolte générale et une chasse répétée.

357. Nourrir l'essaim. — Inspiré par une prévoyance admirable, un essaim, au départ, emporte toujours avec lui des provisions pour plusieurs jours. Déjà, la nuit suivante, des cellules sont ébauchées, et la mère y dépose quelques œufs. Si les trois jours qui ont succédé à l'établissement dans la ruche sont favorables au travail, c'en est assez pour donner aux abeilles le temps d'amasser des provisions qui les mettront en état de supporter huit ou dix jours de mauvais temps. Mais si, pendant les deux premiers jours de son installation, l'essaim ne peut aller chercher sa nourriture à la campagne, il faut lui venir en aide et lui donner du miel qui le fasse vivre jusqu'au retour du beau temps : 60 grammes par jour me paraissent suffisants. On croit communément qu'un essaim emporte des provisions pour trois jours : j'aimerais mieux le nourrir le troisième jour que d'attendre au quatrième. (*Collin.*)

358. Moyen de se procurer des abeilles mères et de les conserver. — C'est au moment de l'essaimage qu'il est le plus facile de se procurer des abeilles mères; les colonies qui essaiment en ont toujours un certain nombre au berceau lors du départ de l'essaim, les unes à l'état de larves et les autres à l'état de chrysalides (100). On peut facilement s'emparer de ces dernières, qui sont plus ou moins apparentes; elles se trouvent en grande partie vers le tiers de la ruche. Les calottes spacieuses en ont quelquefois à la partie inférieure de leurs gâteaux.

Les essaims secondaires dont la sortie n'a pas été retardée par le mauvais temps ont rarement plusieurs femelles ; mais ceux qui ont été retardés sont presque toujours accompagnés de plusieurs. On peut, au moment de la réception de ces essaims, s'emparer des mères que l'on rencontre en plaçant un verre dessus. On conserve ces femelles une dizaine de jours en les mettant dans un étui en toile métallique contenant un fragment de rayon avec du miel, dans lequel étui on introduit aussi quelques abeilles ouvrières de la même colonie. On place cet étui dans une ruchée orpheline depuis peu de temps. On peut se dispenser d'introduire un fragment de rayon et des ouvrières dans l'étui ; l'abeille mère s'y conservera seule, et les abeilles de la colonie dans laquelle on placera l'étui lui donneront à manger comme à une femelle retenue prisonnière au berceau. Les mères non fécondées ne sauraient être retenues longtemps ainsi recluses (29).

A l'époque des mâles, on peut s'emparer de la mère de toute colonie à laquelle on aperçoit des faux-bourdons sans nuire sensiblement à l'économie de cette ruchée. Pour les ruches vulgaires, on le fait le plus communément en transvasant les abeilles dans une ruche vide, en les mettant en état de bruissement ou en les secouant sur un linge. Les ruches à feuillets, à cadre ou à rayons mobiles dispensent de cette opération.

358 *bis*. S'emparer de la mère d'une ruchée. — On s'empare de la mère d'une ruchée de plusieurs manières. Si la ruche est à cadres mobiles, on les enlève successivement jusqu'à ce qu'on ait trouvé la mère. Si l'on a affaire à une ruche à bâtisses fixes, il faut la transvaser, à moins qu'elle ne le permette pas. On peut saisir la mère au passage, c'est-à-dire lorsqu'elle monte dans la ruche vide ; mais lorsqu'on ne l'a pas vue monter, il faut la chercher dans le groupe. On tourne doucement la ruche, et enfin, si on ne l'aperçoit pas, on secoue le groupe sur un linge. Lorsque les abeilles se mettent en marche, on recule un peu la ruche, et il est alors facile de découvrir la mère et de la saisir, soit à la main, soit en posant un verre dessus. On peut aussi s'emparer de la mère par l'asphyxie momentanée.

359. Donner une abeille mère à une colonie. — C'est une bonne méthode de remplacer les mères âgées

on ne devrait jamais les laisser vivre plus de trois ans,
car elles pondent peu passé cet âge. C'est principalement
dans la bonne saison qu'il convient de substituer une
jeune mère, régulièrement fécondée, à une vieille mère
ou à une mère bourdonneuse. Pour cela il y a des précautions à prendre, car les abeilles ne reçoivent pas tout de
suite la mère qu'on leur présente, lors même que la leur
serait très-malade et atrophiée. Si, dans l'état naturel des
ruches, il se présente à l'entrée une mère étrangère, les
abeilles de la garde la saisissent à l'instant; pour l'empêcher d'entrer, elles accrochent avec leurs dents ses
pattes ou ses ailes et la pressent tellement qu'elle ne peut
se mouvoir. Leur colère est alors si grande que si elles
ne parviennent à l'étouffer, elles la tuent à coups d'aiguillon. On ne peut leur faire lâcher prise qu'au moyen
de fumée.

Mais les abeilles d'une ruche orpheline, d'une ruche
dont on a enlevé la mère, ne se conduisent pas de
même. Si cet enlèvement a eu lieu depuis moins de
douze heures, la mère étrangère est souvent sacrifiée;
s'il a eu lieu depuis plus de dix-huit heures, elle y est
d'abord traitée durement, mais les abeilles qui l'avaient
enveloppée finissent par se disperser, et cette mère peut
vivre paisiblement si elle n'a pas reçu de mauvais coups
en entrant. Si l'on attend vingt-quatre ou trente heures
après l'enlèvement de la vieille mère pour en donner une
nouvelle, celle-ci sera toujours bien reçue : c'est donc
après ce temps qu'il faut remplacer les mères.

Il s'agit de ruchées qui n'ont pas de jeune couvain
d'ouvrières (œufs ou larves non entièrement développés);
car, si elles en ont, la mère étrangère est, la plupart du
temps, sacrifiée. Les abeilles remplacent leur mère en
transformant du jeune couvain d'ouvrière en couvain de
mère. Pour que la mère étrangère soit acceptée, il faut
la placer dans un étui en toile métallique (*fig.* 116) et
introduire cet étui dans la ruche, par le haut; on ne
donne la liberté à cette mère que le onzième jour, après
avoir détruit toutes les cellules maternelles que les
abeilles ont pu élever en transformant du couvain d'ouvrière (*).

(*) De ce que l'œuf d'ouvrière éclôt au bout de trois jours (128) et que la

Nous verrons plus loin d'autres manières de faire accepter les mères étrangères.

Ce serait inutilement que l'on tenterait de donner une mère à une colonie qui a perdu la sienne depuis longtemps et qui a des ouvrières pondeuses (140); mais si elle ne possède pas de ces ouvrières, cette mère sera bien reçue.

On peut faire accepter une mère à une colonie que l'on vient de priver de la sienne en asphyxiant momentanément les abeilles de cette colonie. On introduit la mère étrangère au moment où les abeilles retrouvent leurs sens. Cette mère est même préférée à la mère de la colonie lorsque cette dernière mère a été soumise à l'asphyxie (*).

Au lieu de substituer une jeune mère, qu'on n'a pas toujours à sa disposition, à une mère âgée et défectueuse, on se contente d'enlever celle-ci par la chasse ou autrement, et les abeilles se chargent d'en créer une jeune en transformant du couvain d'ouvrière. Cette opération ne peut se faire que dans la saison des mâles; autrement, les jeunes mères, obtenues ainsi, ne seraient fécondées que tardivement, et la fécondation pourrait être anomale (29).

359 *bis*. Italianiser une colonie indigène. — Italianiser une colonie indigène, c'est lui enlever sa mère et lui en donner une italienne, fécondée, qui ne pondra que des abeilles de sa race. Nous avons dit comment on s'empare de la mère d'une colonie et aussi comment on fait accepter une mère étrangère. Voici d'autres moyens

---

larve qui en sort ne met que cinq jours à acquérir son entier développement (130), on serait porté à croire qu'après huit jours il ne reste plus, dans la ruche privée de mère, de larves pouvant être transformées. Mais il arrive quelquefois que des œufs n'éclosent que le quatrième ou le cinquième jour; on en voit même — le cas est rare — conserver leurs facultés d'éclore huit ou dix jours. La plupart du temps, au moins dix-neuf fois sur vingt, il ne reste plus d'éléments pour la transformation après dix jours. On peut donc, le onzième jour, donner la liberté à la mère étrangère, qui est alors bien accueillie. — Pendant sa captivité, quelques ouvrières lui portent des vivres, tandis que d'autres cherchent à l'aiguillonner.

(*) Ce procédé, dû à l'Allemand Hübler, ne nous a pas toujours réussi. Il faut que l'asphyxie soit complète.

pour obtenir l'acceptation. Au lieu de placer la mère
dans un étui (*fig.* 116), il vaut mieux la mettre sous un
petit couvercle également en toile métallique (*fig.* 115),
qu'on fixe sur un rayon en enfonçant un peu sa base.
Ainsi emprisonnée, la mère est mise en liberté le lendemain ou le surlendemain par les abeilles qui rongent
les cellules pour lui faire un passage.

Les abeilles d'une colonie organisée acceptent difficilement une mère étrangère parce que cette mère a une odeur de famille différente de celle de la colonie dans laquelle on l'introduit. On arrive à neutraliser les odeurs différentes en aromatisant d'une odeur forte la colonie et la mère qu'on lui donne. Cet arome peut se communiquer par le miel, par la vaporisation d'un parfum et par une

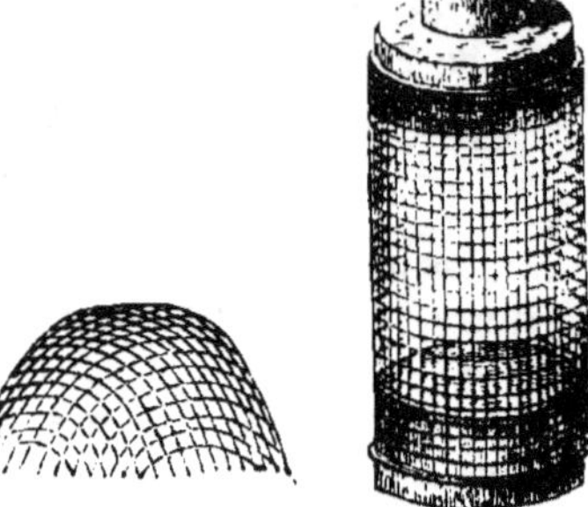

(*Fig.* 115.) Capsule.   (*Fig.* 116.) Etui.

fumigation pénétrante. L'asphyxie donne ce résultat. Voici
le procédé de M. J. Dax, apiculteur autrichien :

« Je recueille toute la propolis avec laquelle les abeilles
bouchent les joints et les fentes de leur ruche. Je la mêle
avec une partie de sucre en poudre ; je mets le tout dans
un chiffon de toile et en forme un boudin en le liant à
plusieurs places. Cette mèche brûle bien, et la fumée a
une odeur agréable. La chose importante est d'obtenir
une fumée avec laquelle on enfume la ruche, abeilles et
mère, de façon que tout reçoive une même odeur.
Les abeilles sont poussées hors de la ruche avec cette fumée, la vieille mère est prise, la mère étrangère bien
imprégnée de la même fumée est laissée alors libre au
milieu des abeilles qui se sont réunies en tas devant la
ruche. Par ce procédé, il ne m'est jamais arrivé de perdre
une mère. »

Quand on a affaire à un essaim, on enferme la mère
étrangère dans un étui qu'on place au milieu de la
ruche ; on entoile celle-ci et on la met à l'ombre jusqu'au lendemain, moment où l'on ouvre l'étui. On peut
italianiser les colonies indigènes depuis le printemps

jusqu'en octobre (*). L'introduction de la race italienne est utile pour l'étude et le mélange des familles.

360. Permutation des ruches, ou Moyen d'équilibrer les populations et de rendre fortes les faibles par la permutation (200 *ter*). — Aux mois de mai et de juin, et même plus tard, lors de la grande production du miel, on peut équilibrer les populations des ruches, c'est-à-dire renforcer les faibles par un moyen bien simple, celui de mettre les ruches faibles à la place des ruches fortes, et *vice versa*: Cette opération doit se faire par une belle journée de travail, au moment où les abeilles se trouvent en grand nombre en campagne. On fait permuter les ruches, mais non leurs tabliers, qui doivent rester à la même place. Voici ce qui arrive dans cette circonstance : les abeilles qui reviennent des champs, chargées de butin, rentrent sans défiance dans la ruche qu'elles croient être la leur; celles de la ruche forte, très-nombreuses, rentrent dans la ruche faible, qu'elles repeuplent d'autant; quelques-unes, reconnaissant leur méprise, ressortent presque aussitôt; mais l'odeur du tablier finit par les faire rentrer après un moment d'hésitation. Quant au plus grand nombre, elles sont si préoccupées de la cueillette du miel, laquelle semble les enivrer, qu'elles vont déposer de confiance leur butin dans la nouvelle habitation, et qu'elles repartent aussitôt aux champs pour de nouvelles provisions. Quelques heures après cette transposition, les colonies sont souvent aussi calmes que si elle n'avait point eu lieu, et pas une seule abeille n'a péri.

Pour éviter tout combat, des apiculteurs enfument au préalable les deux ruches à transposer, notamment la ruche forte, et mettent les abeilles en état de bruissement; mais il n'y a pas de combat lorsque les fleurs donnent beaucoup de miel (**).

(*) Voir la brochure l'*Abeille italienne* par M. Mona.

(**) C'est à tort que quelques auteurs affirment, d'après Gélieu, que cette pratique ne peut avoir lieu sans combat. Il est présumable que, quand Gélieu a voulu l'essayer, il a opéré par un jour où le miel manquait : dans ce cas, il y a combat.

Il faut s'assurer, avant de repeupler par ce moyen une ruche faible, si elle est organisée et si la mère pond. Si l'on n'y rencontrait pas de couvain, il n'y aurait rien de mieux à faire que de lui donner un petit essaim, toutefois après avoir enlevé la mère défectueuse et après avoir attendu le temps nécessaire pour qu'il n'y ait pas de combat.

On peut repeupler par ce procédé des ruches mères desquelles on aurait extrait un essaim artificiel et dont on aurait enlevé trop d'abeilles (*).

361. Superposition de ruches. — Au moment où les abeilles commencent à emplir leur ruche et que les fleurs donnent du miel en certaine quantité, on peut, sinon les contraindre, du moins les engager à s'établir dans une ruche nouvelle qu'on place sous la leur. Elles édifient des rayons dans la ruche inférieure, qui joue le rôle de hausse, et un peu plus tard la ruche supérieure est enlevée et récoltée comme un chapiteau. Lorsque la ruche vide qu'on veut placer sous la ruche pleine est pointue, elle a besoin d'être sciée vers le haut (*fig.* 119); on la recouvre d'une planchette circulaire percée de trous (*fig.* 118), qui sert de tablier à la ruche supérieure. On peut aussi, quand le couvain ne descend pas trop, pratiquer une cavité dans la

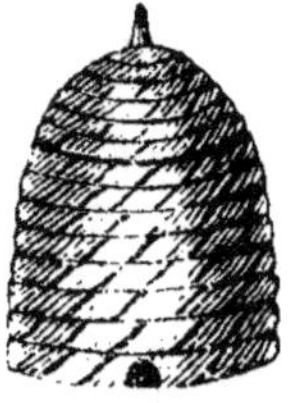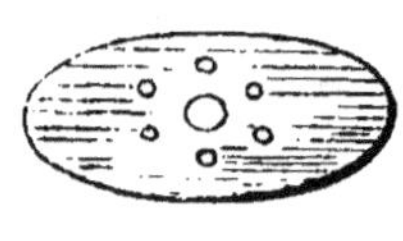

(*Fig.* 117.)　　　(*Fig.* 118.)　　　(*Fig.* 119.)

ruche garnie en taillant ses rayons; dans ce cas, on en coiffe la ruche inférieure (*fig.* 120). Cette manière d'opé-

---

(*) *Rendre fort un essaim faible.* — Aussitôt que l'essaim est recueilli et prêt à être porté sur le rucher, enlevez la ruche mère, et sur le plateau de celle-ci mettez l'essaim. Les abeilles restées sur le plateau et celles qui vont revenir des champs augmenteront bientôt le volume. Le lendemain, de nouvelles ouvrières venant encore s'y réunir, votre essaim se trouvera être très-fort. N'ayez aucune inquiétude sur la souche, si toutefois elle est lourde. Elle

rer a ses avantages : elle permet de déloger les abeilles des vieilles bâtisses pour les établir dans des ruches nouvelles.

362. Veiller à quelques ennemis des abeilles. —

Dans les localités où les moineaux sont abondants, on en voit constamment près des ruches, à l'époque où les abeilles en sortent des nymphes blanches, dont ils alimentent leurs petits. Comme ils happent souvent les abeilles en se saisissant de ces nymphes, il faut les traiter en ennemis; on agira de même à l'égard des rossignols, des hirondelles et des lézards que l'on aperçoit près du rucher. Les fourmilières seront culbutées sans pitié; la chasse sera également faite aux araignées et aux papillons de fausse teigne qui se montreront.

(*Fig.* 120.)

363. Destruction d'abeilles dans certaines colonies. Abeilles noires et grises. —

Tous les apiculteurs qui ont observé les abeilles ont pu remarquer que, dans quelques colonies, il est mis à mort, pendant le cours de la bonne saison, un certain nombre d'abeilles; la plupart ne paraissent pas conformées comme la grande majorité de leurs compagnes : elles sont ou plus grises ou plus noires, et généralement plus petites, plus maigres. Quelques-unes paraissent jeunes, mais la plupart paraissent vieilles. Est-ce que les abeilles, ainsi que certaines tribus de sauvages de l'Afrique, tueraient leurs vieillards?... On peut attribuer à plusieurs causes la destruction de ces abeilles : d'abord à leur conformation vicieuse, qui peut provenir de l'état débile et maladif de la mère qui les a pondues,

---

aura réparé le déficit de sa population avant un mois. Il est bien entendu que la souche doit rester à sa nouvelle place. Pour faire cette mutation en toute sécurité, il faut avoir la certitude que l'essaim est sorti de telle ruche et non de telle autre, sinon, en mettant à la place d'une ruche un essaim qui n'en serait pas sorti, les abeilles monteraient difficilement dans l'essaim à cause du vide de la ruche. Il y aurait alors désordre et confusion. La permutation de l'essaim avec la souche, quand celle-ci est lourde, présente deux avantages : l'essaim où se trouve réunie presque toute la population aura bientôt fait ses vivres; la souche, de son côté, est trop affaiblie pour donner un essaim secondaire. (*Guide Collin.*)

et aussi d'une mauvaise nourriture reçue au berceau, ou d'une température irrégulière au moment de l'incubation. On peut aussi l'attribuer à une affection morale qui les priverait en quelque sorte de la mémoire, affection commune à la jeunesse et à la vieillesse, et qui leur ferait oublier le mot d'ordre commun à tous les habitants d'une ruche (56). En effet, avant que d'être mises à mort, ces abeilles sont longtemps examinées et comme interrogées par leurs compagnes, et si on les enlève dans ce moment et qu'on les laisse s'envoler, elles entrent souvent dans une ruche voisine, où elles ne sont pas mieux reçues.

Cette destruction d'abeilles a lieu avant et après l'essaimage, et notamment au milieu de l'été. On la voit encore, mais plus rarement, en automne. On distingue facilement la ruche où elle a lieu : les abeilles paraissent inquiètes, le nombre des gardiennes à l'entrée est double ; on les voit se grouper autour d'une abeille, qu'elles tiraillent par les pattes, par les ailes et par les antennes, et dont elles semblent mordre l'abdomen. Une d'entre elles monte sur la victime et cherche à plonger son aiguillon dans quelque partie accessible, ce à quoi elle parvient assez aisément, l'abeille attaquée ne se défendant pas. Si l'on n'y regardait de près, on pourrait croire au pillage et penser que les abeilles sacrifiées sont des étrangères.

XIVe LEÇON

TRAVAUX D'ÉTÉ

Récolte. — Enlèvement des calottes et des hausses supérieures. — Chasse par tapotement et à ciel ouvert. — Chasse ou trévas. — Taille d'été. — Couteaux à extraire les rayons. — Fin de la campagne des abeilles. — Moyens de donner des provisions aux essaims pauvres. — Soins généraux. — Mort des abeilles mères. — Réunion des colonies faibles. — Procédés pour réunir plusieurs colonies. — Asphyxie momentanée des abeilles par la vesse-de-loup, par le sel de nitre, etc. — Inconvénients. — Ennemis des abeilles en été. —Transport des colonies au blé noir, à la bruyère, à la montagne.

364. Récolte. — La principale récolte pratiquée sur les ruches commence, dans quelques localités, vers la fin de mai ; ailleurs, en juin ou juillet. Subordonnée à la flore locale et aux circonstances atmosphériques, elle a ordinairement lieu, tantôt vers la deuxième période du temps de l'essaimage, tantôt au moment de la défloraison de la principale fleur mellifère. Elle se fait par l'enlèvement des calottes pour les ruches à calotte ; des hausses supérieures, pour les ruches à hausses ; du transvasement ou chasse et de la taille, pour les ruches en une pièce. Nous avons parlé du décalottage et du déplacement des hausses ; nous n'y reviendrons pas, mais nous reviendrons sur la chasse, ne nous étant occupé que du transvasement partiel lors de la formation des essaims artificiels. Nous dirons auparavant un mot de la récolte des ruches vulgaires. Cette récolte doit-elle être entière ou partielle ? Oui et non, selon les circonstances. Vous avez, par exemple, des ruches lourdes et populeuses lorsque la saison du miel n'est pas encore passée, ou bien encore

15

vous êtes à même de conduire les chasses ou trévas à quelque pâturage automnal ; dans ces cas, vous pouvez récolter entièrement vos ruches en en chassant les abeilles, si toutefois vous n'avez pas affaire à des boîtes ou à des troncs d'arbres qui ne comportent pas cette opération. Mais, d'autres fois, la saison du miel s'avance, l'arrière-saison n'offre aucune ressource à vos abeilles ; dans cette circonstance, vous devez vous borner à une récolte partielle, à une taille plus ou moins forte et proportionnée à la quantité de miel de la ruche. Dans tous les cas, il est toujours prudent de ne récolter que les ruchées fortes, celles qui ont un excédant d'approvisionnement.

365. Récolte partielle des ruches communes. Taille sur les ruches en cloches. — Après avoir introduit quelques bouffées de fumée par la porte de la ruche et après avoir décollé et soulevé cette ruche au moyen d'une petite cale, on l'enfume de nouveau pour mettre les abeilles en état de bruissement ; on la transporte à la place désignée, près des ustensiles nécessaires, et on la renverse à ciel ouvert. Là, après avoir reconnu la partie occupée par le miel, on place une tuile creuse sur l'autre partie, celle où se trouve le couvain, et l'on continue de lancer de la fumée aux abeilles en cognant un peu la ruche. La fumée et les coups donnés avec le couteau à miel forcent les mouches à se réfugier sous la tuile. Dès que les gâteaux deviennent libres, on les enlève et on chasse les quelques abeilles qui s'y trouvent ; puis on secoue ou on balaye la tuile pour faire tomber toutes les mouches dans la ruche, qui est à l'instant reportée à sa place. L'emploi d'une tuile n'est pas indispensable (voir *fig.* 110, pour la disposition et les appareils). Cette méthode ne présente ni difficulté ni danger quand la saison est encore bonne ; mais, lorsque la campagne n'offre plus aucune ressource, il est bien difficile de maîtriser les abeilles ; elles s'obstinent, malgré la fumée, à rester au fond de leurs gâteaux. On peut, dans ce cas, avoir recours à l'asphyxie momentanée (379). Lorsque la saison le permet, on peut transvaser les abeilles avant de faire la taille ; on opère alors à son aise.

366. Taille d'été sur les ruches en planches. — Lorsqu'on a affaire à des ruches hautes (*fig.* 39 et 40), on décolle, puis on enlève le couvercle de ces ruches, et l'on projette de la fumée aux abeilles, afin de les maîtriser et de les contraindre à s'éloigner des rayons ou parties de rayons qu'on veut enlever. A l'aide d'un couteau recourbé, A ou B (*fig.* 123), on extrait ces rayons, puis on remet les couvercles à la place qu'ils occupaient. Si des abeilles viennent à l'endroit où doivent poser les couvercles, on a soin de leur projeter de la fumée afin qu'elles redescendent dans leurs ruches et ne soient pas écrasées. De même, avant d'enlever entièrement le couvercle, on le soulève un peu de côté, afin de pouvoir lancer de la fumée aux abeilles que la commotion donnée à la ruche a émues et qui sont prêtes à se jeter sur l'opérateur ; cette fumée les éloigne. — Lorsqu'on a affaire à une ruche couchée (*fig.* 41), on taille derrière. On décolle la planche qui bouche ce côté, on enfume pour maîtriser et pour éloigner les abeilles ; puis on enlève les rayons dont on désire s'emparer ; après cette extraction on referme la ruche. Mais, comme la plupart du temps les abeilles ne peuvent, cette campagne-là, combler le vide qu'on a fait, il est bon d'employer une planche mobile qu'on établit près des rayons laissés et qu'on n'enlève qu'au printemps suivant. On opère de même pour les ruches taillées par le haut, où un vide en hiver devient funeste aux abeilles. On pourra remplir d'herbe sèche l'intervalle laissé entre les deux planchers, afin que la chaleur se concentre mieux dans cette partie.

La taille a des inconvénients, notamment lorsqu'elle est trop forte ; mais elle vaut cent fois mieux que l'étouffage.

367. Récolte entière des ruches communes. — Voici une manière d'opérer les récoltes entières qui peut convenir à plusieurs apiculteurs, notamment à ceux qui veulent limiter le nombre de leurs colonies et conserver les abeilles des ruches à récolter. Lorsqu'on s'aperçoit que les faux-bourdons disparaissent et que la récolte du miel touche à sa fin, on prend note de toutes les ruches à supprimer ; on choisit pour le faire une belle journée, entre midi et quatre heures. La première ruche à défaire est vieille, elle est voisine d'une autre que vous voulez conserver : soufflez d'abord dans la première quelques bouffées de fumée ; ensuite, après l'avoir soulevée et main-

tenue ainsi avec une petite cale, mettez les abeilles en
état de bruissement. Faites exactement la même chose
pour la ruche voisine, c'est-à-dire provoquez-y aussi le
bourdonnement intérieur. Quand vous en êtes là avec
cette dernière ruche, enlevez-la pour un moment ; mettez
à sa place la première après l'avoir renversée à ciel ouvert,
puis placez l'autre par-dessus. La ruche que vous voulez conserver se trouve alors par-dessus celle que vous vous
proposez de supprimer. Soufflez encore quelques bouffées
de fumée ; calfeutrez ensuite les deux ruches, en ne laissant qu'une étroite entrée pour le passage des abeilles ;
pratiquez la même opération sur toutes les ruches à supprimer. On peut faire la réunion des ruches éloignées ;
mais il vaut toujours mieux réunir les ruches voisines,
parce que les abeilles retrouvent plus facilement la famille.

Voyons maintenant ce qui se passe dans nos ruches
réunies. Quand on enfume convenablement, il n'y a point
de combat (192) : une des mères périt, l'autre établit
presque toujours sa résidence dans la ruche supérieure ;
c'est là qu'elle continue sa ponte, c'est là que la famille
se concentre. Le couvain de la ruche renversée éclôt tous
les jours, mais il n'est pas remplacé ; les dernières mouches naissent et sortent de leur cellule vingt ou vingt et
un jours après la réunion. A partir de ce moment, et non
auparavant, on peut enlever cette ruche inférieure, la
porter dans une chambre ; là, les abeilles l'abandonnent
volontairement et sans qu'il soit besoin de recourir à la
fumée, et il est aisé de s'en approprier les provisions.
Quelquefois les mouches n'abandonnent pas la ruche :
c'est une preuve que la mère s'y trouve ; dans ce cas, qui
est rare, il faut remettre la ruche comme elle était pour
la reprendre plus tard. Nous avons dit que la mère établit
presque toujours sa demeure dans la ruche du haut : le
contraire peut avoir lieu ; alors la ponte continue dans la
ruche inférieure et cesse dans l'autre. Lorsque ce fait
arrive, il ne reste autre chose à faire que d'attendre à
l'automne pour supprimer celle des deux ruches qui
n'aura pas la mère. Il est important de choisir une belle
journée pour les opérations dont nous parlons. Les abeilles,
quand elles travaillent, sont plus conciliantes, mieux disposées à fraterniser. Celles qui reviennent de la campagne

et qui ne retrouvent plus leur ruche finissent, après quelques moments d'hésitation, par entrer en suppliantes chez leurs voisines, où elles ne sont pas trop mal accueillies ; il y a peu de victimes. (*Guide* de M. Collin.)

Les exploiteurs en grand opèrent plus rapidement la récolte entière des ruches communes (*fig.* 37 et 38) par la chasse des abeilles. Dans les localités où le miel est abondant et se produit vite, on chasse une vingtaine de jours après la fauchaison de la principale fleur mellifère (le sainfoin), et il y a toujours peu de couvain dans les ruches, parce que, du moment où la cueillette du miel est très-abondante, la mère ne trouve plus de cellules où déposer des œufs. Dans le Gâtinais, le mode de renverser les ruches et de les coiffer d'une bâtisse au moment de la miellée s'oppose également à la production du couvain (*).

368. Chasse par tapotement et à ciel ouvert. — La chasse par tapotement peut se faire à ciel ouvert, avons-nous dit, ou en enveloppant les ruches. Nous avons décrit ce dernier moyen (200), qui est préférable lorsqu'il s'agit d'essaims artificiels ; car, à cette époque, les abeilles, ayant beaucoup de couvain, sont peu abordables. Mais lorsqu'il s'agit de chasser les abeilles des ruches grasses, on peut le faire à ciel ouvert, c'est-à-dire sans envelopper les ruches, surtout si ces ruches ne sont pas grandes et si leur diamètre est uniforme. Les abeilles déguerpiront d'autant plus vite que le panier sera plus large et peu profond. Voici comment on opère : on commence par projeter de la fumée aux abeilles qui se trouvent à l'entrée de la ruche, et par frapper quelques petits coups à son sommet, on la décolle, on fume fortement et on l'enlève pour l'établir sur un tabouret ou sur un baquet (*fig.* 121), lequel a une entrée au bas pour recevoir un fumigateur quelconque (**). On place d'abord, sur la ruche renversée, la ruche vide dans laquelle les abeilles

---

(*) Consulter l'*Apiculteur*, troisième année, pour la manière d'opérer dans le Gâtinais.

(**) Il est entendu que, pour que la fumée agisse, il faut une ouverture au dôme de la ruche opérée. S'il n'y en a pas, il faut en pratiquer une, et même plusieurs.

doivent monter; on commence à frapper vers la partie
inférieure **A**, puis après trois ou quatre minutes, lorsque
les abeilles se sont mises en mouvement, on recule la
ruche supérieure et on l'établit comme le montre la
figure 121. Pendant qu'il tapote, l'opérateur souffle sur les

(*Fig.* 121.) Opérateur transvasant par tapotement.

abeilles pour les contraindre à déguerpir et pour les diriger du côté de la ruche B. Pour terminer l'opération, la
ruche à transvaser est quelquefois placée de façon qu'elle
touche en un point à celle qui a reçu les abeilles (*fig.* 121).
En soufflant de la fumée sur les quelques abeilles récal-
citrantes enfoncées entre les rayons, on les contraint de
déguerpir. Lorsqu'elles sont toutes passées dans la ruche
supérieure, on va replacer celle-ci où était la première.
La ruche transvasée est portée à l'ombre, et les quelques
abeilles qui y sont restées ne tardent pas à s'envoler et
aller rejoindre leur colonie. Mais lorsqu'il y a passablement de couvain, il reste toujours un certain nombre
d'abeilles qu'il faut chasser avec une barbe de plume. Si
l'on chasse une vingtaine de jours après la sortie de l'es-

saim, comme il n'y a presque pas de couvain, les abeilles sortent toutes sans trop de difficultés.

Quelques apiculteurs du Gâtinais percent un ou plusieurs trous au sommet de la ruche à transvaser. Ils appellent cette opération préliminaire *découronner* ou *couronner*. Le découronnement ne se fait pas au sommet même

(*Fig.* 122.) Opérateur achevant de chasser les abeilles.

de la ruche, mais un peu plus bas, où l'on pratique une ouverture circulaire, une sorte de *couronne*, composée de vides et de pleins. La fumée accélère la sortie des abeilles ; en outre, elle les maîtrise. Parfois, le transvasement va plus vite sans son emploi ; mais il est utile pour faire déguerpir les dernières abeilles (*fig.* 122).

Le grand reproche que l'on fait au transvasement, c'est de sacrifier plus ou moins de couvain. Lorsque les ruches sont bien grasses, il n'y a pas ou presque pas de couvain ; mais lorsqu'elles ne le sont pas suffisamment, il

y en a toujours à l'époque où l'on opère, généralement
en été, depuis juin jusqu'à septembre, selon la localité.
On peut ne pas perdre entièrement ce couvain en plaçant
les rayons qui en contiennent d'operculé sur le tablier de
la ruche qui renferme la colonie, et en enlevant ces rayons
quelques jours après, lorsque le couvain est éclos.

Certains apiculteurs établissent des *bâtis* avec ces rayons
et y logent leur colonie, ce qui sauve le couvain assurément; mais cette pratique présente des inconvénients qui
ne sont pas toujours compensés. Quand on opère sur un
certain nombre de ruches et qu'on a beaucoup de rayons
pleins de couvain, on réunit ces rayons sous une grande
ruche logeant une chasse, laquelle sert de couveuse et
s'occupe de tout ce couvain. Les abeilles qui en naissent
peuvent être utilisées pour peupler les colonies faibles, ou
pour être ajoutées aux chasses à conserver.

D'autres apiculteurs réunissent dans une pièce chaude
les ruches chassées qu'ils tiennent la gueule en l'air. Les
quelques abeilles qu'elles contiennent encore sortent et
vont se réunir aux vitres de la croisée de cette pièce. Le
couvain avancé naît, et on peut le recueillir pour l'utiliser
comme il vient d'être dit.

369. Chasse, chassé ou trévas. — On donne ce nom
aux colonies que l'on a chassées de leur logement. Les
trévas doivent être doublés et quelquefois triplés, lorsqu'ils
proviennent de ruches chassées après la principale production du miel, et qu'on se propose de les conduire au
pâturage. Mais ils peuvent être laissés seuls, s'ils sont obtenus avant la fin de la production mellifère et s'ils sont
populeux. Toutefois, ils ne réussissent pas souvent, à
moins qu'on ne leur fasse une avance qu'ils rendent à
gros intérêts. Cette avance consiste à leur donner 2 ou 3
kilogrammes de miel commun, de sirop de sucre ou de
glucose, qu'on leur administrera en deux fois les deux premières nuits de leur installation. Ces 2 ou 3 kilos de nourriture leur valent mieux que 6 kilos en arrière-saison;
c'est-à-dire que, moyennant une dépense de 2 à 3 fr., on
est presque certain de leur réussite trois années sur
quatre.

370. Couteaux à extraire les rayons. — Pour extraire
les rayons ou parties de rayons des ruches, on fait usage :

1° d'un cératome A (*fig.* 123), dont la longueur varie en raison de la profondeur des ruches qu'on a à récolter. La branche longue est carrée ou circulaire et a environ 8 millimètres de diamètre; la branche brisée a 4 ou 5 centimètres; elle est en langue de chat et aiguisée principalement par le bout; 2° d'un couteau à lame recourbée B, qui peut remplacer le premier; 3° d'un couteau à lame droite et demi-pliante C, qui sert à entamer et à décoller les rayons attachés aux parois latérales; 4° d'une spatule-couteau ou *brise-propolis* E, qui sert à enlever les parties de rayons fortement attachées aux parois de la ruche. Cette spatule sert également à décoller les ruches de leur plateau, les calottes du corps des ruches, etc., et peut être utilisée comme truelle pour calfeutrer et pourgeter les ruches. Nous avons figuré en D le couteau à lame pointue et aiguë employé pour la décapitation des mâles, dont nous avons parlé ailleurs. Nous aurions pu figurer un autre couteau qui sert à désoperculer les cellules pleines de miel.

(*Fig.* 123.) Couteaux à extraire les rayons.

La lame de ce couteau est ou coudée ou courbée. Les mobilistes se servent, en outre, de divers outils qui sont inutiles aux fixistes, tels que pinces à extraire les cadres, raclette à nettoyer les ruches, fourgons, etc.

Maintenant que nous avons extrait les produits, nous devrions nous occuper de les manipuler, car le miel demande à être coulé aussitôt qu'il est enlevé des ruches; mais, désireux d'en finir avec les travaux extérieurs qui nous restent à passer en revue, nous remettrons à la dernière leçon pour en parler.

371. Fin de la campagne des abeilles. — A la fin de juin, dans beaucoup de localités, les abeilles ont achevé leur campagne, et c'est à peine si elles amasseront suffisamment jusqu'à la fin de l'été pour leur entretien jour-

nalier. Il n'en est pas de même dans les localités de culture
spéciale de blé noir et de bruyère, dans les cantons où la
miellée des arbres donne, et dans quelques autres régions
du littoral de la Manche.

Lorsque les fleurs mellifères sont passées, ou qu'elles
ne donnent presque plus de miel, la saison des essaims est
finie, et les faux-bourdons ne tardent pas à être mis à
mort; mais si l'on conduit les colonies à quelque pâturage
avant cette extermination, les mâles sont conservés, et il
arrive quelquefois qu'une saison d'essaimage recommence,
c'est-à-dire que des colonies qui ont essaimé un mois ou
six semaines auparavant donnent encore des essaims.

371 *bis*. Bourdonnière ou piége à faux-bourdons. —
Les faux-bourdons consomment beaucoup et ne produisent pas. Afin que les provisions des ruches ne soient pas
amoindries par ces bouches inutiles, il importe, après l'essaimage, de les supprimer dans toute colonie dont la mère
est fécondée. Nous avons vu le moyen d'en diminuer le
nombre par la décapitation de leur couvain à la suite de
l'extraction d'un essaim artificiel (198). On a inventé des

(*Fig.* 124.) Bourdonnière ou piége à faux-bourdons.

bourdonnières qui, par les belles journées, en débarrassent
vite les ruches. Les meilleures sont celles qui ne gênent
pas les ouvrières dans leur circulation. Voici l'une des plus
simples : on prend un fil de fer mince A (*fig.* 124), plus
long que l'entrée de la ruche n'est large ; cette entrée est
diminuée en hauteur de façon à n'avoir que 9 millimètres 25. On imprime à chaque extrémité de ce fil de fer
une double courbure à angle droit BB. On l'établit ensuite
de façon qu'il barre l'entrée, laissant en dessous un passage de 5 millimètres, passage qui permettra à l'ouvrière
de circuler librement; celle-ci pourra également passer par-
dessus. Les faux-bourdons pourront, à la sortie, pousser
le fil de fer qui se meut dans les points AA; mais à la rentrée, ce fil de fer sera un obstacle qu'il leur sera impossible de franchir : ils chercheront à se diriger du côté de

l'issue qu'on aura ménagée. Pour cela, la ruche à l'entrée de laquelle on adapte cette barrière est placée sur une hausse de 5 à 6 centimètres, hausse munie en dessus d'une grille en tôle perforée n° 26 (264). Cette grille laisse, à l'endroit de l'entrée de la ruche, un passage qu'on établit à l'aide de deux cales, de 8 à 9 millimères d'épaisseur, qu'on place entre la grille et la hausse. C'est par ce passage que les faux-bourdons tendent à s'introduire dans la ruche, mais ils se trouvent dans la hausse. Après avoir laissé passer le moment de leurs ébats, on enlève les deux cales et on éloigne de la ruche la hausse qu'on laisse sur le tablier. Les ouvrières se hâtent de prendre leur vol pour aller rejoindre leur ruche, mais les faux-bourdons restent prisonniers, et on peut les détruire en renversant la hausse sans déranger les fermetures et en la mettant en contact avec de la fumée de soufre.

Au lieu du fil de fer mobile, figuré ci-dessus, on peut se servir de petites lamelles de plomb, de zinc ou de cuivre, larges de 6 à 7 millimètres, enroulées par l'un de leurs bouts autour d'un fil de fer ou d'une longue aiguille. Ces lamelles forment une sorte de peigne qu'on place à l'entrée, de façon que chacune d'elles puisse se mouvoir du dedans au dehors, et non du dehors au dedans. Un passage libre de 5 millimètres 1/4 est laissé entre le tablier et ces lamelles, ce qui permet aux ouvrières de sortir et de rentrer, et ne permet aux mâles que de sortir seulement.

Lorsqu'on empêche les faux-bourdons de rentrer dans leur ruche, ils se jettent dans la ruche voisine, où ils sont tolérés, si l'époque de l'extermination n'est pas arrivée. Aussi on peut, sur trois ruches voisines, ne mettre la hausse-piége que sous celle du milieu, en plaçant, bien entendu, une trappe à l'entrée de chacune d'elles.

372. Moyen de donner des provisions aux essaims pauvres. — Nous avons vu comment on peut équilibrer les populations lors de la grande production du miel ; nous allons voir comment on peut pour ainsi dire équilibrer de même les provisions après la saison du butin : il s'agit ici de colonies logées dans des ruches à calotte, à hausses, à divisions verticales et à cadres mobiles. Pour cela il faut enlever la calotte ou hausse supérieure, etc., des ruches qui ont plus que leur approvisionnement, et, après en avoir chassé les abeilles, les donner aux ruches qui n'en ont pas suffisamment, notamment aux jeunes essaims. Les parties enlevées de ces ruches faibles sont aussi données, après évacuation des abeilles, aux ruches fortes. Nous insistons pour qu'on secoure ainsi les essaims pauvres, parce que souvent ils rendent au double les avances qu'on leur fait, pourvu qu'ils soient populeux.

373. Soins généraux. — Lorsque les abeilles ne trouvent plus rien sur les fleurs devenues rares, et qu'elles ont peu d'approvisionnements, elles pensent à en aller prendre dans les ruches qui sont mieux fournies; elles attaquent notamment celles qui n'ont plus de mère et dont la population est faible, et aussi celles qui sont envahies par la fausse teigne. Il faut veiller au pillage (221). Les guêpes et les frelons attaquent aussi, en été, les ruches peu peuplées, et celles qui tombent en décadence sont atteintes par la fausse teigne.

On doit établir un courant d'air sous les ruches en les élevant au moyen de cales, si les chaleurs de l'été sont très-fortes, et couvrir les habitations d'un bon surtout de paille pour empêcher les rayons du soleil de fondre les édifices des abeilles.

374. Mort des abeilles mères. — Un certain nombre d'abeilles mères meurent de vieillesse ou d'accidents en été. Il faut, à cette époque, jeter de temps en temps les yeux sur les ruches et augurer mal de celles dont les abeilles sont en mouvement, lorsque celles des autres ruches sont tranquilles : c'est que leur mère est morte depuis peu; il faut leur adjoindre une petite colonie bien organisée. On doit aussi augurer mal de celles qui n'ont pas tué leurs faux-bourdons, ainsi que de celles qui ont rétréci sensiblement leur entrée au moyen de propolis; du reste, la population de ces dernières est considérablement diminuée : si la mère n'en est pas morte, elle est gravement malade. Dans l'un et l'autre cas, on donnera une population à ces colonies; mais avant de le faire on s'assurera si la fausse teigne n'aurait pas envahi leurs édifices (*).

(*) Les orphelines de juillet présentent des caractères extérieurs qui les font reconnaître avec assez de facilité, sans qu'on ait besoin de les visiter in-

375. Réunion des colonies faibles. — Réunir ou marier deux colonies, c'est la même chose : c'est de deux colonies n'en faire qu'une. On peut, dans certaines circonstances, réunir trois et quatre populations ensemble. Cette pratique a des avantages incontestables : d'abord, dirons-nous après Contardi, *tout l'art du cultivateur d'abeilles consiste à avoir des populations fortes*, et, quelque fortes que soient les populations, *elles ne le sont jamais trop*. Nous ajouterons que les produits des ruches sont en raison progressive de la quantité des abeilles. L'expérience prouve tous les jours que, quand une colonie de 1 kilogramme et demi d'abeilles recueille 3 kilogrammes de miel, une population de 3 kilogrammes d'abeilles en recueille de 6 à 12 kilogrammes, ces deux colonies étant d'ailleurs placées dans des conditions semblables. Or, ce fait indique qu'au lieu d'étouffer les abeilles des ruches à récolter, comme le font encore trop de gens qui ne raisonnent pas, il y a des avantages immenses à s'en emparer et à les réunir aux colonies auxquelles on ne touche pas, aux colonies à conserver.

Ces avantages sont les suivants : 1° on conserve ainsi toutes ses abeilles ; 2° on les conserve sans dépenses et sans frais particuliers, car nous démontrerons plus loin que les populations fortes ne consomment guère plus en hiver que les populations faibles (400); 3° on n'a que des ruchées fortes, exemptes de la fausse teigne et de toutes les

---

térieurement. Jetez un coup d'œil sur le rucher, entre midi et trois heures, au moment où les bourdons vont prendre l'air sous un ciel serein. Voyez comme ces malheureux sont chassés partout, excepté de quelques ruches où ils jouissent d'une liberté complète pour aller et venir. Ces ruches ont très-peu d'activité et une faible population, les ouvrières qui reviennent chargées de pollen y sont rares, le bruissement y est nul ou presque nul le matin et le soir : tous ces caractères réunis vous donnent la certitude que la mère manque. Pour peu que vous en doutiez, visitez l'intérieur : il y a beaucoup de faux-bourdons, mais aucune trace de couvain d'ouvrières, quelquefois du couvain de faux-bourdons de tout âge. Quand ces signes intérieurs viennent confirmer les signes extérieurs, le doute n'est plus possible. Les ruchées les plus exposées à devenir orphelines sont celles qui donnent un essaim secondaire, surtout lorsque cet essaim, retardé par le mauvais temps, ne sort que de douze à quinze jours après l'essaim primaire. On trouve même des orphelines, quoique bien rarement, dans un panier d'essaim. Cela vient d'une réunion de deux essaims sans réussite : les deux mères ont péri. COLLIN.

affections qui atteignent les colonies peu populeuses, des ruchées qui assurent des produits à leur propriétaire. Nous pourrions encore ajouter que deux populations mariées demandent moins de soins que lorsqu'elles ne le sont pas, et que, par conséquent, les réunions économisent le temps.

Ce ne sont pas seulement les colonies des ruches qu'on récolte entièrement qu'il faut marier à des ruchées à conserver, ce sont aussi : 1° les colonies qui n'ont pas montré de faux-bourdons et qui, par conséquent, n'ont pas essaimé ; leur ruche doit être récoltée si elle contient des provisions ; 2° tous les essaims faibles et toutes les ruchées mères qui n'ont pas suffisamment de provisions pour passer l'hiver, ruchées que quelques apiculteurs perdent souvent leur temps à nourrir, parce qu'ils le font tardivement et parcimonieusement, et que les *étouffeurs* sacrifient impitoyablement. Il ne faut pas se contenter de marier ensemble les colonies tout à fait pauvres ; si, à la suite d'une mauvaise année, on est réduit à ces extrémités, il faut nourrir ces réunions misérables. Mais, en année ordinaire, il faut réunir les colonies pauvres à celles qui ont des approvisionnements suffisants. Cependant c'est une sage mesure et une excellente pratique de marier, vers le milieu et la fin de l'été, deux ruchées qui n'ont chacune qu'un demi-approvisionnement, que les abeilles réunissent en un seul dans l'une des deux ruches, et qu'elles consomment sur place lorsque l'union a eu lieu par la juxtaposition des ruches. C'est encore une bonne méthode de marier en arrière-saison deux populations dont les approvisionnements de chacune sont insuffisants pour atteindre la bonne saison. Si l'on n'est pas à même de faire réunir aux abeilles les approvisionnements des deux ruches, on conserve soigneusement celles que les abeilles ont quittées ou dont on les a chassées, et après l'hiver, en février ou en mars, lorsqu'on juge qu'il n'y a plus rien dans la loge commune, on introduit les abeilles dans la ruche conservée. Il faut toujours, autant que possible, réunir des ruches voisines.

Il n'y a pas d'époque déterminée pour faire les réunions, c'est-à-dire qu'on peut les faire à toutes les époques, mais cela est plus à propos lorsqu'il n'y a pas ou qu'il y a peu de couvain dans la ruche dont on extrait la population : d'ailleurs, l'opération réussit mieux. On sait qu'il y a combat entre les abeilles mères des colonies qu'on réunit, et que c'est presque toujours la mère la plus vigoureuse qui sort victorieuse de ce combat. Quelquefois les deux mères succombent dans la lutte ; mais cet accident est rare, et on ne doit pas en tenir compte. Dans ce cas, il faut ajouter une nouvelle colonie à l'union orpheline, ce qu'on pourra faire après l'hiver si l'on ne possède pas de colonie faible avant.

Les colonies que l'on réunit se livreraient combat, souvent jusqu'à l'extermination de l'une d'elles, si l'on ne prenait des mesures pour empêcher ce combat, que l'on parvient à éviter en mettant les abeilles en état de ralliement (192). On emploie la fumée ou le miel, selon les circonstances.

376. Procédés pour réunir ou marier plusieurs colonies logées. — Il y a plusieurs procédés assez faciles pour réunir les colonies. Lorsqu'il s'agit de ruches à hausses, rien n'est plus aisé ; on enlève les hausses inférieures, celles qui ne contiennent pas d'abeilles, et on réunit les autres en les superposant et en ayant soin de placer au-dessous celles qu'on se propose d'enlever un peu plus tard. Mais, avant de faire la réunion, il faut projeter de part et d'autre de la fumée aux abeilles jusqu'à ce qu'elles fassent entendre un bruissement prononcé. Si les ruches vulgaires à réunir ont le même diamètre et une issue par le haut, on peut procéder comme on vient de le voir pour les ruches à hausses, c'est-à-dire coiffer l'une de l'autre, en mettant au-dessous celle qui doit être enlevée un peu plus tard. On commencera encore par projeter de la fumée ; mais on pourra s'en dispenser si l'on opère tardivement et si les colonies ne sont pas populeuses. Dans ce cas, les abeilles de la ruche supérieure s'imprègnent de l'odeur de celles de la ruche inférieure ; obligées de passer par cette ruche pour sortir, elles finissent par s'unir sans désordre aucun. Il est bien entendu que l'une des mères est tuée par l'autre lorsque le mariage est accompli ; mais il arrive que cela a lieu quelquefois plus de quinze jours après qu'on a réuni les deux ruches.

En arrière-saison et en hiver, on peut réunir les colonies en plaçant une ruche sur une autre ruche renversée.

Pour que le mariage se fasse vite et sans combat, on arrose de quelques cuillerées de miel liquide les rayons des deux ruches, et, afin de les faire se toucher, on place entre les rayons des deux ruches un morceau de rayon contenant du miel. On bouche les issues au moyen d'une toile claire, et la réunion s'accomplit en un jour ou deux. En hiver, il faut opérer dans une chambre où la gelée ne se fait pas sentir.

377. Lorsqu'on a affaire à des ruches en cloche n'ayant pas le même diamètre, ni d'issues à la partie supérieure, et qu'on opère en été, il faut chasser dans une ruche vide la colonie à réunir. Le soir du jour où l'on a fait cette opération, on place sur un linge la ruche qui va recevoir la nouvelle colonie; on l'exhausse au moyen de petites cales, et l'on projette de la fumée aux deux populations à réunir, notamment à celle qui est logée, on secoue la ruche de la colonie à réunir à l'entrée de la ruche de l'autre, et les abeilles s'empressent d'y monter. Si elles tardaient trop et si elles faisaient mine de se quereller, il faudrait faire jouer l'enfumoir jusqu'à ce que le bruissement fût complet et que le plus grand nombre des abeilles fût entré dans la ruche.

378. Quand la saison est avancée, on a quelquefois de la peine à chasser les abeilles, surtout si les rayons n'emplissent que le tiers de la ruche. Dans ce cas, on renverse sens dessus dessous la ruche à réunir; on la laisse quelques minutes dans cette position; toutes les abeilles se groupent au haut des rayons et contre les parois de la ruche: on secoue alors cette ruche à l'entrée de celle qui doit réunir les populations: on la remet l'orifice en l'air, et au bout d'une minute on la secoue de nouveau. En réitérant cette manœuvre quatre ou cinq fois, toutes les abeilles sont à peu près tombées : le peu qu'il en reste ne tarde pas à déguerpir si l'on couche leur ruche près de celle dans laquelle est déjà entrée une bonne partie de leurs compagnes. La ruche secouée doit être frappée la première fois à terre, et les autres fois contre un corps amortissant, tel qu'une torche de paille; il faut avoir soin d'agir avec modération pour ne pas casser les rayons. Des apiculteurs du Gâtinais suspendent à une poutre la ruche à secouer, et ils reçoivent les abeilles dans un crible afin de pouvoir les verser facilement à l'entrée de la ruche

dans laquelle ils veulent opérer une réunion (394). Faites usage de la fumée sur la ruche qui reçoit la colonie supplémentaire.

Mais lorsqu'on a affaire à un tronc d'arbre ou à une de ces boîtes volumineuses que l'on rencontre dans le Midi, il est souvent impossible d'employer les moyens que nous venons d'indiquer : il faut alors avoir recours à l'asphyxie momentanée des abeilles.

379. Asphyxie momentanée des abeilles. — En mettant les abeilles en contact avec la fumée de quelques corps âcres et délétères, on obtient leur asphyxie momentanée, si toutefois ce contact n'est pas trop prolongé, car autrement l'asphyxie devient mort réelle. C'est assez dire que le moyen est rigoureux, héroïque, et qu'il faut en user avec circonspection. Cependant on ne sacrifie presque pas d'abeilles lorsqu'on apporte de la prudence et des soins dans l'opération, et, après tout, il vaut beaucoup mieux y avoir recours que d'étouffer les abeilles, comme le font les *éteigneurs*.

Les corps dont on fait usage pour obtenir l'asphyxie momentanée des abeilles sont : la vesse-de-loup ou lycoperdon (*fig.* 125), le nitrate de potasse ou sel de nitre (salpêtre), le soufre, etc. La manière d'opérer diffère d'un apiculteur à l'autre; l'essentiel est de ne pas laisser trop longtemps les abeilles en contact avec la fumée asphyxiante. Voici comment s'y prennent des praticiens du Nord qui emploient la vesse-de-loup :

(*Fig.* 125.) Vesse-deloup commune.

380. Asphyxie par la vesse-de-loup. — Vous faites un trou en terre, profond de 18 centimètres environ et assez large pour y placer une assiette sous laquelle vous avez le soin d'étendre un essuie-main. Vous enfilez dans un fil de fer quatre ou cinq vesses-de-loup sèches, bien sèches (*),

---

(*) Il s'agit de vesses-de-loup grosses comme des noix et pour l'asphyxie de ruches jaugeant une vingtaine de litres. Il en faut davantage pour des ruches d'une capacité plus grande. La figure 125 représente l'espèce de lycoperdon commun dont il est parlé. Il y en a d'autres espèces plus grosses

dont vous ouvrez la tête ; vous les passez sur la flamme de plusieurs allumettes réunies, et vous fichez ce fil de fer dans le côté latéral du trou, ou mieux, vous placez la vesse-de-loup avec deux ou trois charbons ardents dans une poche ou récipient en toile métallique (une sorte de boule à thé) attaché à un fil de fer qu'on fixe sur le côté du trou ; vous posez la ruche dessus et vous relevez contre cette ruche les bords de l'essuie-main, et la buttez avec la terre que vous avez extraite du trou, afin d'empêcher la fumée de sortir. Quatre ou cinq minutes après, vous pouvez relever votre ruche, toutes les abeilles sont tombées dans l'assiette. Comme vous faites la même opération en même temps sur deux colonies que vous voulez marier, vous prenez les assiettes pleines d'abeilles et vous les mettez dans la ruche dans laquelle vous vous proposez de les loger ; vous reportez la ruche au rucher, et le tour est joué. On fait ordinairement cette opération vers quatre heures du soir. Lorsque les abeilles réunies ont été placées dans la ruche, on bouche à peu près l'entrée, de manière que les abeilles ne puissent s'échapper lorsqu'elles reviennent à la vie. Le lendemain matin, lorsqu'on leur rend la liberté, elles sont aussi vives que la veille et aussi unies que si elles eussent toujours vécu ensemble.

Voici la manière très-simple que nous employons en automne pour asphyxier les essaims. Nous ne les décollons pas de leur plateau et nous lançons la fumée par l'entrée. La vesse-de-loup est placée, ainsi qu'un charbon ardent ou deux, dans un petit fumigateur spécial ou ordinaire, et à défaut, dans un étui en tôle ouvert par les deux bouts ; l'un des bouts entre dans la ruche, et par l'autre on souffle pour produire la fumée. Toutes les abeilles tombent sur le plateau ; elles sont tombées au bout de 5 ou 6 minutes si l'opération est bien conduite, de 8 ou 10 si la fumée n'est pas abondante. On les verse alors dans un vase quelconque ou directement dans la ruche qui doit les recevoir. C'est vers la fin de la journée que nous opérons.

381. Asphyxie par le sel de nitre. — Il faut se servir de sel de nitre purifié, tel qu'on le trouve dans les phar-

---

entre autres le bovista (L. des bouviers), qui est une des meilleures pour cet objet. (*V.* notre brochure de l'*Asphyxie momentanée des abeilles*.)

macies ou dans les bonnes maisons de droguerie ; car, non purifié, il est mélangé à d'autres sels, tels que le chlorure de chaux, de potasse et surtout de soude. Dans l'ustion, partie de ces sels est décomposée ; des vapeurs de chlore mises en liberté se mêlent à celles de l'azote et tuent les abeilles qui les respirent. Le nitre ne s'emploie pas tel qu'il est ; on en imprègne des chiffons ou de la filasse, à raison de 5 grammes pour chaque ruche à asphyxier. Ces chiffons se préparent à l'avance et sont secs quand on les utilise. On prend une certaine quantité de lambeaux de toile qu'on trempe dans autant de fois 5 grammes de sel de nitre dissous dans un peu d'eau (un demi-verre), qu'on se propose d'avoir de doses asphyxiantes : on les fait sécher et on les range.

Pour les ruches en cloche, et lorsqu'on a un enfumoir à soufflet, on se sert d'une hausse à fond inférieur, sur laquelle on place la ruche à asphyxier (*fig.* 126) ; on bouche les issues pour empêcher la fumée de s'échapper. Par un trou pratiqué vers le haut de cette hausse, on passe la douille de l'enfumoir qui contient le chiffon nitré enfumé, et l'on fait jouer le soufflet. Aussitôt que les abeilles ont ressenti les atteintes de la fumée, elles font entendre un bruissement qui cesse bientôt et qui indique que l'asphyxie commence. Au bout de trois minutes à peine, on retourne la ruche après l'avoir frappée du dos de la main pour en faire tomber toutes les

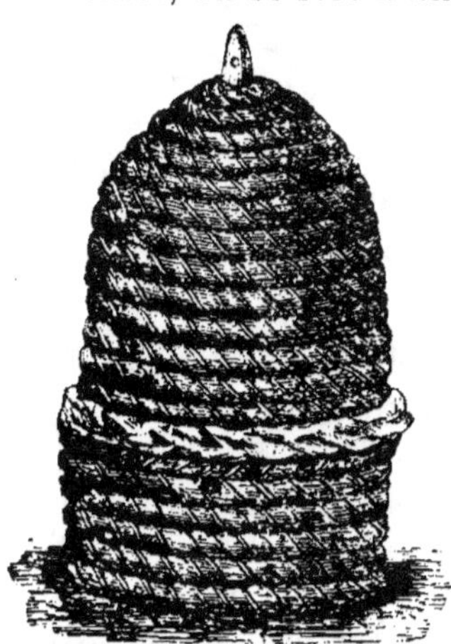

(*Fig.* 126.)
Hausse à fond pour l'asphyxie.

abeilles, et, au moyen d'une barbe de plume, on achève de faire tomber celles qui sont restées accrochées les unes aux autres entre les rayons. Lorsqu'il reste un certain nombre d'abeilles dans la ruche et qu'on ne peut les faire tomber, on attend qu'elles aient repris leurs sens, et on les soumet à une seconde fumigation, en ayant soin de n'employer cette fois qu'une demi-dose de chiffon nitré.

382. Lorsqu'on ne possède pas d'enfumoir à soufflet ou

d'appareil semblable à celui indiqué à la page 229 (*fig*. 109), on place la matière asphyxiante dans un fourneau en tôle (*fig*. 127) percé de trous de chaque côté pour donner passage au gaz, pour le diviser et le répandre également dans toutes les parties de la ruche. Ce fourneau a 8 centimètres de hauteur intérieure, 8 centimètres de largeur à la base et 15 centimètres de longueur; il est de forme triangulaire, ce qui fait que les abeilles asphyxiées qui tombent dessus glissent à l'instant de chaque côté et ne sont ni brûlées ni exposées à une trop forte quantité de fumée. Il est supporté par quatre pieds de 5 à 6 centimètres environ de hauteur. Ce fourneau est fermé à un bout et ouvert à l'autre : on ferme ce dernier pendant l'opération au moyen

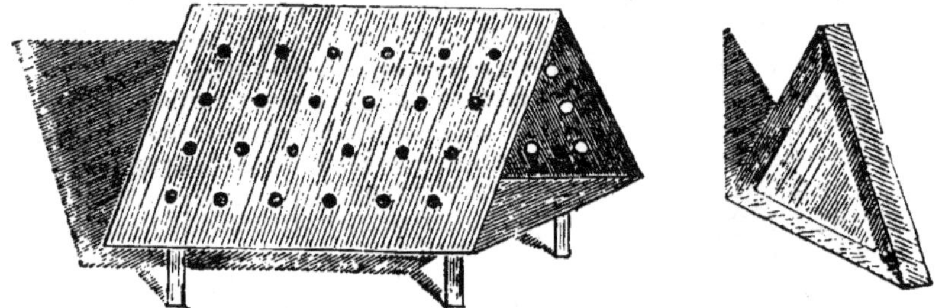

(*Fig.* 127.) Fourneau pour l'asphyxie.

du couvercle que l'on aperçoit à droite de l'appareil. Intérieurement, dans le sens de la largeur du fourneau, sont placées, à 2 centimètres du bas, deux tringles en fil de fer, qui servent à supporter le linge nitré afin de faciliter la combustion. On peut remplacer cet appareil, inventé par M. D. Huillon, apiculteur de la Meuse, par un autre plus simple et plus économique, par une tuile creuse ou un tuyau quelconque; on met le linge nitré sous cette tuile ou dans ce tuyau, qui empêche les abeilles de s'y brûler en tombant, et la fumée, s'échappant par chaque bout, monte dans la ruche.

Ces appareils doivent être placés sur une feuille de carton ou de papier, lorsqu'on opère. Après l'opération, on laisse les abeilles un moment à l'air, et aussitôt qu'on voit qu'elles retrouvent leurs sens, on prend les deux côtés opposés de la feuille, et, l'inclinant brusquement, on secoue les abeilles soit à l'entrée de la ruche à laquelle on veut les réunir, soit dans une ruche vide, que l'on tient inclinée au moyen d'une cale. Dans ce dernier cas, on opérera la réunion à la fin de la journée, après avoir enfumé l'une et l'autre des colonies à réunir.

Lorsque nous avons affaire à des ruches en une pièce, dont les cires ne sont qu'à demi ou aux trois quarts, nous usons du mode suivant pour la réunion par l'asphyxie. Nous plaçons les deux ruches comme lorsqu'il s'agit d'un transvasement (voir p. 106), et nous asphyxions en même temps les deux colonies (la fumée est lancée à la jonction des deux ruches par un enfumoir à soufflet). Les abeilles de la ruche du haut tombent dans celle du bas, et se trouvent mariées à leur réveil.

La fumée de chiffon nitré étant plus caustique et plus délétère que celle de la vesse-de-loup, il faut n'en user qu'avec précaution, et l'on ne doit employer l'asphyxie que lorsqu'on n'a pas à sa disposition d'autres moyens de s'emparer des abeilles; car, si un simple état de bruissement fatigue les abeilles, combien ne doit pas le faire un état de mort momentanée? Nous ne conseillerons jamais l'asphyxie pour l'essaimage artificiel, pénétré que nous sommes que le couvain doit en souffrir.

383. Anesthésie.—Il ne faut pas confondre l'asphyxie, qui, comme nous venons de le voir, est un étouffement momentané, avec l'anesthésie ou sommeil léthargique procuré par certains gaz, tels que l'éther, le chloroforme, l'acide carbonique, etc. L'anesthésie tue quelquefois aussi; mais, convenablement pratiquée, elle n'a pas les conséquences de l'asphyxie momentanée. Malheureusement, les matières avec lesquelles on l'obtient, ou du moins celles que l'on connaît jusqu'à ce jour, et les appareils qu'il faut pour cette opération ne sont pas à la portée de tous.

384. Ennemis des abeilles en été. — Après la fausse teigne, ce qu'il y a le plus à redouter en été, c'est le pillage (221). Les guêpes et les frelons, dans les localités où ces insectes sont abondants, viennent aussi tourmenter les abeilles, dont ils s'emparent quelquefois pour manger ce qu'elles ont dans l'abdomen. On rétrécira les entrées des ruches, si l'on voit beaucoup de ces ennemis rôder autour.

On préconise comme moyen efficace de détruire les

guêpes de verser la contenance d'un petit verre d'*essence de térébenthine* dans le guêpier, et d'en boucher l'entrée avec un tampon d'ouate imbibé de la même liqueur. On ajoute par-dessus une pierre, un gazon ou bien une pelletée de terre : deux heures après, les guêpes sont mortes. C'est le soir qu'il faut faire cette opération.

385. Conduite des abeilles aux blés noirs ou aux bruyères. — Vers la fin de juillet et au commencement d'août, les apiculteurs des localités voisines de cantons où l'on cultive en grand le sarrasin, ou qui possèdent beaucoup de bruyères mellifères, conduisent leurs abeilles dans ces cantons. Il en est de même dans quelques localités de plaines avoisinant des montagnes; on transporte les abeilles à ces montagnes, qui produisent encore des fleurs lorsque la plaine est desséchée. Le transport doit avoir lieu la nuit et dans les conditions que nous avons indiquées ailleurs (352).

XVe LEÇON

TRAVAUX D'AUTOMNE ET D'HIVER

Récolte dernière. — Provisions que doivent avoir les colonies pour passer la mauvaise saison. — Balance pour peser les ruches. — Vente et achat d'abeilles en arrière-saison. — Nourrissement des abeilles. — Retour de la bruyère. — Mariage des colonies qui n'y ont pas trouvé de provisions suffisantes. — Importance et conservation des cires vides, charpentes ou bâtisses. — Hivernage des abeilles. — Moyens de les garantir d'un froid trop rigoureux. — Enterrement des ruches. — Consommation des abeilles en hiver. — Avantages des populations fortes sur les populations faibles. — Manière de raviver les abeilles engourdies par le froid. — Grand froid, neige, dégel. — Arrangement des ruches à la fin de l'hiver.

386. Nous arrivons dans une saison où les abeilles ne trouvent presque plus de fleurs aux champs, et, si elles sortent encore, c'est plutôt pour prendre leurs ébats. Cependant la fin de l'été et le commencement de l'automne sont quelquefois un arriéré de printemps pour les abeilles. Après un été sec, si des pluies surviennent vers la fin d'août, elles raniment la végétation des plantes et font encore éclore des fleurs où nos laborieuses ouvrières butinent un peu de miel et passablement de pollen, dont elles se servent pour une couvée de jeunes abeilles avant l'hi-

ver, couvée qui renforce singulièrement les colonies et
qui ne contribue pas peu à les aider à bien passer la mauvaise saison. L'excédant de pollen est emmagasiné et sert
à alimenter le couvain élevé pendant l'hiver ; car, à partir
de janvier et quelquefois même dès la fin de décembre, la
ponte recommence dans nos climats tempérés.

Il faut encore surveiller le pillage. Pour l'éviter autant
que possible, il faut rétrécir l'entrée des ruches au moyen
de guichets ou de portes mobiles (298).

387. Récolte dernière. — On peut encore récolter les
ruches vulgaires, qui ne l'ont pas été les mois précédents
en en chassant les abeilles et en les réunissant à des colonies à conserver. On enlève également les calottes et les
hausses supérieures des ruches qui ont un excès de miel ;
mais on ne replace plus ces calottes et ces hausses, qui,
ne pouvant plus être remplies, produiraient un vide dans
le haut des ruches, ce qu'il faut éviter pour l'hiver. On
ne replacera pas davantage les divisions verticales qu'on
pourrait enlever à cette époque. — Ces opérations doivent
se faire au milieu d'une belle journée.

On enlève aussi, après la saison du travail, les hausses
inférieures qui n'ont pas de gâteaux ou qui en ont peu.
Cependant il convient de les laisser si les colonies sont
très-fortes et si la localité est humide : elles servent alors
à aérer les ruches, ce qui empêche la moisissure. — On
conservera soigneusement celles enlevées qui contien-
draient des rayons propres : elles seront d'une grande
valeur pour les essaims ou pour l'obtention de miel.

**388. Provisions que doivent avoir les colonies pour
passer la mauvaise saison.** — La colonie consomme,
en moyenne, de 6 à 8 kilogrammes de miel depuis septembre jusqu'en avril. Cette quantité varie selon le climat
et selon l'année ; on peut même ajouter selon l'état de la
colonie, car il en est qui consomment plus que d'autres,
et ce ne sont pas toujours les plus populeuses qui, comme
on pourrait le croire, consomment le plus. En estimant la
quantité de provisons que contient une ruche, il faut avoir
égard à son âge et se souvenir que les rayons noirs des
vieilles ruches pèsent deux ou trois fois plus que les rayons
blancs d'un essaim. On doit aussi tenir compte approxi-

mativement de la quantité de pollen qui peut exister dans les ruches. On est fixé sur ce point par celles qu'on a dépouillées.

Connaissant la tare de chaque ruche, il est facile de se rendre compte des provisions intérieures, qui pourront être dans les proportions suivantes pour une colonie de deux ans, dont le poids brut est, je suppose, de   15 kilogr.

```
Poids de la ruche vide........    4 k.  »  )
 —   des abeilles...........    1   1/2  (   7
 —   des rayons ou de la cire..  1     »  (
 —   du pollen............      »   1/2  )
            Différence.............        8 kilogr.
```

Cette différence donne la quantité de miel contenue dans la ruche. On remarquera que l'appréciation a lieu en automne. Elle serait inexacte au printemps ou en été, lorsqu'il y a beaucoup de couvain dans la ruche.

On pèsera donc toutes les ruches avant l'hiver ; on les pèsera également au sortir de l'hiver, et l'on profitera de cette occasion pour les visiter, pour s'assurer de l'état de leur population et de leurs rayons. Après avoir nettoyé les tabliers, on les replacera dessus et l'on bouchera bien toutes les issues autres que l'entrée, si le temps et la localité sont secs ; s'ils sont humides, on ménagera un courant d'air.

389. Balance pour peser les ruches. — Il importe à l'apiculteur de savoir le poids de ses ruches à différentes époques de l'année. L'instrument le plus facile à employer pour cela est la *romaine à cadran* (*fig.* 128), qui tient peu de place et qui est aussi exacte que portative. Elle va très-longtemps sans se fausser, à moins qu'elle ne soit endommagée ; et, lorsqu'elle est faussée, elle peut être réparée à peu de frais.

Lorsqu'il s'agit de connaître le poids d'une ruche, on suspend cette ruche au crochet de la romaine. On soulève celle-ci en passant les doigts dans son anneau, A, ainsi qu'on le fait quand on pèse avec la romaine triangulaire que tout le monde connaît. L'aiguille B indique sur le cadran le poids de la ruche. Si l'on a affaire à une ruche sans manche et sans anse, on passe dessous une ficelle qui en tient lieu. On doit choisir une matinée ou une soirée fraîche pour peser les ruches, et lorsqu'on est obligé de les peser au moment du travail, il faut projeter un peu de fumée aux abeilles qui se trouvent à l'entrée et sur le tablier, afin d'en écraser le moins possible. On peut les peser avec leurs tabliers, lorsqu'on sait le poids de ceux-ci, et qu'ils ne sont pas trop lourds.

Lorsque l'on veut faire des expériences sur le poids journalier d'une ruche convenablement placée, on dispose deux bâtons se croisant en X, comme dans la figure ci-jointe, qui reçoivent un autre bâton transversal, lequel à son tour reçoit l'anneau de la romaine. Le poids de cette ruche est constamment indiqué par l'aiguille, qui avance au cadran à mesure que ce poids augmente, et qui recule à mesure qu'il diminue.

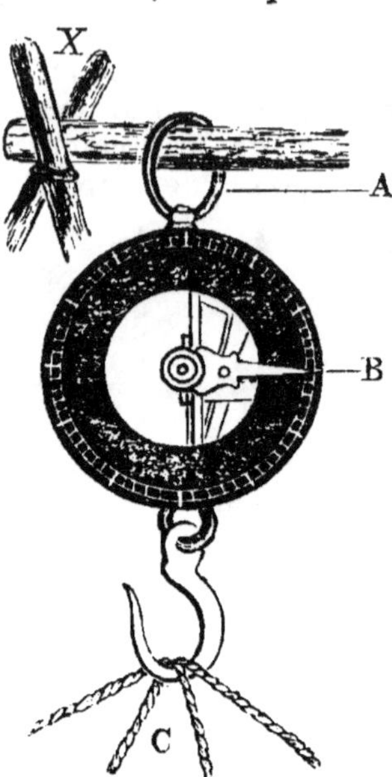

(*Fig.* 128.) Romaine à cadran pour peser les ruches.

Cette romaine, à moins que son cadran ne soit très-grand, ne donne pas de division au-dessous du demi-kilogramme; il faut les établir à vue de nez, c'est-à-dire à peu près. Il existe des balances à bascule et à cadran dont la précision ne laisse rien à désirer, ainsi que les divisions inférieures du kilogramme, qui sont poussées très-loin. Mais le prix élevé de ces balances en rend l'usage impossible à la plupart des apiculteurs, qui se servent du premier peson venu. — Lorsqu'on ne tient pas à un peson de poche, on peut avoir une romaine à levier, qui ne se fausse pas, qui donne les divisions en hectogrammes, et ne coûte que 3 ou 4 francs chez les quincailliers.

390. Vente et achat d'abeilles en arrière-saison. Conseils. — L'arrière-saison est la principale époque de vente et d'achat d'abeilles dans beaucoup de cantons. Pour la vente, il faut se défaire de préférence des colonies qui commencent à vieillir et qui n'essaiment plus, ainsi que des essaims à nourrir. Ces ruches valent moins, bien entendu, que les essaims suffisamment approvisionnés et que les colonies de deux ou trois ans qui ont essaimé de bonne heure et travaillé activement. Parmi vos ruches, il s'en trouve dont l'abeille mère est bien plus vigoureuse que d'autres de ruches voisines; ne vous défaites pas de ces premières, fussent-elles peu approvisionnées; complétez ce qui leur manque. — Pour l'achat, il vaut mieux, par les mêmes considérations, préférer des essaims et de bonnes ruches mères d'un ou de deux ans à de vieilles ruchées qui n'ont pas essaimé. Si vous achetez ces dernières, vous devrez les marier à des essaims secondaires. Il ne faut non plus acheter de ruchées trop lourdes; car, pleines de miel, elles ne laissent pas d'alvéoles vides pour l'éducation du couvain, et la population faiblit bientôt. Elles sont dans de bonnes conditions au poids de 15 à 20 kilogrammes en ruche de paille. Les essaims qui ne pèsent que 12 ou 13 kilogrammes en panier de paille peuvent encore être achetés de confiance vers octobre. — Il ne faut pas aller chercher d'abeilles dans une localité où l'on ne cultive que du sarrasin, ou qui n'a que des bruyères au miel aqueux et froid, pour les apporter dans un canton de sainfoin et d'autres fleurs au miel blanc, car elles travailleraient peu. Il faut les prendre dans une localité où elles essaiment de bonne heure et beaucoup. Il faut aussi les prendre dans une localité où elles sont assez nombreuses, ou bien dans un rucher qui renouvelle annuellement une partie de ses colonies. Un point auquel on ne fait pas assez attention, c'est de renouveler les colonies de temps à autre, surtout dans les petits ruchers isolés. Voici ce qui arrive lorsqu'on ne le fait pas : les jeunes femelles s'accouplent avec des mâles de même famille, des frères ou des cousins; il y a par conséquent consanguinité, et partout où il y a consanguinité, il y a dégénérescence (*). Voilà pourquoi souvent des ruchers,

---

(*) On a contesté ce fait, mais il n'en existe pas moins aussi bien chez les gens que chez les bêtes. Un médecin des États-Unis, le docteur Bemis, a constaté que, sur 787 mariages entre cousins germains, 256 ont produit des aveugles, des sourds-muets, des idiots, etc. Un certain nombre sont restés stériles; aussi plusieurs États de l'Union ont-ils voté une loi qui défend ces mariages. (V. *Journal des connaissances médicales*, septembre 1858; *Traité*

et surtout de petits ruchers isolés, ne réussissent plus après
avoir réussi un certain nombre d'années. Les colonies n'essaiment plus et ne donnent pas davantage de produits.
Quant aux qualités particulières qu'on a attribuées à différentes espèces d'abeilles faites par des auteurs, ne vous
en préoccupez pas. Nous l'avons déjà dit et nous le répétons : il n'y a en France, et même dans une grande partie de l'Europe, qu'une espèce d'abeilles offrant quelques
variétés légères dues à la nature et aux ressources des
plantes, au climat et sans doute aussi aux causes que nous
avons signalées plus haut. — Quant au prix des colonies,
il varie d'un canton à l'autre. Ici on paye les bonnes colonies à garder de 18 à 24 fr.; ailleurs elles ne coûtent
que 14 ou 15 fr. Dans plusieurs localités, on ne les vend
que 10 ou 12 fr., quelquefois même que 8 fr.

391. Nourrissement des abeilles. — Lorsque les ruchées qu'on se propose de conserver n'ont pas assez de
provisions pour passer la mauvaise saison, il faut leur en
donner, à moins qu'on ne préfère les réunir. Si l'on a du
temps et de la patience à sacrifier, on pourra nourrir les
essaims et les ruchées mères n'ayant pas suffisamment de
provisions. Mais, pour les nourrir avec succès, il ne faut
pas oublier que les populations doivent être fortes, autrement on perd son temps et son argent. On saura aussi
qu'il vaut mieux présenter la nourriture tôt que tard et
en donner trop que trop peu. C'est une erreur de croire
que les abeilles puissent abuser de la nourriture qu'on
leur donne et qu'elles en deviennent plus paresseuses. Il
est vrai que, quand on leur en présente prématurément,
elles en emploient aussitôt une partie à alimenter du couvain, mais ce couvain augmente et ravive la colonie. —
Si l'on a des parties de ruches, hausses ou calottes, qui
contiennent du miel en rayons dont on n'aurait pas tiré
parti ou qu'on aurait réservé pour cela, on leur présentera ce miel, soit en ajoutant la partie de ruche, soit en
plaçant le soir les rayons sous la ruche. 2 kilogrammes
de miel en rayons et non granulé, bien entendu, font plus
de profit que 3 kilogrammes de miel coulé. Les miels cou-

spécial d'*Hygiène des familles*, de M. Francis Devay, et *Travaux de Statis-
tique et de Physiologie*, de M. Marc Despine, de Genève.)

lés dont on se sert ordinairement pour nourrir les abeilles et qui conviennent le mieux sous le rapport du bon marché sont ceux dits de presse (miels citrons), les miels de bruyère et de sarrasin (miel de Bretagne); ces deux derniers sont réputés froids et, par conséquent, ne pas beaucoup convenir quand ils sont donnés en grande quantité ; il faut les choisir durs et de bon goût et les faire fondre avant de les présenter aux abeilles. On doit préférer du bon miel blanc, lorsqu'on n'est pas arrêté par la dépense. Des apiculteurs y ajoutent de l'eau, croyant qu'ils ne fondraient pas sans cela, et se proposent ainsi d'allonger la sauce; mais il ne faut pas s'illusionner, l'eau n'est pas du miel, et, si on en ajoute, il faut le faire avec modération : un dixième suffit pour le miel le plus sec. Il est d'autres apiculteurs qui y ajoutent une boisson alcoolique, telle que du vin, de l'eau-de-vie, etc., cette addition vaut moins que celle de l'eau, l'abeille n'ayant pas été créée pour user d'ingrédients alcooliques, non plus que d'opium. Si l'on parvient à lui en faire ingurgiter, c'est en la trompant ; autrement, elle se garde d'en absorber. Si, en été, l'on place du vin ou de l'eau-de-vie à proximité du rucher, elle n'y touche pas plus que si c'était de la moutarde ou du vinaigre.

Le miel liquide doit être présenté dans un *nourrisseur* ou vase en bois ou en terre cuite, à rebords droits et peu élevés (*fig.* 129). Afin que les abeilles ne s'engluent pas

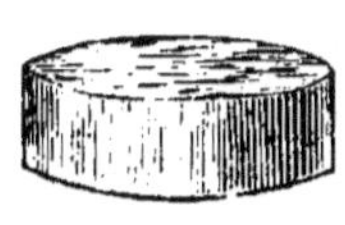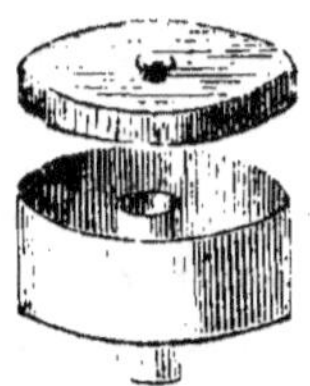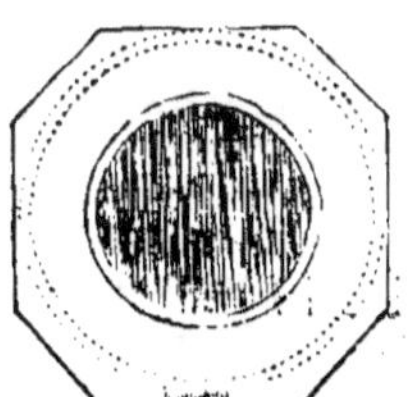

<table>
<tr><td>(Fig. 129.)
Nourrisseur ordinaire.</td><td>(Fig. 130.)
Nourrisseur pour
le dessus.</td><td>(Fig. 131.)
Plancher percé pour
nourrisseur.</td></tr>
</table>

dans ce miel, la surface doit être garnie de brins de paille ou de rondelles de vieux bouchons, ou d'une bande de liége percée de petits trous, etc. On peut aussi se servir de rayons propres qui conviennent souvent moins parce qu'ils ne peuvent contenir qu'une petite quantité de miel.

16.

La ration qu'il faut leur administrer doit être au moins de 1 kilogramme à la fois, car plus on divise la nourriture qu'on leur offre, moins cette nourriture leur profite. Il importe donc de leur en donner le plus possible à la fois et de ne pas laisser traîner le nourrissement des ruches. C'est à la tombée de la nuit qu'il faut présenter la nourriture aux abeilles en introduisant le nourrisseur sous la ruche à nourrir. Cette ruche doit être placée sur une hausse vide de même diamètre, si ses rayons descendent jusqu'au tablier. Les nourrisseurs doivent être enlevés tous les matins, autrement ceux qui contiennent encore quelque miel pourraient occasionner le pillage. Si on en laisse pendant le jour qui contiennent encore du miel, il faut clore les ruches qui les ont, pour que les abeilles n'en puissent sortir, ni d'autres y entrer. Toutefois, il ne faut pas que la clôture empêche l'air de circuler, car on pourrait étouffer les abeilles. — Au lieu de faire usage d'une hausse, comme nous l'avons indiqué plus haut pour les ruches dont les rayons descendent jusqu'en bas, on peut se servir d'un plancher percé dans lequel on place le nourrisseur (*fig.* 131). Aux ruches qui ont une issue par le haut, on peut donner·la nourriture de ce côté à l'aide d'un nourrisseur spécial (*fig.* 130). Lorsque la saison devient froide, il vaut toujours mieux présenter la nourriture par le haut que par le bas [341] (*).

392. Tous les corps sucrés peuvent être donnés en nourriture aux abeilles; mais ceux qui leur conviennent le mieux sont ceux qui contiennent le plus de matière saccharine. On peut employer avec économie le sucre, lorsque le prix en est peu élevé, auquel on ajoute les quatre septièmes d'eau de son poids pour le faire dissoudre. On peut mêler le sucre fondu, nourriture *chaude*, aux miels de sarrasin et de bruyère, nourriture *froide*; l'on obtient ainsi une nourriture bien conditionnée (**). Le mélange se fait

---

(*) V. l'*Apiculteur*, cinquième année, pour tous les moyens employés en l'année calamiteuse de 1860 pour nourrir les abeilles.

(**) Les adversaires du nourrissement des abeilles reprochent à la nourriture donnée en arrière-saison une production de couvain qui avorte souvent et qui produit la loque. Cela a lieu lorsque la nourriture est peu substantielle et qu'elle est donnée tardivement. Mais lorsqu'elle est substan-

à parties égales, ou aux deux tiers de sucre pour un tiers de miel. Le sirop de fécule ou *glucose* est encore une nourriture économique, lorsque son prix ne dépasse pas 40 cent. le kilogramme. C'est surtout mêlée au sucre et au bon miel qu'il convient de donner cette nourriture, quoiqu'on puisse l'administrer seule. On vend, dans le commerce, le sirop de fécule sous trois formes différentes : sirop liquide à 33 degrés (33 p. 100 de matières sucrées), sirop massé à 40 degrés (40 p. 100 de sucre), sirop de froment (il n'en a que le nom). Ce dernier est très-gluant et contient peu de sucre, quoiqu'il se vende le plus cher; on ne doit l'employer qu'en petite proportion, mêlé à du sucre fondu. Le sirop massé, le plus sucré, a l'inconvénient de contenir encore un peu de l'acide sulfurique qui a servi à sa fabrication. Le plus naturel serait le sirop liquide, mais il contient peu de sucre, et il en faut 2 parties pour équivaloir à 1 partie de miel. En outre, il fermente assez vite par une température chaude. Les sirops de fruits, que les anciens auteurs ont recommandés, ne valent pas les matières que nous venons d'indiquer, parce qu'en général ils contiennent peu de parties sucrées, mais beaucoup d'eau et souvent un mucilage qui empêche leur absorption.

392 *bis*. Manière de préparer le sirop de sucre. — On verse dans une bassine quatre litres d'eau avec 7 kilogrammes de sucre cassé en morceaux de 100 à 200 grammes; on chauffe sur un feu modéré jusqu'à dissolution entière, et au bout d'une demi-heure environ le sirop est fait. On le laisse refroidir pour le présenter, comme le miel fondu, aux abeilles, et on conserve dans des bouteilles ce qui n'est pas donné immédiatement. — Au lieu de sucre blanc en pain, on peut employer du sucre en grain non raffiné, et de la cassonade (vergeoise), cette dernière dans les proportions de 2 parties pour 1 partie d'eau.

On peut remplacer l'eau par du jus de fruits sucrés, du moût de raisin et de pommes.

---

tielle et donnée tôt, le couvain arrive à bon terme. On a remarqué que le sucre donné même tardivement ne procure pas, excepté le sucre brut de mauvaise qualité, l'inconvénient signalé. On peut constater aussi qu'au printemps les colonies alimentées au sucre sont plus actives que celles nourries au miel inférieur.

393. La nourriture ne doit plus être présentée lorsque la saison est devenue froide, avons-nous dit, et elle doit contenir moins d'eau à mesure que la saison s'avance. Autrement, c'est-à-dire si la saison est froide et si la nourriture est aqueuse, cette nourriture met les abeilles dans l'impossibilité de retenir leurs excréments; elles sont forcées de s'en décharger, soit dans la ruche même, si le temps est mauvais, ce qui vicie l'air; soit au dehors, si elles peuvent sortir; et, dans ce cas, elles sont exposées à périr, parce qu'elles sont faibles et que le froid peut les surprendre. D'ailleurs on a beaucoup de peine à leur faire prendre la nourriture lorsque la température les contraint à se resserrer au haut de leur habitation; elles descendent difficilement et n'enlèvent que de petites parties à la fois.

Il est vrai qu'on a inventé des appareils pour monter la nourriture à la portée des abeilles et pour la leur présenter par le haut de la ruche; mais ces appareils ne sont pas applicables à toutes les ruches. Au reste, les résultats ne sont jamais aussi certains lorsqu'on donne la nourriture tardivement (341). Quoi qu'il en soit, on peut sauver des colonies pauvres, qu'on aurait négligées en temps convenable, en leur présentant de la nourriture même au milieu de l'hiver. Pour cela, il faut placer ces colonies dans un appartement sain, où la gelée ne se fait pas sentir, quelquefois près d'un poêle, où on les laisse pendant le temps qu'elles enlèvent la nourriture qu'on leur présente; ce temps ne doit pas être trop long, car l'air impur de l'endroit pourrait leur faire contracter la dyssenterie.

394. Retour de la bruyère. Réunion des colonies qui n'y ont pas trouvé de provisions suffisantes. — Vers la fin d'octobre, la fleur de la bruyère a cessé, à peu près partout, de donner du miel. Les colonies qui y ont été conduites doivent être ramenées au rucher d'hiver, et toutes celles qui n'ont pas un poids suffisant doivent être nourries ou mariées. Des apiculteurs du Gâtinais préfèrent ce dernier moyen, qu'ils appliquent lorsque les ruches ne pèsent pas au moins 15 kilogrammes. De deux il n'en font qu'une, c'est-à-dire qu'ils réunissent deux populations dans la même ruche pour passer l'hiver, et qu'après l'hiver ils transvasent la réunion dans la ruche chassée, laquelle ruche contient des provisions suffisantes pour atteindre les fleurs. Ces réunions sont pratiquées de la manière suivante :

On renverse la ruche dont on veut extraire les abeilles; au moyen d'une barbe de plume, on asperge de miel étendu d'eau le bout des rayons où les abeilles ne tarden pas à se rendre; on remet cette ruche dans son sens, et, à l'aide d'une corde attachée à une poutre, on la suspend de manière qu'elle soit un peu au-dessus d'un crible non percé, pour recevoir les abeilles; on soulève légèrement cette ruche et on l'abandonne à son poids : la secousse qui lui est imprimée fait tomber les abeilles; on réitère deux ou trois fois cette secousse ; alors, toutes les abeilles étant tombées dans le crible, on renverse aussitôt celui-ci à l'entrée de la ruche à laquelle on veut les réunir. Cette opération doit être pratiquée dans un appartement; les quelques abeilles qui s'envolent à la croisée sont ramassées avec un plumeau et apportées près de leurs compagnes dont le battement d'ailes les attire d'ailleurs. Une seule personne marie ainsi vingt-cinq ou trente ruches dans une journée, et elle est beaucoup moins fatiguée que lorsqu'il s'agit de secouer les ruches avec les bras, comme le font des apiculteurs de la Champagne (378).

Après l'hiver, on opère encore de cette manière pour changer de ruches les abeilles. Mais cette fois on s'assure davantage si la mère est tombée sur le crible.

Lorsque les réunions n'ont pas assez de provisions pour passer l'hiver, on complète immédiatement ce qui leur manque. Comme la saison devient froide et que les abeilles descendent difficilement (il s'agit surtout de celles dont les rayons ne sont qu'à moitié ou aux deux tiers de la ruche), on descend dans une cave sèche les ruches à nourrir, et au bout de quelques jours, c'est-à-dire quand elles ont monté la nourriture qu'on leur a présentée, on les replace le soir au rucher, et le lendemain elles sortent vers le milieu de la journée si le temps le leur permet.

395. Importance et conservation des cires vides, charpentes ou bâtisses. — Les ruches dont on a chassé les abeilles, ainsi que celles dont les abeilles sont mortes, doivent être soigneusement conservées, si leur cire n'est pas trop vieille, si elle est propre, et surtout si elle con-

tient un peu de bon miel. On n'apprécie généralement
pas assez la valeur des cires vides ou bâtisses, que trop
d'apiculteurs démolissent et jettent à la fonte (*). Les
praticiens intelligents du Gâtinais avouent ne pas payer
cher une bâtisse pleine, qui ne leur coûte que 5 francs.
Ils en payent quelquefois jusqu'à 7 francs. C'est aussi
cher que les bonnes colonies dans certaines localités au
miel inférieur. Mais ces bâtisses leur assurent au moins
8 kilogrammes de miel, c'est-à-dire que l'expérience leur
a appris que, si l'on donne une bâtisse à une ruche cul-
butée, cette ruche procure au moins 8 kilogrammes
de miel de plus que si on ne lui eût donné qu'une
ruche vide (**). On comprend après cela les soins qu'ils
mettent à en recueillir le plus qu'ils peuvent et à les
conserver.

On conserve les bâtisses en les passant au soufre et en
les plaçant dans des caves sèches ou dans des celliers frais.
L'hiver, on peut, après les avoir enveloppées d'une feuille
de papier, pendre ces bâtisses dans un grenier, où il faut
se garder de les laisser lorsque la température devient
douce, sinon la teigne les dévore. Si l'humidité avait
développé quelque moisissure dans la cire, il faudrait
la passer au soufre avant que d'y loger des abeilles. Si
des parties de rayons étaient détériorées, il faudrait les
enlever.

396. Hivernage des abeilles. Moyens de les ga-rantir d'un froid trop rigoureux.

— Il est des hivers
très-longs et très-rigoureux, où l'intensité du froid nuit
beaucoup aux abeilles des ruches mal abritées. Un des
plus grands maux qu'il leur fait, c'est de cristalliser leur
miel, qui ne leur est d'aucun usage dès qu'il est durci; la
chaleur le maintient dans un état de fluidité, mais cette
chaleur, concentrée au milieu ou sur l'un des côtés de la

(*) Il en est qui les vendent pour le poids de la cire et n'en obtiennent quelquefois que 75 c. Ceux-là ne sont pas plus intelligents que les *étouffeurs.*

(**) On sait que la plupart des apiculteurs du Gâtinais renversent sens dessus
dessous les ruches au moment où le miel commence à donner amplement, et
les coiffent d'une ruche bâtie dans laquelle les abeilles emmagasinent aussitôt;
ils calottent à l'envers. Une cire vide n'a pas la même valeur dans toute
autre circonstance.

ruche, n'empêche pas qu'il ne congèle dans d'autres parties. On trouve plus de miel grené d'un côté que de l'autre ; c'est sur le derrière qu'il y en a ordinairement le plus, parce que les abeilles ont été attirées sur le devant par les rayons du soleil. On prévient cet accident en rétrécissant raisonnablement les entrées, en lutant exactement le contour entier des ruches, pour en boucher toutes les fentes et tous les interstices par où l'air extérieur pourrait pénétrer. Nos industrieuses et prévoyantes ouvrières en donnent l'exemple : leur instinct les porte à boucher avec grand soin, pendant l'été, les fentes et les jointures de leur habitation avec la propolis, que ni les souris, ni la fausse teigne, ni les fourmis ne peuvent ronger ; elles s'en servent aussi quelquefois pour rétrécir les entrées trop larges et trop hautes, par où leurs ennemis pourraient pénétrer pendant les grands froids.

Les ruches à parois épaisses, nous l'avons déjà dit, garantissent nécessairement mieux du froid que celles qui sont minces et légères. On peut comparer ces dernières à des habits d'été, et les premières à des habits d'hiver qui tiennent chaud : c'est pour cela qu'on recommande des planches épaisses pour les ruches en menuiserie, et de forts cordons pour celles en paille. On objectera sans doute qu'on voit des colonies prospérer dans des ruches ouvertes à tous vents, et que les abeilles supportent parfaitement les froids excessifs de la Russie septentrionale. Il est vrai qu'on voit quelquefois des colonies fortes supporter l'hiver sans encombre dans des ruches mal abritées, comme on voit des individus robustes aller pour ainsi dire pieds nus par les froids les plus rigoureux ; mais il n'est pas moins vrai de dire que les abeilles, comme les gens et tout ce qui vit, ne se trouvent bien en hiver qu'autant qu'elles sont abritées du froid. Pour une colonie qui résiste et que l'on cite, il en succombe dix dont on ne parle pas, et qui auraient survécu si elles eussent été convenablement abritées. Si les essaims supportent les hivers très-froids de la Russie, c'est parce qu'ils sont logés dans des troncs d'arbres épais où la gelée ne pénètre pas.

On a conseillé différents moyens d'hiverner les abeilles ; on a recommandé d'abriter les ruches au nord, de les rentrer dans les logements, de les placer dans des caves et des celliers, de les enterrer, etc., etc. La plupart de ces moyens ne sauraient être pratiqués en tous lieux, et puis les colonies fortes se trouvent mieux au rucher que partout ailleurs. Ce ne sont que les petites colonies qui demandent à être placées dans un lieu abrité et tranquille, dans un endroit à l'air sec et sain, et dont la température se trouve un peu au-dessous de celle des caves.

397. Voici un moyen d'abriter les ruches, conseillé par Gélieu, qui a sa valeur dans les localités où un froid vif se fait sentir : « Je me procure, dit-il, de la mousse bien sèche. On en trouve partout : elle ne coûte que la peine de la ramasser. A l'entrée de l'hiver, j'en couvre mes ruches et j'en remplis les intervalles qui se trouvent entre elles. (Les ruches de Gélieu étaient placées sur un banc commun.) La mousse tient fort au chaud; elle n'attire point les souris, qui semblent plutôt la craindre et l'éviter. Quand on la met par poignées, en la serrant beaucoup, elle forme une masse ou une plaque assez bien liée pour résister à l'effort des vents. Je la contiens derrière et devant avec des morceaux de toile d'emballage dite *serpillière*, ou des haillons, ou de vieux sacs ou de vieilles paillasses, ou des bouts de planches, ou même de petits bâtons, en serrant le tout avec des bouts de corde, de la ficelle ou de longs osiers. Je couvre aussi de mousse le haut de la ruche à quatre doigts d'épaisseur, et je mets au-dessus une petite planche chargée d'une pierre, ou simplement une large pierre. Je n'ôte cet emballage qu'au commencement, au milieu, ou même à la fin d'avril ; je place alors la mousse dans quelque réduit, à l'abri de la pluie, et elle peut servir plusieurs années. »

Lorsque les ruches sont isolées, on peut se contenter d'un épais surtout de paille descendant jusqu'au tablier. Néanmoins, si elles sont plates en dessus, on fera bien d'y placer quelques poignées de mousse, que recouvrira le capuchon en paille : abondance de couvertures ne nuit pas.

398. **Enterrement des ruches.** — Vers la fin de novembre, un peu plus tôt ou un peu plus tard, selon que la localité est plus ou moins au nord et sujette au froid, lorsque les abeilles ne sortent plus, parce que le temps

est devenu froid, on creuse le sol à une profondeur de
60 centimètres à un mètre, selon la hauteur des ruches.
Si l'on peut disposer d'un hangar, mieux vaut ouvrir là
le silo que de l'établir à ciel ouvert. Dans tous les cas, il
est essentiel que le terrain ne soit ni humide ni fréquenté
par les gens et les bêtes, et, parmi celles-ci, par les tau-
pes, les rats ou les souris. L'étendue de la fosse est subordonnée au nombre de ruches qu'on veut y placer. Si
la fosse était trop petite, les abeilles manquant d'air seraient asphyxiées. Pour leur ménager de l'air suffisamment on établit sur le sol, au fond du silo, deux chantiers
en bois de 10 à 12 centimètres d'épaisseur, sur lesquels
on place les ruches. La fosse est fermée au moyen de
bouts de planches et de longue paille, qu'on recouvre
d'une couche de terre épaisse de 12 à 18 centimètres, et
qu'on dispose en dos d'âne. On tasse cette terre pour que
la pluie ne la pénètre pas. L'enterrement des ruches ne
vaut rien dans la partie méridionale de la France. Dans
les cantons froids, on peut se borner à placer les ruchées
faibles dans des caves sèches ou dans des celliers obscurs.
Les abeilles consomment moins dans l'obscurité qu'à la
lumière.

Lorsqu'on hiverne les petites ruches dans des caves sèches ou dans des celliers, il faut également les poser sur
des chantiers ; si on les laisse sur leur tablier, il faut
avoir soin de les soulever par un côté au moyen d'une
cale. Lorsqu'on les hiverne dans des appartements, non
fréquentés, secs et à température à peu près uniforme, on
peut aussi les placer sur des chantiers ou les suspendre
ouvertes au plancher, si le jour ne pénètre pas dans ces
appartements. Non-seulement l'appartement ne doit pas
être fréquenté, mais il doit être éloigné de tout bruit ; autrement, les abeilles, trompées par ce bruit, cherche-
raient à sortir. Il faut ménager un courant d'air à celles
que l'on place dans des tas de grain, de feuilles ou de
foin ; autrement elles seraient asphyxiées. Nous l'avons
appris à nos dépens il y a plus de trente ans.

**399. Consommation des abeilles en hiver. Avantage
des populations fortes sur les populations faibles. —**
En hiver, les abeilles ne sont pas engourdies, comme on
le croyait autrefois, puisque dès janvier elles s'adonnent

à l'éducation du couvain. Elles consomment beaucoup pendant la saison froide, mais plus pour entretenir la chaleur de leur habitation que pour les besoins vitaux. Leur corps est alors une machine, un laboratoire, un foyer si l'on veut, qui, pour produire de la chaleur, consomme du miel, comme les foyers de nos appartements consomment du bois ou de la houille. Que faut-il pour que la combustion ait lieu et produise de la chaleur? De l'oxygène, beaucoup d'oxygène, c'est-à-dire de l'air bien conditionné, de l'air pur. Aussi, quand notre feu ne brûle pas, nous nous servons du soufflet. Il faut de même aux abeilles de l'oxygène, c'est-à-dire de l'air pur, pour que la combustion du miel s'accomplisse dans leur laboratoire, et ce sont leurs ailes qui leur servent de soufflet lorsque cet air manque.

400. De ce que nous venons de dire il résulte que, plus il fait froid, plus les abeilles ont besoin d'absorber de miel pour produire de la chaleur, pour entretenir celle de l'intérieur de leur ruche, qui ne doit pas descendre au-dessous de 20 à 24 degrés. Il en résulte aussi que, plus les abeilles sont nombreuses dans la ruche, moins elles ont besoin individuellement d'absorber de miel pour entretenir cette chaleur ; car il est évident que, lorsqu'il y a deux poêles dans une salle, il faut moins de charbon dans chaque poêle pour chauffer cette salle qu'il n'en faudrait s'il n'y en avait qu'un seul : ce dernier devrait, ce nous semble, en brûler deux fois autant. Cela nous démontre donc comment les fortes populations ne consomment pas plus, et par conséquent fatiguent moins que les populations faibles pour entretenir la même chaleur (375). Cela nous apprend encore que les abeilles doivent consommer moins lorsque la température est moins basse. Ce dernier fait n'est pas toujours vrai : si la température n'est pas froide, les abeilles, s'adonnant à l'éducation du couvain, consomment plus. La variation de la température fait aussi consommer plus aux abeilles, qui dans ce cas ressemblent à tous les animaux, lesquels supportent mieux un froid vif et continu que les alternatives de froid et de chaud. Pour que les ruchées consomment le moins possible, il faut donc que la température ne soit ni trop basse ni trop haute. Tout le monde sait qu'elles perdent moins de leur poids dans les hivers ordinaires et régu-

liers que dans les hivers très-froids, ou que dans les hivers irréguliers et doux.

401. Manière de raviver les abeilles engourdies par le froid. — Les abeilles, avons-nous dit plus haut, ne s'engourdissent pas en hiver. Mais si les provisions viennent à leur manquer, ou si le miel est granulé, ou seulement si elles ont épuisé les provisions d'un côté de la ruche, et que le froid soit si vif qu'il les empêche de changer de côté, elles tombent engourdies et comme asphyxiées sur le tablier, où elles resteraient mortes si l'on tardait à venir à leur secours. Quelquefois elles ne tombent pas sur le plancher et restent engourdies entre les rayons auxquels elles sont accrochées par leurs pattes, comme si elles étaient vivantes. Il arrive aussi qu'elles sont saisies par le froid extérieurement lorsqu'elles sortent par le mauvais temps.

On doit s'empresser de porter les abeilles engourdies par le froid dans un appartement chaud; elles ne tarderont pas à se ranimer et à reprendre toute leur vigueur si elles ne sont pas dans cet état depuis trop longtemps. On peut encore les rappeler à la vie au bout de vingt-quatre heures d'engourdissement, à moins qu'elles n'aient été exposées à une gelée vive. Lorsqu'on rencontre isolément des abeilles engourdies, il suffit de les exposer aux rayons du soleil pour qu'elles retrouvent leur vigueur et reprennent leur vol; mais, lorsqu'on a affaire à des ruches entières dont les abeilles sont accrochées entre les rayons, on place sous la ruche un petit pot de terre rempli de cendre chaude mêlée de braise et bien recouvert, qui procure dans la ruche une chaleur douce, suffisante pour rappeler les abeilles à la vie. Au lieu d'opérer ainsi, on se contente d'entoiler la ruche et de la placer renversée en face d'un bon feu. On leur présente ensuite un peu de miel tiède que l'on verse avec une cuiller sur les rayons où elles se trouvent, ou sur la toile, qu'elles vont sucer. L'apiculteur qui sera attentif à visiter ses ruches le matin, lorsque le froid de la nuit aura été plus vif que celui des nuits précédentes, pourra ainsi sauver des colonies faibles. C'est principalement à la fin de l'hiver et au commencement du printemps que le froid excessif est nuisible aux essaims faibles.

402. Grands froids, neige, dégel. — Pendant les grands froids, on ne doit pas transporter les colonies ni renverser les ruches, parce que les abeilles tomberaient et, prises de froid, ne pourraient remonter. Si une neige épaisse s'amasse sur le tablier et à l'entrée des ruches, il faut avoir soin de l'enlever. Il faut aussi, autant que possible, empêcher les abeilles de sortir lorsque la terre est recouverte de neige. On y parvient en bouchant les entrées avec une toile métallique ou un morceau de tôle ou de zinc perforé, et en enveloppant les ruches de paillassons pour empêcher l'action du soleil (*). Si on laisse la liberté aux abeilles, il est bon d'étendre de la paille clair-semée autour des ruches.

Lors des grands froids, la vapeur des ruches se condense aux parois, où elle se congèle et forme quelquefois des glaçons épais qui fondent quand vient le dégel. A ce moment, il est bon de pencher un peu le tablier au moyen d'une cale placée derrière pour que l'eau s'écoule facilement. En séjournant, cette eau produirait une humidité funeste aux abeilles.

403. Arrangement et déplacement des ruches à la fin de l'hiver. — Depuis décembre jusqu'en février, on peut changer les ruches de place sans trop d'inconvénient. Il faut donc profiter de ce moment pour leur donner la place qu'elles occuperont toute l'année. On a soin de mettre les plus fortes à un bout du rucher et les plus faibles à l'autre bout. Ces dernières, ayant besoin d'être surveillées plus que les autres, doivent toujours se trouver à la portée de l'apiculteur. On profite de cet arrangement pour visiter les colonies; on décolle les ruches de leurs tabliers; on enlève les brins de cire et les cadavres d'abeilles qui se trouvent sur ces tabliers; enfin, on renouvelle les surtouts s'ils demandent à l'être, etc., etc. (**).

(*) Un moyen de faire fondre la neige consiste à semer dessus de la suie, du terreau ou seulement de la terre émiettée.

(**) Pour les soins à donner qui ne sont pas indiqués ici, consulter le *Calendrier apicole*, almanach des cultivateurs d'abeilles.

XVIᵉ LEÇON

MANIPULATION DES PRODUITS DES ABEILLES

Façonnement du miel. — Local et instruments. — Manière d'opérer
en petit et en grand. — Mellificateur. — Aromatisation du miel. —
Epuration. — Entonnage ou empotage. — Conservation. — Qualités, usage et propriétés du miel. — Façonnement de l'hydromel.
— Prix de revient. — Qualités et propriétés. — Alcool d'eau miellée. — Fonte de la cire. — Epuration. — Coulée, etc. — Manière de reconnaître la cire falsifiée. — Qualités et usages de la cire.

404. Façonnement du miel. — Nous avons vu que le
miel doit être manipulé aussitôt après son extraction de
la ruche, et qu'il doit être extrait de la ruche aussitôt que
les abeilles en sont sorties, car alors il est chaud, limpide
et coule facilement; mais si on le laisse refroidir dans les
rayons, il n'en sort entièrement qu'à l'aide d'une chaleur
artificielle. Cependant il convient de laisser refroidir dans
les rayons — et, par conséquent, de ne pas extraire
ceux-ci tout de suite — le miel limpide et non operculé qui
a été recueilli ce jour-là ou la veille par les abeilles, car
ce miel contient une surabondance d'eau qui empêcherait
sa granulation par la suite.

Lorsqu'on n'a que quelques ruches, quelques hausses
ou quelques chapiteaux à récolter, on arrive facilement
à en extraire le miel avant qu'il se soit refroidi, surtout
lorsqu'on opère en été ; mais il n'en est pas de même
lorsqu'on opère sur un grand nombre de ruches, et surtout lorsque le rucher est éloigné de l'habitation de l'apiculteur. Il faut alors posséder un local spécial, un labora-

toire dont on puisse élever la température à volonté. C'est dans ce laboratoire qu'il convient d'extraire le miel lorsqu'on veut opérer en grand et avec promptitude.

405. Laboratoire. — Le laboratoire, qui sert en même temps à fondre la cire et à fabriquer l'hydromel, doit être assez vaste pour qu'on puisse y opérer à son aise; il doit n'avoir qu'une croisée au midi, et deux portes, dont l'une donnant sur la cour et l'autre sur le jardin. Ces issues doivent fermer de manière à ne laisser entrer aucune abeille. Il doit, en outre, avoir une cheminée dont le haut est bouché au moyen d'une toile métallique pour que les abeilles ne puissent avoir accès de ce côté, ou y venir chercher la mort. Ce local, placé au rez-de-chaussée, et dont le sol est carrelé proprement, a un sous-sol (ou cave spacieuse) aéré au moyen de soupiraux placés au nord autant que possible. Ces soupiraux sont aussi fermés par une toile métallique. La chaleur élevée du laboratoire est produite par un poêle en fonte, placé dans l'endroit où il gêne le moins. Une chaudière portative en fonte en tient lieu.

406. Instruments nécessaires. — Ces instruments sont pour le laboratoire bien organisé. Ils se composent : 1° d'une chaudière en cuivre étamé ou non, de la contenance d'un hectolitre et demi à deux hectolitres (*) et munie de plusieurs cannelles, dont nous parlerons lorsqu'il s'agira de la fonte de la cire. Cette chaudière doit être montée à demeure et de manière que la flamme du foyer n'atteigne pas plus de la moitié de sa hauteur; 2° d'une presse ou deux, la moins encombrante possible, quoique ayant une grande puissance. Cette presse doit avoir les accessoires nécessaires, tels que caseret en fer ou cadre en bois, tablettes, etc., et elle sera établie près de la chaudière; 3° de plusieurs grandes cuves ou baquets propres à recevoir le miel; 4° de corbeilles en osier blanchi et de toiles métalliques tenant lieu de tamis; 5° d'un épurateur pour la cire; 6° de seaux en bois, cerclés de cuivre autant que possible; 7° d'une casserole ou bassine (une sorte d'écope) en cuivre ou en fer étamé, ayant un long manche;

(*) Cette grandeur est insuffisante si l'on veut s'adonner à la fabrication de l'hydromel sur une certaine échelle.

8° de tonneaux et d'autres instruments moins indispensables et moins dispendieux, dont il sera parlé. Ces appareils, nous l'avons dit, sont nécessaires lorsqu'on opère en grand; mais en petit des terrines et des tamis suffisent pour façonner le miel. On peut aussi, et même pour une quantité de ruches assez grande, avoir recours au mellificateur solaire, que nous ferons connaître un peu plus loin.

407. Manière d'opérer en petit. — On s'installe dans une pièce saine et bien close, ayant autant que possible une croisée au midi qui laisse entrer les rayons du soleil. Je suppose qu'il s'agit de la dépouille d'une ruche vulgaire : on commence par enlever les boiseries allant d'une paroi à l'autre qui maintiennent les gâteaux; on les cogne d'un côté de la ruche, et de l'autre on les prend et on les fait tourner avec des tenailles; ensuite on tient la ruche de manière que les gâteaux soient de champ, et on la frappe contre un objet quelconque pour détacher à la fois tous les rayons lorsqu'ils sont tous pleins de miel, et qu'il ne se trouve pas dans le fond de la ruche des boiseries transversales ou obliques qu'on n'a pu enlever. Dans ce cas, les rayons sont extraits entiers ou par fragments au moyen des couteaux recourbés et pliants que nous avons décrits, paragraphe 370, page 273. On a soin d'enlever des rayons les abeilles vivantes qui se trouveraient encore dessus, et les mortes qui se seraient introduites dans des cellules vides. Les abeilles vivantes qui tombent dans le miel, et y restent un moment, y laissent une certaine quantité de leur venin, qui communique à la matière sucrée une âcreté désagréable et malfaisante, et leur cadavre y introduit un principe fermentescible également nuisible.

Au fur et à mesure que les rayons sont extraits de la ruche, ils sont triés; tous ceux qui contiennent du miel pur, du miel exempt de pollen et logé dans de la cire neuve, ou dans la cire vieille qui n'a pas servi de berceau à du couvain, sont mis dans un tamis de crin ordinaire placé sur une terrine, et ils sont brisés pour que le miel puisse s'en écouler; ce miel sera de premier choix. Tous ceux qui contiennent du miel mêlé à du pollen, ou du miel logé dans des cellules qui ont contenu du couvain, seront mis dans un autre tamis; ils seront également écrasés et donneront du miel de deuxième choix. Les parties de rayons contenant du couvain et du pollen doivent toujours, autant que possible, être retranchées des parties voisines qui contiennent du miel. Les rayons secs, qui ne contiennent aucun miel, ne seront pas non plus placés dans des tamis.

Quand le miel de premier choix est séparé de la cire, on prend les résidus, on les écrase de nouveau en les réunissant à ceux du miel de second choix. Au bout de quelques heures, et même le lendemain, on soumet ces résidus à la presse, si l'on en a une, et, si l'on en manque, on les porte dans le four d'un boulanger deux ou trois heures après la sortie du pain. Le peu de miel qui reste ne tarde pas à couler, vu que la cire fond ; mais, comme celle-ci est plus légère, elle reste à la surface dans la terrine, où elle se fige en refroidissant. Il est alors facile de l'extraire à part, ainsi que le miel, qui est inférieur ou de troisième choix.

408. Mellificateur solaire. — Le mellificateur solaire, tel que l'emploient des apiculteurs du Calvados, n'est autre qu'un châssis semblable à celui dont se servent les jardiniers pour abriter et pour chauffer les plantes délicates. Il se compose d'une boîte carrée plus ou moins grande, disposée en pupitre, ayant pour couvercle un châssis vitré qui laisse pénétrer les rayons du soleil. On peut garnir le fond de cette boîte et la rendre propre à recevoir le miel. Dans ce cas, on dispose vers le milieu de la hauteur un canevas ou toile métallique qui joue le rôle de tamis et reçoit les couteaux de miel. Mais ces dispositions n'étant commodes que lorsque le mellificateur est petit, il vaut mieux ne pas les adopter et opérer la fonte du miel dans des tamis ou dans des terrines, qu'on place sous le châssis du mellificateur. Le miel, en fondant, tombe dans les terrines, d'où il est facile de l'extraire ; mais en se concentrant dans le mellificateur, les rayons du soleil font souvent fondre la cire, ou du moins en partie, avec le miel, et il ne reste quelquefois sur le tamis que des matières hétérogènes. Toutefois la cire qui a coulé avec le miel s'est prise à sa surface, et il est facile de l'en séparer. On peut modérer l'ardeur du soleil.

La grandeur de ce mellificateur doit être en raison de la quantité de miel qu'on a à fabriquer. Lorsqu'il est grand, son couvercle vitré doit se diviser et former deux chàssis qui reposent sur une traverse commune. Par cette disposition, on n'a besoin que d'ouvrir un côté lorsqu'on veut placer ou enlever une terrine, et l'on évite l'entrée des abeilles qui ne manquent pas d'affluer, attirées qu'elles sont par le miel. Ces châssis fermeront hermétiquement, et les vitres seront disposées de manière que l'eau de pluie ne puisse pénétrer et tomber sur le miel.

On reproche au mellificateur solaire plusieurs inconvénients : 1° il fond la cire qui, en tombant dans le miel,

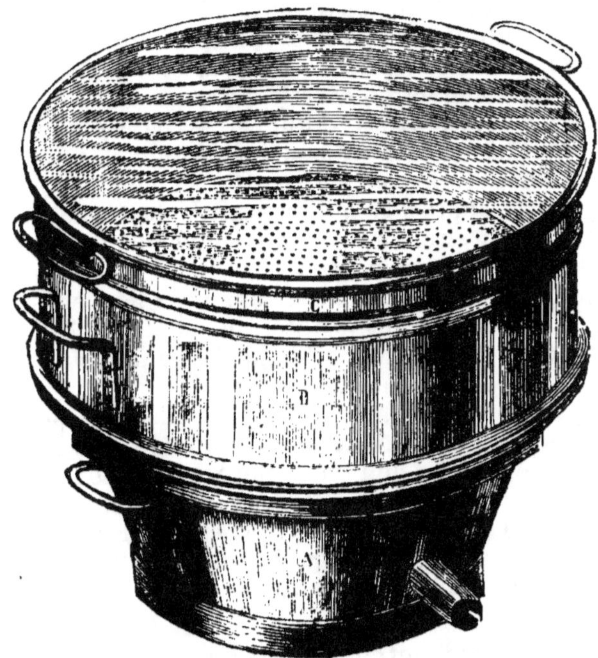

(*Fig.* 132.) Mellificateur solaire portatif.

lui communique le goût de l'huile essentielle qu'elle contient. Il est vrai qu'on peut se servir de vitres rayées qui altèrent la force des rayons solaires et empêchent, par conséquent, la fusion de la cire. 2° Il chauffe le miel à un degré qui plus tard le fera prendre en grains trop gros. Il est vrai que cette chaleur élevée le force à rejeter toutes les parties hétérogènes qu'il peut renfermer, c'est-à-dire à mieux écumer, ce qui contribue à sa conservation. Un

17.

reproche plus sérieux qu'on peut lui faire, c'est qu'il ne saurait rendre de service en arrière-saison, c'est-à-dire dans les localités où l'on récolte en octobre et en novembre. A cette époque, le soleil est souvent caché par des nuages, et, lorsqu'il se montre, sa chaleur est insuffisante pour faire couler le miel.

Voici un mellificateur solaire portatif qui rend de bons services aux petits producteurs. Il se compose de trois parties mobiles en fer battu étamé : une burette A (*fig.* 132), une passoire B, et un couvercle vitré C. Sa hauteur totale est de 33 centimètres. La hauteur intérieure de la burette est de 24 centimètres ; celle de la passoire est de 26 centimètres, et le diamètre de cette passoire est de 41 centimètres. La burette A est munie à sa base d'une douille d'égout qui ferme avec un bouchon. Le fond de la passoire a un centimètre environ de cavité ; ce fond est percé de petits trous rapprochés qui laissent passage au miel tout en retenant la cire. Il est bon d'employer un panier en osier fin pour recevoir les rayons brisés. Le miel coule alors plus vite et plus complétement. Chaque partie est munie d'anses pour en faciliter le maniement. Lorsque ces parties sont réunies, elles ne laissent aucun passage aux abeilles, ni aucune fuite au miel ; de façon que l'appareil peut fonctionner au milieu du rucher. On peut aussi l'introduire dans un four. Il est entendu que la température de ce four ne doit pas s'élever au-dessus de 60 degrés. Lorsqu'on opère au soleil, on est quelquefois obligé de modérer la chaleur de ses rayons en plaçant sur la vitre du couvercle un canevas clair. Plus la vitre de ce couvercle est épaisse, plus elle concentre les rayons du soleil dans la passoire (*).

409. **Mello-extracteur.** — Le mello-extracteur ou extracteur de miel à force centrifuge n'est autre que l'hydro-extracteur, autrement dit l'essoreuse. C'est une machine inventée pour extraire le miel des cadres mobiles après que les cellules du gâteau ont été désoperculées, et cela afin de pouvoir utiliser de nouveau les cadres garnis en les rendant aux abeilles. Elle se compose d'un tambour circulaire en fer-blanc ou en bois, dans lequel est établi, sur

---

(*) M. Arviset, ferblantier à Montigny-sur-Aube (Côte-d'Or), fabrique des mellificateurs solaires de 20 à 30 francs, selon la grandeur.

un arbre tournant vertical, une lanterne carrée, hexagone ou octogone, ouverte, que l'on met en mouvement par une courroie ou par un engrenage qui se relie à une ma-

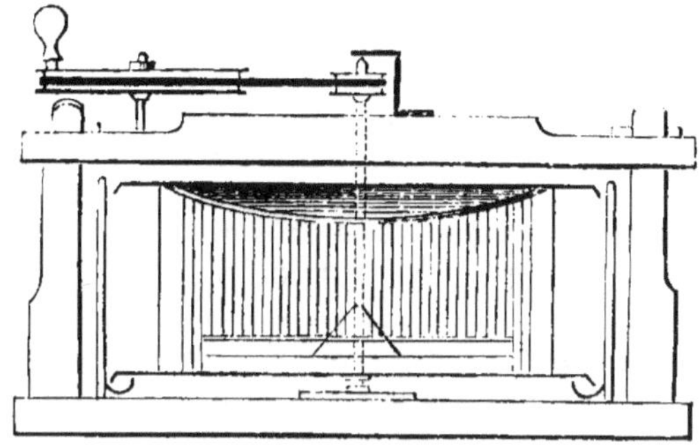

(Fig. 133.) Coupe verticale d'un mello-extracteur allemand.

nivelle, ou bien encore par une bielle à laquelle on imprime un mouvement de va-et-vient. Cette lanterne reçoit autant de cadres qu'elle a de côtés, et la face extérieure du cadre s'adosse contre une sorte de grille en laiton ou mieux

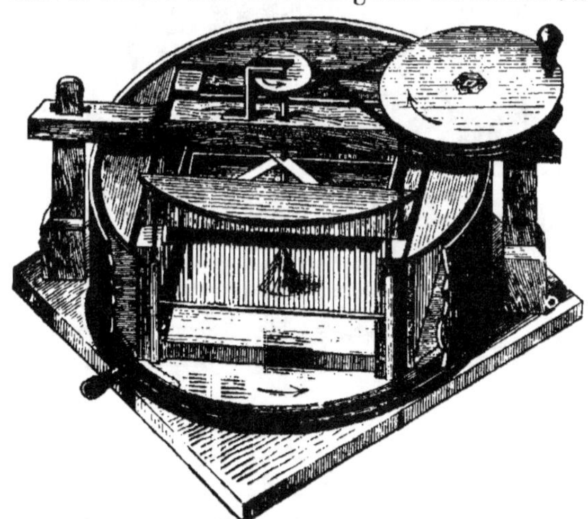

(Fig. 134.) Mello-extracteur vu en dessus.

en petite ficelle, pour que le gâteau plein ne se déchire pas. En mettant en mouvement cette lanterne à l'aide de la manivelle ou de la bielle, et en lui imprimant de la

célérité, la force centrifuge chasse le miel des cellules
ouvertes et le projette sur les parois du tambour; ce miel
tombe et coule extérieurement par une issue ménagée au
bas du tambour. Il est reçu dans un récipient quelconque.
Lorsque le côté extérieur du rayon est vidé, on retourne
le cadre, et le deuxième côté se vide à son tour. Cette opération se fait en deux ou trois minutes lorsque les rayons
ont été désoperculés à l'avance; mais il faut apporter
quelques ménagements aux jeune cires et vider à demi le
premier côté, puis vider le second et revenir au premier.
Il faut aussi, pour que l'extraction s'en fasse bien, que le
miel ne soit pas trop épais, et encore que les rayons ne
soient pas à une température trop élevée ni trop basse
(entre 22 et 28 degrés), autrement l'on ne dessèche pas
complétement les rayons ou on les brise.

Depuis l'apparition récente de cet appareil, dû à M. Hrus-
chka, apiculteur italien, on l'a modifié de bien des façons, et
la dernière sera trouvée lorsque la machine extraira complé-

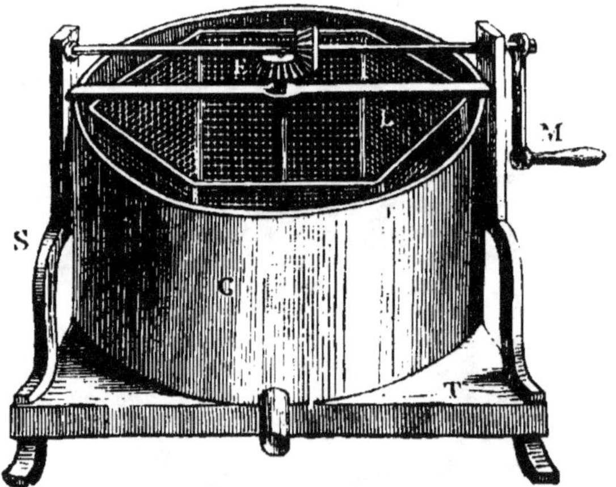

(*Fig.* 135.) Mello-extracteur Faure.

tement le miel des morceaux de gâteau quelconques. On
fait les *méliputes* (*) de diverses dimensions et de divers prix.
Il y en a de petits qui ne vident qu'un rayon ou deux à la
fois; il y en a qui en vident quatre, huit et plus. Les figures

____

(*) Adair, apiculteur américain, a donné ce nom à sa machine.

133 et 134 représentent deux coupes d'un mello-extracteur dans lequel la rotation de la lanterne est imprimée par une courroie. La fig. 133 montre l'appareil coupé en deux verticalement. La fig. 134 est une vue de face, avec une partie du tambour enlevée pour qu'on puisse voir l'intérieur. Cette machine coûte de 25 à 30 fr. en Allemagne.

Voici la coupe géométrique d'un autre mello-extracteur. C'est celui que M. Faure-Pommier, de Brioude, a présenté à l'exposition des Insectes, au Luxembourg, en 1872. Ici, la rotation de la lanterne est imprimée par un double engrenage de roues qu'une manivelle fait agir (*fig.* 135).

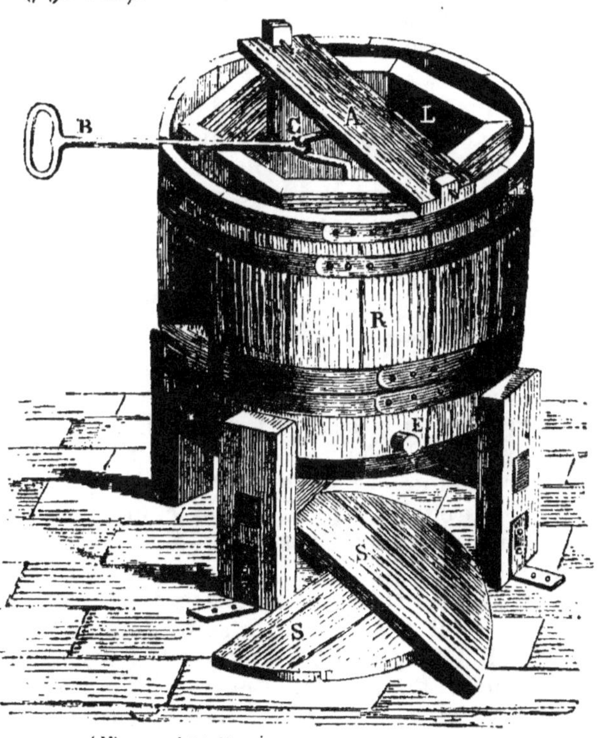

(*Fig.* 136.) Mello-extracteur mû par une bielle.

Nous avons vu à l'exposition universelle de Vienne, en 1873, un mello-extracteur (*fig.* 136) dans lequel la rotation de la lanterne porte-rayons L est imprimée par une bielle B, qui s'emmanche dans un coude C de l'arbre tournant, lequel arbre tournant est retenu par un godet en fer placé sous la traverse A. En poussant et en tirant successivement la bielle, on établit un va-et-vient qui fait tourner la lanterne assez vite pour que le miel des rayons désoperculés placés sur chaque face soit projeté contre les parois du récipient L. Par une cannelle ou égouttoir E sort le miel qu'on recueille dans un vase quelconque. Lorsque la machine fonctionne, les parties mobiles du couvercle SS sont mises en place et ferment l'ouverture. Le récipient peut être une cuve ou une futaille coupée. On l'établit sur un trépied dont les montants sont écartés, afin de bien asseoir l'appareil. Dans la figure ci-dessus, on a fixé les montants au parquet par des pattes en fer.

410. Manière d'opérer en grand sans machine. — On est installé dans le laboratoire dans lequel de grandes auges en bois ou mellificateurs sont placées sur des tréteaux ou sur des chantiers élevés. Ces auges, qui ressemblent aux pétrins des boulangers, et dont un des bouts est quelque peu incliné, reçoivent un cadre qui supporte une corbeille en osier blanchi, garnie en dessous d'une toile métallique galvanisée qui joue le rôle de tamis. Des fabricants se contentent de simples claies en osier serré, sur lesquelles ils mettent un canevas en petite ficelle. Les rayons sont extraits des ruches et placés sur ces claies ; ils sont triés et brisés au fur et à mesure de leur extraction. Au bas des auges, par le bout incliné, se trouve une forte cannelle dont on devine l'usage ; mais le miel n'est ordinairement soutiré que le lendemain, car il lui faut le temps d'écumer, c'est-à-dire de rejeter toutes les pellicules de cire qu'il a entraînées en sortant des rayons brisés. Des apiculteurs ne laissent pas séjourner leur miel dans le mellificateur ; ils le soutirent tout de suite et le mettent dans un grand cuvier pour le faire écumer : d'autres l'entonnent aussitôt coulé et refroidi. Ces derniers obtiennent un miel moins épuré et d'une conservation moins longue. Les écumes sont remises avec les résidus sur les claies.

Lorsqu'une claie est remplie de rayons brisés ne contenant plus de miel ou dont le miel ne coule plus, on soumet les débris de ces rayons à la presse (422); on garnit l'auge ou seau du pressoir d'un canevas fort et assez grand pour envelopper la masse qu'on veut presser. On remplit jusqu'au bord de l'auge, et on passe dessus les bouts du canevas pour tout envelopper; on couvre d'une planche et l'on fait agir la vis de la presse; après quelques tours, on s'arrête pour laisser couler le miel. A mesure que le mouton descend, on met des garnitures pour l'empêcher de porter sur le seau. On reprend le levier de temps en temps, et l'on continue jusqu'à ce qu'on juge que la pression ait été assez forte pour faire sortir tout le miel. On enlève alors le tourteau de cire, qu'on range dans un coin du laboratoire pour l'utiliser plus tard.

Au lieu de seau en fer ou en cuivre (ce dernier vaut mieux), on peut se servir avec avantage d'un cadre en bois fait avec quatre forts madriers cerclés en fer (*fig.* 139). Ce cadre coûte moins cher que le seau, et, occupant plus d'étendue sur la table du pressoir, permet, avec la même pression, de dessécher mieux les résidus. On peut faire usage de tout pressoir pour l'extraction du miel et de la cire; mais plus la puissance de pression est forte, meilleurs sont les résultats.

Le mellificateur dont il vient d'être parlé convient lorsqu'on fait le miel en saison chaude et qu'on opère peu de temps après que les abeilles ont été chassées des ruches à dépouiller. Il est en usage dans le Gâtinais, où il varie de dimension, d'un apiculteur à l'autre. Chez d'aucuns, il est en chêne et a 2 mètres de long sur 1 mètre de large et 80 centimètres de profondeur; chez d'autres, il est en bois blanc, et n'a que 40 à 60 centimètres de largeur et de profondeur. Quelques-uns le garnissent intérieurement de plaques de cuivre ou de zinc. Les apiculteurs bien organisés ont des mellificateurs pour chaque choix de miel, et ils en consacrent un pour mettre les ruches à égoutter.

411. Mellificateur Annier. — M. Annier a inventé un mellificateur qui permet de faire le miel en toute saison, aussi bien en hiver qu'en été, sans être obligé d'opérer dans une atmosphère élevée qui fatigue l'opérateur. Ce mellificateur se compose d'une caisse longue de 2 à 3 mètres et large de 1 mètre (*fig.* 137), dont la partie in-

férieure est demi-cylindrique. Cette caisse, garnie intérieurement d'une feuille de zinc (elle pourrait être de
cuivre), est fermée à la partie supérieure au moyen d'une
porte. Vers les deux tiers de sa hauteur existe une cloison formée avec des traverses en bois et garnie d'une toile
métallique. Cette cloison est disposée pour recevoir les
rayons de miel. Dans la partie inférieure de la caisse, entre la cloison dont nous venons de parler et le fond, passe
un tuyau qui procure la chaleur nécessaire pour faire fondre le miel. Entre ce tuyau et la cloison est établie une
sorte de toiture formée par une feuille de zinc, qui empêche le miel fondu de tomber sur le tuyau, lequel répartit

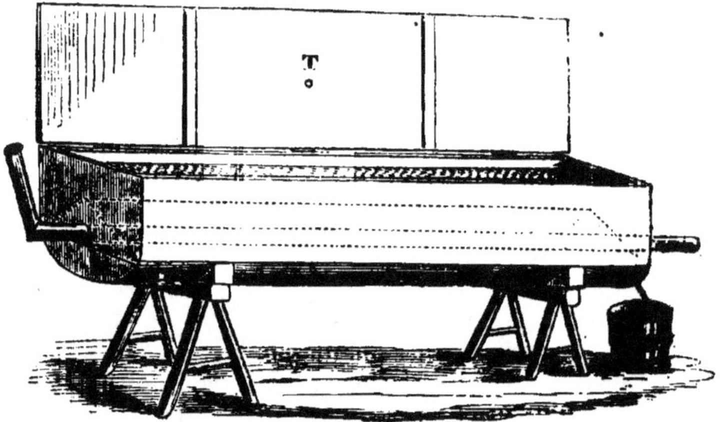

(*Fig.* 137.) Mellificateur Annier.

la chaleur dans toute la caisse et empêche les résidus
placés en face de prendre un coup de feu. Le demi-
cylindre formant le fond est construit un peu obliquement, de manière à laisser une pente au miel, qui coule
extérieurement par une cannelle placée à la partie la plus
basse. A la porte du mellificateur est ménagé un trou T,
par lequel on insinue, lorsque cette porte est fermée, un
thermomètre qui donne la mesure de la chaleur intérieure, et qui indique le moment où il faut arrêter ou
modérer le feu. On peut facilement élever la chaleur
intérieure jusqu'à faire fondre la cire; mais cette élévation est inutile, puisqu'à 45 ou 50 degrés la cire devient
assez molle pour laisser couler tout le miel qu'elle con-

tient. Aussi, les résidus qui sont restés quelques heures à cette température sont aussi secs que s'ils avaient passé sous la presse. On se contente de 40 degrés lorsqu'on veut que le miel ne prenne aucune huile essentielle de la cire.

Ce mellificateur, qui a été modifié par plusieurs apiculteurs, convient particulièrement dans les localités de blé noir et de bruyères, dans lesquelles la récolte se fait tardivement.

411 *bis*. Miellerie-étuve. — Lorsqu'on fabrique sur une grande échelle en arrière-saison, il faut recourir au four ou à une étuve. M. Dumont, au Pont-de-Metz, près

(*Fig.* 138.) Miellerie-étuve.

d'Amiens, en a construit une qui lui permet de couler 300 kilogr. de miel par jour, sans que ce miel soit chargé d'atomes de pollen. L'extraction s'en fait avec une dépense minime de combustible (de 30 à 45 centimes par jour, ou 10 à 15 centimes par 100 kilogr.). Cette étuve est en briques et établie dans son laboratoire, contre un mur. Cette construction, ABC (*fig.* 138), a 3^m,50 de long, de B en C; 1^m,90 de haut et 1^m de profondeur, de B en A. Deux portes en tôle épaisse, hautes de 1^m,20 et larges de 0^m,70, sont pratiquées dans la façade; elles sont à un mètre l'une de l'autre. Dans l'intérieur de ce compartiment sont établis deux égouttoirs EE, indiqués dans la figure ci-dessus par des lignes pointillées. Ces égouttoirs

sont en tôle étamée et ont une pente qui permet au miel
de couler vers le point E et de venir sortir extérieurement
par une rigole ménagée dans la paroi AB. De l'autre
bout est établi un foyer F, poêle en fonte ou autre, qu'on
alimente extérieurement, et qui élève facilement la chaleur intérieure. Les égouttoirs sont disposés pour recevoir
des tamis en crins garnis de rayons brisés. En élevant la
température à 50 ou 60 degrés, le miel coule assez vite
et les résidus se dessèchent complétement. Il reste si peu
de miel qu'on peut se dispenser de les soumettre à la
presse; on se contente de les laver pour obtenir de la
boisson (hydromel léger). Les dimensions de cette miellerie peuvent être étendues ou diminuées. Le miel de
chaque égouttoir peut sortir par un conduit particulier.
Dans ce cas, on peut façonner plusieurs qualités en même
temps. En été, cette miellerie peut servir sans feu ou
avec peu de feu, et alors les tamis peuvent être remplacés
par une claie en osier, garnie ou non d'un canevas en fil.

**412. Moyens à employer pour extraire le miel
candi.** — Lorsqu'on rencontre du miel candi dans une
ruche, il faut le mettre à part si la quantité en vaut la
peine. Dans ce cas, on le fait fondre au bain-marie en le
plaçant dans une terrine en faïence ou en bonne terre,
ou mieux dans une grande bouillotte en cuivre, qu'on
tient dans un chaudron rempli d'eau bouillante; moins
d'un quart d'heure d'ébullition de l'eau suffit pour fondre
le miel candi et la cire. En laissant refroidir, celle-ci se
fige à la surface. Le miel n'est plus, après cette fusion,
que de second choix. Néanmoins il a perdu peu de ses
qualités lorsqu'il a été chauffé lentement dans un vase en
porcelaine ou en cuivre.

413. Aromatisation du miel. — C'est en le coulant
qu'on peut donner au miel un arome quelconque, qui est
loin de lui nuire. On n'a besoin pour cela que de mettre, sur le tamis ou la claie destinée à couler le miel, la
fleur, la plante ou le fruit dont on veut que ce miel
prenne le goût. En plaçant, par exemple, quelques
amandes douces concassées et divisées sur le tamis, le
miel qui passe dessus s'imprègne de l'arome de ce fruit,
arome qui convient généralement. Une vingtaine d'a-
mandes suffisent pour aromatiser une potée de miel de

15 kilogrammes. On emploiera des fleurs d'oranger, si l'on désire obtenir le goût de cette fleur.

414. Epuration du miel. — Le miel étant passé, on le laisse un demi-jour ou un jour entier dans des terrines ou dans des cuves avant de le mettre en baril. Pendant ce temps une écume, composée de petites parcelles de cire, se forme à sa surface; il faut avoir soin d'enlever cette écume, qui fait fermenter le miel lorsqu'elle n'a pas été enlevée ou que le miel a mal écumé. Le miel écume mal quand il est fait à une température basse; dans ce cas, il n'est pas limpide, et les petites parties de cire qu'il contient ne peuvent pas monter à la surface; c'est pourquoi il doit toujours être façonné dans un local dont la température est élevée.

415. Embarrillage et empotage du miel. — Les vases destinés à contenir le miel doivent être propres et n'avoir aucun mauvais goût. Les tonneaux doivent être neufs, ou, s'ils sont vieux, ils doivent avoir été soigneusement lavés à l'eau bouillante, dans laquelle on a ajouté un peu de potasse s'ils ont acquis le goût de moisi ou si un reste de miel y a fermenté; ils doivent être secs lorsqu'on y introduit le miel, et être tarés d'avance. Le poids de la tare doit être écrit ou imprimé en noir sur l'un des fonds. Le miel s'entonne par la bonde des barils. Dans quelques localités, telles que les environs de Narbonne, les tonneaux destinés au miel n'ayant pas de bonde, on l'entonne par un trou ménagé à l'un des fonds, que l'on recouvre d'une plaque de fer après l'avoir refermé avec un bouchon. Il se met une certaine quantité de miel en pots de différentes formes et de différentes matières; ceux en grès résistent mieux que ceux en terre, qui sont sujets à se briser lorsque le miel granule rapidement et gonfle en prenant.

416. Conservation du miel. — Si le miel a été mis en pot ou en tonne peu de temps après sa sortie des rayons, il faut le laisser une journée ou deux dans l'endroit où il a été façonné; on peut l'y laisser plus longtemps si la température de cet endroit n'est pas trop élevée; mais, lorsqu'il a écumé et qu'il est refroidi, on doit le transporter dans un lieu aéré et sec dont la température soit basse sans l'être trop. Je dis sans être trop basse ; car, s'il y avait une transition notable, le miel en sirop prendrait difficilement, et quelquefois ne prendrait pas du tout ; aussi faut-il éviter en été d'en descendre dans des caves très-froides. Il faut aussi que l'endroit où l'on place le miel en sirop soit sain et ne contienne aucune liqueur en fermentation ; autrement encore ce miel ne prendrait pas et pourrait fermenter au bout de peu de temps (*). Un endroit trop humide amène aussi le miel à fermenter, et, quand il y prend, ses grains sont très-gros. Les lieux les plus favorables pour placer les miels en sirop et pour les faire prendre convenablement sont les sous-sols peu profonds, aérés et secs, dont la température ne s'élève pas à plus de 15 à 20 degrés en été. A défaut de sous-sols secs, il faut les placer dans un local aéré et frais. Aux environs de Reims, on se trouve bien de les monter au grenier.

Les tonneaux sont bondonnés et placés debout les uns sur les autres ; leurs bondes sont enveloppées d'un morceau de toile, afin qu'on puisse les enlever facilement lorsqu'on veut s'assurer de l'état et des qualités du miel. Le poids brut et le poids net sont notés. Quant aux pots, emplis à 1 centimètre ou 2 des bords, ils sont recouverts d'une feuille de parchemin fixée par une ficelle ou de leur couvercle ; une étiquette indique leur tare, leur contenance et la qualité du miel. Ils sont aussi empilés les uns sur les autres ou placés en ligne sur des planches. Nous ferons remarquer en passant qu'un pot de *sept décilitres* contient 1 kilogramme de miel. Ainsi, sachant la capacité d'un vase, on peut connaître la quantité de miel qu'il contient sans avoir besoin de le peser.

C'est aussi un moyen de reconnaître s'il est falsifié, ou du moins avec de l'eau, ingrédient à bon marché qu'emploient dans ce cas quelques apiculteurs peu scrupuleux. Toutes les fois que 7 décilitres de miel ne pèsent pas 1 kilogramme, on peut juger qu'on y a ajouté de l'eau. L'eau est plus légère que le miel, puisqu'il en faut un litre ou 10 décilitres pour peser 1 kilogramme.

417. Miel qui ne granule pas. Moyen de le faire

(*) On recommande de ne pas employer au façonnement du miel des personnes qui ont l'haleine forte, notamment certaines femmes.

granuler. — Nous venons devoir qu'une transition de température trop grande, ainsi qu'un air malsain et imprégné d'un ferment quelconque, empêche le miel de granuler ; mais lorsqu'on s'aperçoit que du miel reste en sirop par une de ces causes, il faut se hâter de le dépoter, et, s'il n'a pas subi une fermentation acide, de le faire bouillir pendant un moment au bain-marie, d'y ajouter 1 kilogramme de sucre par 25 kilogrammes de miel, et de ne le rempoter que dans des vases qui n'ont pas encore servi, ou dans ceux qui le contenaient, mais après les avoir lavés à l'eau bouillante et les avoir laissés sécher. On le placera dans un lieu convenable à la granulation, plutôt au grenier qu'à la cave.

Quelques apiculteurs battent leur miel en sirop dans le but de le faire blanchir : cette opération ne fait pas changer la couleur du miel, mais elle le fait prendre dans de meilleures conditions. Si vous avez, par exemple, du miel qui prend mal, qui commence à faire des grains au fond du vase dans lequel il est logé, et qui reste liquide dans l'autre partie, battez-le à l'aide d'une spatule en bois, c'est-à-dire rompez le grain déjà formé et faites entrer de l'air dans votre miel, il prendra sous peu et convenablement, ce qu'il n'aurait pas fait en l'abandonnant à lui-même.

418. Refaire le miel vieux qui fermente. — Le miel vieux qui devient liquide et commence à fermenter doit également passer au bain-marie, pendant lequel on l'écume bien. Après cette opération, il reprend comme la première fois et se conserve encore une année. Mais si la fermentation avait été trop loin, on ne pourrait plus le ramener à un état normal, et, pour en tirer parti, on serait forcé d'en faire de l'alcool ou du vinaigre.

419. Purification du miel. — Il s'agit ici d'enlever une certaine partie de l'eau que contient le miel et de lui ôter son goût propre, qui ne convient pas à tout le monde. On mêle 4 parties de miel et 2 parties d'eau, et l'on fait fondre à petit feu ; quand il est fondu, on y ajoute une partie de charbon sec, sonore, nouvellement fait et légèrement écrasé. On a l'attention de n'y mettre ni la poussière ni les fumerons de charbon. Si l'on craignait que le charbon fût vieux, on le mettrait dans le feu et on le jetterait tout enflammé dans le miel. On fait bouillir le tout ensemble sur un feu doux; on appuie seulement de temps à autre sur les charbons avec le dos d'une écumoire. Il se formera un bouillon dans le milieu, et le charbon se retirera dans la circonférence avec une écume très-épaisse. Lorsque le sirop commencera à prendre consistance, on enlèvera le charbon avec une écumoire, on retirera la liqueur de dessus le feu, on laissera reposer, et on versera lentement le sirop qui surnagera sur le dépôt; on le passera à travers une chausse de laine ou d'un linge blanc de lessive, mis en double et suffisamment fin pour que la poussière ne passe pas avec le sirop. On remettra le sirop sur le feu pour finir de l'écumer et de le cuire.

Pour connaître quand le miel est cuit à consistance de sirop, il faut en faire tomber un peu dans un verre d'eau froide : il ne sera cuit que lorsqu'il se précipitera au fond du verre en forme de globules. (Ce procédé est dû à Cadet de Vaux.) — Le sirop de miel peut remplacer le sucre dans les confitures, les liqueurs, et dans beaucoup d'autres préparations alimentaires.

420. Qualités, usages et propriétés du miel. — Les qualités du miel dépendent des lieux et des plantes où les abeilles le récoltent. Il est supérieur dans les lieux montagneux, un peu chauds et secs, et inférieur dans les cantons froids et humides, toutes choses égales d'ailleurs. Le meilleur est recueilli sur le sainfoin, l'oranger et les labiées qui poussent sur les montagnes. Il doit être limpide et bien filant lorsqu'il vient d'être récolté; plus tard, il doit prendre en grains ni trop gros ni trop fins, et devenir d'un blanc transparent. Son odeur doit être douce, agréable et aromatique; il ne doit pas prendre à la gorge, et doit avoir très-peu de ce goût particulier qui le fait reconnaître, quoique mêlé à d'autres aliments.

Il est des miels, tels que ceux de colza et d'autres crucifères, qui granulent très-vite; trop souvent même ils se concrètent dans les ruches. Il en est d'autres, tels que ceux des labiées et des fleurs d'arbres, qui ne prennent quelquefois qu'au bout de trois ou quatre mois. Les miels du Nord granulent plus vite que ceux du Midi.

Dans les localités de cultures variées, le miel diffère de qualité selon la fleur qui domine. Les prairies naturelles et les prairies artificielles fournissent généralement un miel blanc, doux et aromatisé; le sarrasin et la bruyère, un miel rougeâtre ayant un goût prononcé; la plupart des arbres donnent un miel séveux qui happe à la gorge, excepté le tilleul et quelques autres arbres dont le miel est très-doux; quelques plantes et quelques arbustes produisent un miel verdâtre et âcre : tel est celui récolté sur le buis, le bluet, etc. La nature du sol et les circonstances météorologiques influent aussi sur la qualité comme sur la quantité du miel.

Les miels de France les plus prisés sont : le miel du Gâtinais butiné sur le sainfoin; celui de Chamonix (Savoie), butiné sur des labiées et le mélèze; celui de Narbonne, butiné sur les labiées (thym, romarin, serpolet, etc.), qui couvrent une colline de 12 à 16 kilomètres, située aux Corbières, près de Narbonne; celui de quelques localités des Alpes, butiné également sur les labiées; celui d'Argences, butiné sur le sainfoin. Il est des miels du Jura et d'autres localités de l'Est et du Midi qui ne cèdent rien à tous ceux que nous venons de citer; mais ils sont moins connus. L'Algérie produit aussi quelques miels de choix, butinés sur l'oranger, le figuier, etc. Les miels étrangers les plus renommés sont ceux du mont Hymette (Grèce), de Mahon (île de Minorque), de l'île Maurice (mer des Indes), de Portugal, du Chili, etc. Comme miels étrangers de qualité inférieure, il faut citer ceux de la Havane, de Cuba et de Saint-Domingue, qui laissent généralement à désirer sous le rapport de la fabrication. Ces miels ne viennent en France que lorsque notre récolte est très-mauvaise. On les trouve au Havre, à Anvers, à Rotterdam, à Hambourg, etc.

Le miel sert à une foule d'usages domestiques, bien que le sucre puisse souvent le remplacer; le commun est employé à la fabrication du pain d'épice, de l'hydromel, et, depuis quelque temps, de la bière; celui de choix est mangé comme friandise en guise de confitures. Outre ses usages comme aliment, le miel ordinaire s'emploie dans la pharmacie. Le vétérinaire tire également un grand parti du miel inférieur.

On peut utiliser le miel pour sucrer le café et les pâtisseries. On peut également l'employer pour la fabrication de bonbons, de confitures et de compotes. Il faut, dans ce dernier emploi, choisir les miels surfins. Il peut aussi entrer avec avantage dans la fabrication du vin. Il est alors ajouté avec de l'eau au moût. Un litre de miel et deux litres d'eau peuvent fournir trois litres de très-bon vin.

Le miel est pectoral, laxatif et détersif; il aide à la respiration, et c'est le meilleur aliment dont on puisse user lorsqu'on est atteint de rhume. Nombre de faits attestent que l'usage du miel dans l'alimentation aide à atteindre une longue vieillesse.

421. Fonte de la cire. — On emploie différents moyens, selon la quantité de résidus à fondre et selon l'outillage dont on dispose. Plus la cire est fondue en grand, plus elle est belle, à conditions égales de provenance. Pour les petites quantités et lorsqu'on ne dispose pas d'une presse, on a plus ou moins de déchets, et la quantité et la qualité laissent souvent à désirer.

S'il s'agit d'une petite portion à fondre, les débris d'une ou de deux ruches, par exemple, un des moyens les plus simples consiste à la mettre dans un sachet de grosse toile, qu'on ferme à l'aide d'une ficelle et qu'on place ensuite dans un chaudron de cuivre autant que possible, ou dans une grande terrine vernissée et remplie d'eau aux deux tiers à peu près. Au moyen d'un caillou assez lourd, on attache ce sachet et on le tient entre deux eaux, de manière qu'il ne touche ni le fond ni les bords du vase, vu que s'il y touchait, il se brûlerait, et les résidus en sortiraient pour se mêler avec la cire. On chauffe l'eau jusqu'à une légère ébullition; on la maintient ainsi un quart d'heure ou une demi-heure, selon que les débris de rayons étaient plus ou moins propres et plus ou moins vieux. On a soin de ne pas pousser le feu trop fort, vu que la cire pourrait monter et s'enlever comme le lait. Outre ce désagrément, elle cuirait trop; elle attraperait un coup de feu et deviendrait sèche, cassante et brune. Cette couleur est d'autant plus fâcheuse qu'elle ne peut être enlevée, ni par le soleil, ni par la rosée. On aura soin, pour éviter ce coup de feu, que la flamme ne monte pas aux bords du vase, et toutes les fois qu'on disposera d'un fourneau ou d'un poêle, il faudra les préférer à tout autre foyer pour fondre la cire.

Lorsqu'on juge que la plus grande partie de la cire est sortie du sachet (elle en sort à mesure que l'eau bout et

monte dessus, attendu qu'elle est plus légère), on enlève
ce sachet et on le presse entre deux planches, faute de
mieux. On arrête le feu et on laisse refroidir le plus lentement possible. On a eu soin d'enlever l'écume, s'il s'en
est formé dessus. Plus la cire restera de temps sans prendre
après que le feu a cessé, plus elle s'épurera, et plus, par
conséquent, sa qualité sera supérieure. On peut la tirer au
clair dès qu'elle commence à prendre, et la couler dans
un moule ou dans un vase vernissé. On peut également la
laisser prendre dans le vase où elle a été fondue et la faire
refondre une seconde fois pour la couler en pains. Nous verrons plus loin ce qu'il importe d'observer relativement au
degré de chaleur qu'il convient pour couler en briques.

Au lieu de fondre la cire dans un sac, comme nous venons de le voir, on peut la jeter dans un vase qui contient
de l'eau, laquelle en bouillant divise le marc et fait fondre
entièrement la cire. On verse l'eau et les résidus fondus
dans un canevas carré ou toile claire, dont on réunit les
coins et qu'on presse fortement. Mais, quelque fortement
qu'on presse, l'on ne parvient jamais à extraire les dernières parties de cire, surtout lorsque la température est
basse ; en outre, on est exposé à se brûler les mains.

On a aussi recours au four pour les petites portions de
cire à extraire, et c'est le procédé qui donne les meilleurs
résultats pour les petites quantités. On met les rayons à
fondre dans une passoire fine en fer étamé, ou dans un
tamis en toile métallique qu'on place sur une terrine vernissée dans laquelle on a mis un peu d'eau propre. La chaleur du four fait couler la cire, qui tombe dans la terrine :
les résidus restent dans la passoire, ou ceux qui passent
tombent dans l'eau. En été, on peut se servir des rayons
du soleil de midi pour remplacer la chaleur du four ; mais,
je le répète, on ne peut agir ainsi que pour une petite
quantité. Il faut avoir recours à d'autres moyens pour les
quantités plus grandes.

422. Presse à extraire le miel et la cire. — La presse
qui convient à extraire le miel et surtout la cire doit être
peu encombrante et avoir une forte puissance. Il faut que
l'expression soit prompte et complète, et qu'aucune partie
de cire ne puisse se trouver en contact avec l'air, si ce n'est
au moment où elle tombe dans le baquet disposé pour la

recevoir. Voici une presse qui réunit ces conditions; elle
se compose : 1º de deux montants ou jumelles MM

(*Fig.* 139.) Presse à extraire le miel et la cire.

(*fig.* 139), de 1 mètre 90 centimètres de haut sur 10 centimètres de large et 14 centimètres d'épaisseur ou profondeur, lesquels montants ont aussi des patins, et peuvent
ne pas en avoir s'ils sont plantés en terre; 2º d'une table
ou maie T, large de 75 centimètres, profonde de 50 et

épaisse de 10. Cette table est établie à une élévation de
50 centimètres ; 3° d'une traverse L, au milieu de laquelle
est établi un écrou en fonte ou en cuivre; cette traverse,
qui s'emmanche dans les montants, a 18 centimètres de
large sur 20 d'épaisseur; elle se trouve à 1 mètre 10 centimètres de la table dont elle a la longueur; 4° d'une vis
en fer de 6 centimètres de diamètre et de 70 centimètres
de longueur, y compris la tête, dont le diamètre est de
8 centimètres; 5° d'un double cadre en bois, composé d'un
premier cadre C, à fond fixe, et dont les côtés sont fermés
par quatre barres épaisses de 5 centimètres et hautes de 15.
L'étendue dans œuvre de ce cadre est de 50 centimètres
d'un côté et de 56 de l'autre; plus d'un second cadre ou
caseret S, sans fond, armé de quatre planches épaisses de
3 centimètres et hautes de 30, ajustées à queue d'aronde, et
consolidées au moyen d'équerres en fer enclavées aux
angles extérieurs. Ce deuxième cadre est établi de manière
à pouvoir se placer dans le premier et s'enlever à volonté.
Ses parois sont garnies intérieurement de petites tringles
rapprochées ou de rainures qui laissent écouler la cire et
le miel. De petits tasseaux, placés extérieurement près des
angles et au milieu des côtés, le maintiennent dans le
premier cadre et donnent de la résistance lorsque la pression tend à faire écarter les côtés. La figure 140 montre la
disposition des deux ca-
dres (coupe verticale) lorsqu'ils sont établis sur la
maie ; elle laisse voir le
fond du premier cadre, où
sont creusées des rigoles
pour l'écoulement du pro-
duit pressé. En TT (*fig.* 140)
sont deux tasseaux mo-
biles qui serrent le pre-
mier cadre entre les mon-
tants et l'empêchent de

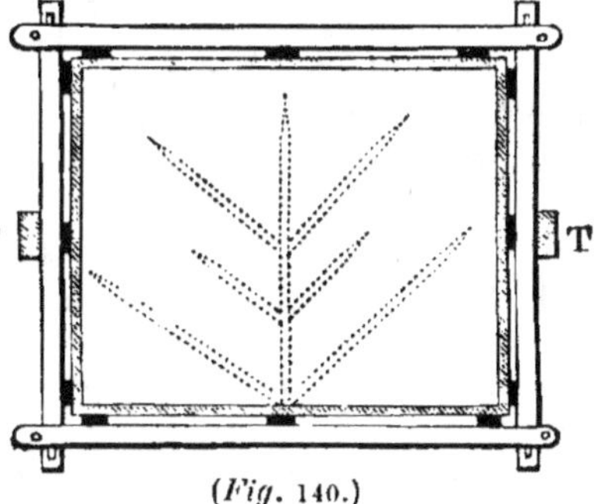

(*Fig.* 140.)

reculer à droite ou à gauche. Au fond du cadre, on place
un plancher à claire-voie serrée, qui reçoit le canevas dans
lequel on verse la matière à presser. Pour que les marcs
de cire ne barbouillent par trop fortement ce canevas,
on place dessus une couche de paille avant d'y verser
les résidus à presser. Je n'ai pas besoin de faire la des-

cription du plancher mobile, armé d'une ou deux poignées, qui se place sur la matière à presser lorsque les bouts du canevas ont été repliés, lequel plancher reçoit le billot B, que fait descendre le mouton R. Toutes ces pièces sont en chêne, excepté la maie, qui est en orme ou en hêtre. La vis peut être à percussion. La tête est alors remplacée par une roue avec pommes ou branches qui servent à imprimer les mouvements du va-et-vient pour le serrement et le desserrement.

Il existe des presses d'une puissance plus forte : leur prix est plus élevé. Pour le miel, la puissance est toujours assez forte; mais pour la cire elle ne l'est jamais trop.

423. Procédé employé par des apiculteurs du Gâtinais. — Avant de fondre les débris de rayons, c'est-à-dire les tourteaux de cire qu'on a obtenus en pressant le miel, il faut les diviser le plus possible et bien les laver (*). Il faut également briser les rayons secs, et notamment ceux qui contiennent du pollen et du couvain, et les lessiver à plusieurs eaux. Quand on n'a qu'une petite quantité de cire à fondre, on mêle, après les avoir lavées, ces sortes de cires. Mais lorsqu'on en a une grande quantité, il est bon de fondre à part les premières, dites *cires grasses*, et de faire un lot des autres, qu'on fondra les dernières. Lorsque les rayons et les tourteaux de rayons ont été divisés et lavés comme nous l'avons indiqué, ils sont placés dans la chaudière décrite au paragraphe 406. Cette chaudière a reçu par avance de 20 à 30 litres d'eau, selon la quantité de cire à fondre, si cette eau doit être distillée plus tard pour en obtenir de l'alcool, et davantage si elle ne doit pas l'être. On ne met ordinairement les résidus dans l'eau que lorsque celle-ci est assez chaude pour commencer à les fondre, c'est-à-dire lorsqu'elle atteint au moins 60 degrés, et l'on a soin de ne pas emplir entièrement la chaudière, autrement l'ébullition, qui fait élever la matière, la ferait déborder et occasionnerait une perte de cire plus ou moins grande. On remue de temps en temps au moyen d'un bâton, lorsque l'eau entre en ébul-

---

(*) On se sert d'un couteau semblable à celui des sabotiers pour diviser la cire des tourteaux, et on la lave dans des bacs longs dont un des bouts reçoit une cannelle, ou a une issue garnie de toile métallique.

lition, et, si le liquide fait mine de monter, on jette un peu d'eau froide dans la chaudière. Afin d'éviter aussi que la liqueur s'enlève, on calme le feu aussitôt que l'ébullition commence; en un mot, on évite une grande ébullition.

Lorsqu'on juge que la cire est suffisamment fondue, ce qui a lieu en moins de quinze minutes d'ébullition, si les résidus ont été bien divisés, on l'enlève avec son marc et un peu d'eau, et, à l'aide d'un poêlon à long manche, on la verse dans le seau ou auge de la presse, laquelle auge est garnie d'un canevas fort. Une partie de la cire et de l'eau sort immédiatement et est reçue dans un baquet à anses ou dans un simple seau en bois placé sous la gouttière du pressoir. Elle est versée au fur et à mesure dans un cuvier particulier que nous appelons *épurateur*, lequel contient déjà quelques litres d'eau très-chaude. Cet épurateur est une sorte de tonneau défoncé par le haut, fait en planches épaisses 4 centimètres au moins.

Lorsque toute la cire et ses résidus sont enlevés de la chaudière, on rabat les coins du canevas placé dans l'auge du pressoir, on place dessus un second canevas si le premier est insuffisant, et l'on fait agir la presse, d'abord doucement, puis plus vigoureusement, afin de dessécher le plus possible les résidus. Au lieu d'un double canevas, on place sur le premier de la paille coupée de longueur; on en place aussi sur la couche de matières à presser. Cette paille rend de bons services; elle empêche le canevas de s'encrasser, et facilite l'écoulement de la cire. La cire qui coule est versée dans l'épurateur, et celle qui se fige sur le tablier de la presse et le long de la gouttière est enlevée avec une espèce de racloir et jetée également dans l'épurateur, lequel est tenu fermé au moyen d'un couvercle en bois ou d'un linge, pour qu'il conserve mieux la chaleur et que la cire y soit plus longtemps en fusion. C'est pendant ce temps qu'elle s'épure, que les matières hétérogènes qui l'accompagnent s'en séparent et tombent dans l'eau. Ce sont ces matières qui, lorsqu'elles ne sont pas bien séparées, rendent la cire brunâtre et luï donnent plus ou moins de *pied*. Le *pied de cire* est la partie noirâtre ou verdâtre que l'on trouve au bas des pains ou des briques formées avec de la cire mal épurée. Ce pied est loin d'ajouter à la qualité de la cire.

18.

On doit laisser la cire s'épurer au moins deux heures avant de la soutirer (des fabricants la laissent six ou huit heures), et il ne faut commencer le soutirage que par la partie supérieure de l'épurateur. Pour cela, l'épurateur doit avoir plusieurs cannelles placées à des hauteurs différentes, qui permettent de couler les couches au fur et à mesure qu'elles sont purifiées.

La cire ne doit donc pas être coulée aussitôt qu'elle est fondue; il faut, au contraire, la laisser le plus longtemps possible à l'état de fusion pour qu'elle ait le temps de s'épurer. Il convient de la verser dans les moules lorsqu'elle n'est plus qu'à la température de 72 degrés environ. Nous ajouterons que les moules dans lesquels on la coule doivent être placés dans un lieu dont la température soit élevée, si l'on veut que les pains ou les briques aient belle apparence, ne se fendent ni ne grimacent, qu'ils soient bombés au lieu d'être creux. En versant quelques gouttes d'alcool dans la cire en fusion, on la dispose à laisser tomber plus vite son pied, et elle est plus transparente lorsqu'elle est refroidie. L'alun précipite aussi les matières étrangères et clarifie la cire. On en met dans l'épurateur à peu près un gramme par kilogramme de cire en fusion. Le moule doit être frotté avec un linge passé sur un morceau de savon, ou un linge enduit de poudre de savon.

Si la cire fondue est destinée au blanchiment, on peut indifféremment la couler dans toutes sortes de moules, ainsi que celle qui ne doit pas être vendue pour le détail. Mais si elle est destinée au commerce, soit pour le frottage ou pour d'autres usages, il convient de la couler dans des moules affectant la forme de briques de savon. Sous cette forme, qui en permet facilement la division, elle est souvent payée 15 centimes de plus par kilogramme.

Chaque producteur a pour ainsi dire son moule; aussi, trouve-t-on des briques de tous les poids, depuis 1 kilogramme jusqu'à 4 kilogrammes, et même davantage. Très-souvent les briques ont un poids exprimé par une fraction de kilogramme qui ne laisse pas d'être ennuyeuse, et qu'il faut s'appliquer à éviter en adoptant un moule qui donne un poids entier. Celui qui est le plus adopté est le moule de 2 kilogr., dont nous donnons les dimensions. C'est une pyramide tronquée et renversée (*fig.* 141), dont la plus grande longueur, celle en dessus, est de 40 centimètres, et celle en dessous de 38 centimètres. L'élévation mesure 8 centimètres et l'épaisseur moyenne 8 centimètres. Je dis l'épaisseur moyenne, car la base n'a guère que 7 centimètres et l'orifice 9 centimètres. On peut faire cette base de 75 millimètres et l'orifice de 85 millimètres. Toutefois, si l'on tient le moule un peu plus grand, on sait par tâtonnement jusqu'à quel point il faut l'emplir pour obtenir les 2 kilogr. exactement.

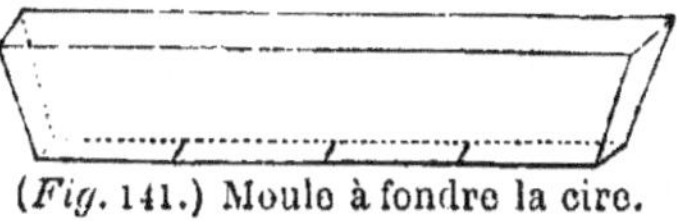

(*Fig.* 141.) Moule à fondre la cire.

Les moules sont en terre vernie intérieurement, en fer-blanc ou en tôle étamée. Les moules en terre ont l'avantage de conserver mieux et plus longtemps la chaleur; mais ils ont l'inconvénient d'être fragiles, ce qui fait que les moules en fer-blanc leur sont préférés. Ils peuvent avoir des divisions marquées par des lignes en creux ou en relief à la paroi du fond. Ils peuvent également ment porter une lettre sur les bouts ou une autre marque de fabrique.

Des personnes mettent les uns sur les autres les moules emplis, afin de mieux maintenir la chaleur, et les couvrent ordinairement d'une bonne couverture de laine. Cette précaution est inutile lorsque les moules sont placés dans un appartement chaud et que l'on opère en été.

424. C'est au moment de la fonte des résidus de la cire qu'il convient d'ajouter à celle destinée au frottage des principes colorants qui relèvent ses qualités; mais quelques-uns de ces principes, tels que l'ocre rouge ou jaune, la terre de Sienne, etc., ajoutent au poids et constituent une falsification punissable. L'ingrédient le plus convenable est l'orcanète, espèce de buglose (plante de la famille des boraginées) dont la racine teint en rouge. La proportion à employer est proportionnée à la quantité de cire et à la nuance que l'on veut obtenir : une trop forte proportion donne à la cire une couleur qui, s'éloignant trop de la couleur naturelle, lui ôte ses qualités commerciales. D'ailleurs, l'art d'obtenir une belle coloration s'acquiert, comme toute autre chose, par une longue pratique; mais il est des cires qui sont assez colorées par

elles-mêmes, et qui perdraient à être relevées par une couleur artificielle. La couleur naturelle est préférable.

425. Moyen d'extraire les dernières parties de cire contenues dans le marc pressé (*). — On prend 20 kilogrammes de marc, que beaucoup jettent sur leur fumier ou dans leur foyer; on le pulvérise et on y ajoute 10 kilogrammes d'essence de térébenthine, puis on laisse macérer ce mélange pendant vingt-quatre heures. On ajoute ensuite 30 kilogrammes d'eau, et l'on fait bouillir le mélange pendant une heure; après quoi, on le passe dans une toile en l'exprimant. On soumet le liquide obtenu à la distillation afin d'en retirer presque toute l'essence de térébenthine employée pour l'opération. Ce qui reste dans la cucurbite de l'alambic est de la cire et de l'eau; il suffit d'évaporer à l'air libre pour obtenir la cire, qu'on purifie et qu'on coule en pains.

Mais il arrive souvent qu'on n'a pas assez de marc pour se livrer à l'opération que nous venons de décrire; les appareils, d'ailleurs, font défaut. Dans ce cas, on peut vendre ces marcs aux quelques ciriers qui les achètent.

Nous l'avons dit plus haut, et nous le répétons, le moyen d'avoir le moins possible de résidus consiste à laver à grandes eaux les cires avant de les fondre, ce qui, d'un autre côté, ne contribue pas peu à leur enlever tout mauvais goût. Pour que le goût aromatique ne soit pas altéré, on doit tarder le moins possible à fondre les rayons; on le fera, s'il se peut, aussitôt que le miel en sera extrait. Si l'on ne peut le faire tout de suite, après les avoir bien lavés comme nous l'avons dit, on les étendra à l'air, puis on les placera dans un grenier sec. Les rayons qui n'ont pas été pressés seront également conservés dans un grenier sec et aéré. Il faut les visiter souvent afin de s'assurer si la fausse teigne ne les attaque pas. En été, il est bon de les descendre dans une cave froide et sèche pour éviter les ravages de la fausse teigne.

426. Conservation de la cire. — La cire en pains et

(*) Ce procédé est dû à M. P.-J. Rolland, de Sens, breveté en 1840.

en briques doit être conservée à l'ombre et dans un endroit sec : les rayons du soleil mangent sa couleur.

Telle qu'elle est livrée au commerce, sous la dénomination générale de *cire jaune*, la cire est une substance compacte, plus ou moins dure, d'une nuance plus ou moins jaune, suivant la fleur et le pays où elle est récoltée, et le plus ou moins de soins qu'on a mis à la fondre. L'odeur en est aromatique, le goût presque insipide, la cassure nette, et la surface qu'elle laisse un peu grenue. La cire fond à 62 degrés; elle est inflammable et brûle sans résidu ; sa densité est 0,972.

Etant d'une valeur assez grande, cette substance a dû exciter la sophistication. Les fraudeurs y mêlent des résines, le galipot, des substances terreuses, du soufre en fleur, de l'amidon, du suif, de la stéarine, de la cire végétale, etc.; mais l'addition de la plupart de ces matières est facile à reconnaître, et celui qui s'y livre peut être poursuivi devant les tribunaux.

427. Usages de la cire. — La cire jaune sert aux encaustiques, au frottage des parquets, à la confection de certains cirages, pour la pharmacie, la chimie, etc. Celle qui est susceptible de blanchir est employée, lorsqu'elle est blanchie, à la confection des cierges, bougies, etc. Je dis qui est susceptible de blanchir, car toutes les cires jaunes ne perdent pas également leur couleur originelle. Celles qui en France blanchissent le mieux sont : les cires des grandes landes de Bordeaux, celles de Bretagne, de basse Normandie et de Corse.

428. Utilisation des eaux miellées. — Les eaux qui ont servi à laver les rayons et les tourteaux de cires grasses, ainsi que celles dans lesquelles on a fondu ces cires grasses, peuvent être utilisées. Contenant encore une certaine quantité de matière sucrée, on les convertit en boisson légère si elles n'ont pas de mauvais goût, et on les distille lorsqu'on ne veut pas en faire de la boisson et qu'elles ont mauvais goût.

429. Boisson au miel. Hydromel léger ou miod. — L'eau miellée s'obtient, comme nous l'avons vu, en lavant les cires grasses qu'on se propose de fondre; dans ce cas, elle n'est pas précisément obtenue en vue d'en faire de la boisson.

Lorsqu'on opère avec l'intention d'en faire une boisson, et surtout une boisson corsée, on dégraisse moins les rayons, c'est-à-dire qu'on les presse moins fortement. Dans cette circonstance, on place les résidus dans un baquet, on verse dessus de l'eau froide et on laisse macérer pendant vingt-quatre heures, ou bien l'on verse de l'eau chaude, et on décante au bout de quelques heures seulement. On la fait bouillir pendant une heure ou deux dans une chaudière en cuivre avant de l'entonner. Dans ce cas, on l'écume bien pendant l'ébullition; on la remet dans un cuvier où elle se refroidit et d'où on la tire à clair pour l'entonner dans des tonneaux propres et exempts de mauvais goût; on emplit entièrement ces tonneaux, qu'on laisse débondonnés et qu'on place dans un endroit aéré dont la température est élevée de 15 degrés au moins et de 25 au plus. Au bout de deux ou trois jours, la fermentation s'établit; elle est tumultueuse d'abord et un peu de boisson s'extravase; on la remet dans les tonneaux lorsque la fermentation est moins forte. (Il faut se garder de la remettre dans les tonneaux si elle est passée à l'état acide.) Cette fermentation n'est pas entièrement achevée avant un mois ou six semaines. Après ce temps, on peut descendre les tonneaux à la cave et laisser quelques jours la boisson s'éclaircir avant de les mettre en perce. On peut boire au tonneau, ou mettre la boisson en bouteilles si l'on tient à ce qu'elle soit mousseuse. Dans l'un et dans l'autre cas, elle est bienfaisante et vaut le meilleur cidre, pourvu qu'elle ait été convenablement façonnée et que la dose de matière sucrée soit assez forte. Nous verrons plus loin la manière d'obtenir l'hydromel complet, l'hydromel liquoreux.

430. Extraction de l'alcool des eaux miellées. — On extrait l'alcool des eaux miellées lorsqu'elles ont subi la fermentation vineuse dont nous venons de parler, fermentation qui n'est complète qu'au bout d'un mois ou six semaines. Pour obtenir la boisson propre à la distillation, on peut procéder comme nous venons de l'enseigner ou agir de la manière suivante, c'est-à-dire se servir des eaux de cire.

Pour 50 kilogrammes de cires brutes ou résidus de ruches grasses dont on a extrait le miel, on prend 225 à

230 litres d'eau (contenance des pièces de Bordeaux); on les fait bouillir ensemble pendant une demi-heure environ. Après avoir enlevé la cire de la chaudière, on recueille l'eau et on la met dans des tonneaux qu'on emplit entièrement et qu'on laisse ouverts. Au bout de deux ou trois jours, la boisson entre en fermentation, et cette fermentation s'accomplit comme nous l'avons vu (*). C'est après son accomplissement qu'a lieu la distillation, qui s'opère comme lorsqu'il s'agit de distiller le vin, le cidre ou toute autre boisson fermentée. Les 230 litres d'eau qui ont servi à la fonte de 50 kilogrammes de cire donnent de 8 à 10 litres d'alcool à 94 degrés. On conçoit que la quantité d'alcool est plus grande lorsque les gâteaux de cire n'ont pas été bien pressés et qu'ils contenaient encore une certaine quantité de miel qu'on aurait pu extraire. Les frais de distillation sont de 3 fr. 50 c. à 4 fr. par hectolitre d'alcool, lorsqu'on est convenablement outillé; mais le plus souvent on n'est pas à même d'obtenir de l'alcool rectifié. N'ayant qu'un alambic simple, on se contente d'obtenir des flegmes, que l'on vend aux personnes qui sont outillées pour les rectifier.

431. Fabrication de l'hydromel avec les eaux de cire. — Lorsque l'alcool est à un prix élevé, l'on obtient de beaux bénéfices en distillant les eaux de cires grasses ; mais lorsque ces prix tombent de 50 à 60 fr. l'hectolitre, le jeu n'en vaut plus la chandelle, à moins que l'on n'ait à distiller d'autres matières. On a plus d'avantage à convertir les eaux mielleuses en hydromel concentré. Voici comment plusieurs apiculteurs s'y prennent pour cela :

Ils extraient leur miel comme à l'ordinaire, en ayant soin de mettre à part tous les gâteaux qui contiennent du couvain et du pollen : ceux-ci sont le plus souvent soumis au four pour en extraire le peu de miel qu'ils contiennent,

---

(*) Afin de faire disparaître le goût de cire, toujours prononcé dans les eaux-de-vie provenant des eaux miellées, on ajoute, au moment de la fermentation de ces eaux, un quinzième environ de baies de genévrier, ou un vingtième de fruits à noyau, tels que cerises, prunes, etc. On peut aussi faire macérer dans ces eaux des marcs de raisin ou de pommes non entièrement épuisés. On obtient alors des eaux-de-vie agréables; l'addition de noyaux donne un kirch de bonne qualité. En faisant infuser des prunelles mûres on obtient aussi une boisson de bonne qualité.

et la cire en est fondue à part. Les débris des rayons qui ne contenaient que du miel sont mis à fondre dans une chaudière en cuivre, ou, faute de chaudière, dans une grande bassine. On ajoute 3, 4 ou 5 litres d'eau par débris de ruche, selon que ces débris sont abondants et ont été plus ou moins pressés. On fait fondre la cire comme à l'ordinaire, en ayant soin que le feu soit modéré. Après un moment d'ébullition, les résidus sont soumis à la presse pour l'extraction des parties de cire qu'ils contiennent ; quant à l'eau de fonte et à la cire qui l'accompagne, elles sont versées dans un épurateur, un baquet ou un tonneau défoncé par un bout, dans lequel on verse également ce qui sort de la presse. La cire est soutirée par une cannelle, ou, dans le cas contraire, elle se fige sur l'eau. Cette eau, qui est un véritable sirop, se décante, autrement dit elle laisse tomber au fond du cuvier toutes les parties de matières étrangères qu'elle contient. Au bout de quelques heures, on peut la soutirer par une cannelle et la mettre dans un tonneau. Elle accomplira la fermentation dont nous avons parlé plus haut. On peut provoquer cette fermentation en mettant un peu de levûre de bière dans le sirop. La liqueur ne sera vineuse qu'au bout de six mois ou un an. Jusque-là, elle restera un sirop sucré qu'on ne saurait enfermer dans des bouteilles, attendu qu'il les casserait. On peut faire un bon usage de cet hydromel en le mêlant aux eaux-de-vie de betterave, de pomme de terre, etc., qu'il améliore sensiblement.

432. Fabrication de l'hydromel avec le miel pur. — Les miels dont on se sert le plus souvent pour façonner l'hydromel sont ceux de sarrasin et de bruyère ; ce ne sont pas les meilleurs, mais ce sont les moins chers. On en prend ordinairement autant de demi-kilogrammes que de litres d'eau, c'est-à-dire qu'on en met 50 kilogrammes par hectolitre d'eau (50 kilogrammes de miel font 35 litres) ; on verse ce miel dans la chaudière en cuivre qui contient l'eau, déjà chaude à 50 ou 60 degrés ; on le remue avec un bâton en forme de T, afin qu'il ne s'attache pas au fond de la chaudière, où il pourrait se caraméliser ; on continue à chauffer et, lorsque le moment de l'ébullition approche, l'on commence à écumer la boisson. Il faut avoir soin de modérer le feu quand l'ébullition se montre, car autrement la liqueur pourrait s'emporter et sortir de la chaudière. L'écume est déposée dans une sorte de caseret, d'où elle s'égoutte. On continue l'ébullition à petit feu pendant quatre heures environ, jusqu'à réduction du quart à peu près. Il y a des fabricants qui emploient plus d'eau et qui font bouillir davantage; la liqueur n'en est souvent que meilleure, car c'est en bouillant longtemps qu'elle acquiert un goût caractérisé de sirop. Lorsque la boisson est suffisamment réduite, suffisamment cuite, elle est versée dans une cuve propre où on la laisse refroidir; elle est ensuite décantée et mise dans des fûts placés dans un lieu sain dont la température est de 15 à 25 degrés. La fermentation s'accomplit comme nous l'avons vu plus haut. Il est des fabricants qui laissent durer cette fermentation jusqu'au bout, c'est-à-dire environ six semaines; mais il en est d'autres qui l'arrêtent par l'addition d'un peu d'acide sulfurique étendu d'eau; ils versent ce mélange au moment où la plus grande quantité d'alcool est développée.

Il ne faut pas bondonner les tonneaux tant que la fermentation n'est pas achevée, et l'on fait bien de ne les bondonner que légèrement pendant la première année de fabrication, car les variations atmosphériques et les changements de saison font souvent subir une fermentation passagère aux boissons au miel, fermentation assez forte quelquefois pour faire sauter des cercles si les tonneaux étaient bien bondonnés. Après un an, ces mouvements n'ont plus qu'une influence insensible.

L'hydromel, comme tout ce qui a rapport aux abeilles, redoute l'humidité; il doit être conservé dans un cellier ou une cave sèche, où, en vieillissant, il acquiert des qualités remarquables. De l'hydromel de dix ans fait et conservé dans de bonnes conditions ne ressemble plus à de l'hydromel d'un an, mais à une liqueur qui tient du vieux madère et du vieux cognac. Il vieillit plus vite en pièce qu'en bouteille.

Quelques fabricants, pour déguiser le plus possible le goût du miel, surtout le goût du miel de sarrasin, qui perce toujours dans les jeunes hydromels, ajoutent, au moment de l'ébullition, différentes plantes et fruits aromatiques, tels que de la cannelle, de la coriandre, de la noix muscade, etc. Dans de justes proportions, ces ingrédients sont loin de nuire au goût de la liqueur, qu'ils modifient au contraire convenablement. Cependant, lorsqu'on n'emploie que des miels au goût fin, l'on peut se dispenser de ces aromes. Les hydromels de Metz, autrefois si renommés, étaient façonnés avec des miels blancs de la Lorraine et ne recevaient aucun arome artificiel.

433. Liqueur au miel. — La plupart des liqueurs au miel sont une combinaison d'hydromel concentré et d'eau-de-vie de bonne qualité. Ainsi, on obtient de l'hydromel à la rose, à la menthe, à la vanille, etc., en faisant macérer des feuilles de rose, des fleurs de menthe, etc., dans de la bonne eau-de-vie qu'on mêle, en certaine proportion, à de l'hydromel vineux. Ces proportions varient selon les goûts des consommateurs. Rien n'est donc plus facile que la préparation des liqueurs au miel.

434. Nous venons de voir la manière employée par les fabricants spéciaux ; nous aurions dû, pour être mieux compris, décrire les appareils employés ; mais, comme la plupart des cultivateurs d'abeilles ne sont pas dans les conditions voulues pour exercer cette industrie en grand, quoique, dans les localités de miel à bas prix et par des années de rareté de vin, il y ait de beaux bénéfices à réaliser, nous nous sommes dispensé des détails. Néanmoins, si ceux qui récoltent le miel ne peuvent ou ne veulent pas se faire fabricants d'hydromel, ils peuvent du moins avoir la velléité de se donner quelques bonnes bouteilles de ce nectar dont s'abreuvaient autrefois les dieux, et qu'ils peuvent souvent présenter pour du madère ou du malaga à ceux qui ne sont pas très-connaisseurs. L'hydromel est d'ailleurs une excellente liqueur qu'on peut boire en guise de vin, lorsqu'elle n'est pas trop concentrée ; autrement, elle grise vite : mais l'ivresse qu'elle procure est agréable et dure peu.

435. Vinaigre de miel (*miel aigre*). — Pour obtenir du vinaigre de la boisson au miel, il faut, lorsque cette boisson a accompli sa fermentation vineuse ou alcoolique, lui faire subir une fermentation acide, ce à quoi on parvient en la plaçant à l'air et à une température de 30 degrés environ. On y ajoute, en outre, une *mère de vinaigre* ou sorte de levain acidulé. On obtient cette *mère* en plaçant au soleil de l'écume de boisson, de l'écume extraite de la chaudière au moment où la liqueur au miel entre en ébullition.

La force de ce vinaigre est en raison de la dose de miel contenue dans la boisson. Un demi-kilogramme de miel peut donner deux litres de fort vinaigre. Pour rendre plus fort le vinaigre au miel, il faut le laisser séjourner sur des copeaux de hêtre. — On doit le conserver dans des caves sèches.

———

Quelques points traités dans le cours de l'ouvrage auraient pu l'être plus longuement et demandent des éclaircissements qu'on trouvera dans l'*Apiculteur*. — Un paragraphe sur l'essaimage artificiel par les ruches à rayons et à cadres mobiles a été omis. Cet essaimage a lieu par division, c'est-à-dire par l'enlèvement d'un ou plusieurs cadres garnis de jeune couvain et d'abeilles qu'on introduit dans une ruche vide. Celle-ci est établie à la place de la souche qui est portée plus loin dans le rucher.

Ancien rucher expérimental du jardin du Luxembourg.

APPENDICE

Nous résumons nos leçons par quelques considérations
générales que nous aurions pu placer en *avant-propos* et
par quelques données particulières qui n'ont pas trouvé
place précédemment.

L'apiculture est aussi productive, avons-nous déjà dit,
qu'intéressante ; c'est la branche de l'économie agricole
qui procure les plus beaux bénéfices avec le moins de dé-
bours, lorsqu'elle est faite avec savoir et intelligence et
que la localité où elle est pratiquée offre des ressources
aux abeilles. Elle est faite avec savoir toutes les fois que
celui qui s'y adonne est éclairé sur les soins qu'il doit
donner aux abeilles et sur les opérations qu'il peut pratiquer sur leurs ruches. Elle est faite avec intelligence
quand ces soins sont appliqués et ces opérations pratiquées
en temps convenable et avec art. Est favorable à la culture des abeilles toute localité qui possède des plantes
mellifères, telles que prairies naturelles et prairies artificielles (sainfoin, luzerne, trèfle blanc, lupin, mélilot, etc.),
crucifères (colza, navette, etc.), sarrasin, bruyères, arbres
fruitiers, arbres verts, etc., etc.

Nous venons de dire que l'apiculture est l'occupation champêtre qui procure les plus beaux bénéfices avec le moins de capitaux : nous devons ajouter qu'elle n'exige pas d'études bien longues ni de travaux bien pénibles. En outre, elle ne nécessite d'autres frais d'établissement que ceux d'achat des colonies et ne demande ni engrais, ni labours, ni semences.

Dans les localités qui possèdent des fleurs mellifères en quantité convenable, le rapport d'une ruche peut être estimé en moyenne le prix d'achat de cette ruche, c'est-à-dire qu'une colonie payée 15 fr. donne 15 fr. en essaim et en miel, tout en valant encore 15 fr. à la fin de la campagne, ce qui veut dire qu'elle continuera de produire 15 fr. les années suivantes, sans compter le produit progressif des essaims. Toutefois, il faut supposer que cette colonie n'est pas abandonnée à elle-même; qu'une population lui est ajoutée si elle tombe en décadence; que sa mère est remplacée quand elle commence à vieillir; en un mot, qu'elle reçoit tous les soins nécessaires à sa conservation, soins qui, comme nous l'avons déjà dit, sont faciles à donner. D'ailleurs, on peut bien surveiller ses ruches lorsqu'elles rapportent 100 pour 100. Il est vrai que ces produits sont inférieurs dans les localités de plaine où l'on ne cultive que des céréales, des racines ou de la vigne; aussi recommanderons-nous de n'entretenir qu'un petit nombre de ruches dans les localités manquant de fleurs.

La culture des abeilles est avantageuse, lors même qu'on n'en fait pas une industrie, c'est-à-dire qu'on ne se propose pas d'en vendre les produits, mais de les consommer. Il n'est point de ferme, point d'habitation rurale environnée de fleurs mellifères (toutes les fleurs simples le sont plus ou moins) qui ne puisse posséder un rucher d'une ou deux douzaines de ruches, lesquelles produiront annuellement une cinquantaine de kilogrammes de miel, sans compter la cire, qu'on saura toujours utiliser. Quant à de l'apiculture par agrément, on peut en faire partout, même dans les localités les plus ingrates. Il va sans dire que, dans ces dernières conditions, on obtient moins de résultats, tout en donnant plus de soins.

Lorsqu'on veut faire de l'apiculture par spéculation, il faut d'abord étudier, tant sous le rapport des fleurs et des produits qu'elles peuvent donner que sous celui du débouché de ces produits, la localité où l'on veut établir des ruches et opérer. Si l'on est étranger à cette localité, il faut étudier l'époque et la manière de procéder de ceux qui possèdent déjà des abeilles ; il faut observer leur mode d'exploitation, afin de pouvoir l'employer si on le croit avantageux, et de l'améliorer s'il paraît défectueux et arriéré.

Commencez avec quelques ruchées, vous conseille la prudence, et augmentez-en le nombre à mesure que votre éducation apicole se fera. Si vous débutiez sur une grande échelle, vous seriez exposé à perdre de l'argent, quoique la culture des abeilles fût lucrative. Aussi, à cause des beaux bénéfices que donnent les mouches à miel, il n'est pas rare de voir se mettre en campagne l'imagination brillante de jeunes apiculteurs. A peine ont-ils réuni quelques colonies que déjà, dans leurs beaux rêves, dit un auteur, ils voient couler des ruisseaux de miel ; une ruchée doit leur rendre 20, 30 fr. par an avec de bons essaims. Sous un pareil charme, les dépenses ne sont rien pour se procurer des abeilles, ruches et ruchers. Une mauvaise année arrive, et avec elle de grandes déceptions. On perd la moitié et peut-être les deux tiers de ses colonies, parce qu'on n'a pas su les soigner ; les illusions disparaissent et on tombe dans le découragement. Ainsi pas d'imagination, pas de folie dans l'apiculture non plus que dans l'agriculture ; mais voyons les choses telles qu'elles sont, soyons circonspect, marchons avec prudence et nous réussirons infailliblement.

Si l'on pense que tel ou tel système de ruche convienne mieux que celui en usage dans la localité, on l'adoptera ; mais on ne le fera qu'après plusieurs essais comparatifs. Dans cette circonstance, il importe de tenir compte du prix comparé des ruches, et, à résultats à peu près semblables, il faut donner la préférence à la plus simple, la plus économique, à moins que, par la facilité de sa récolte, la ruche composée n'économise le temps. On ne devra se fier que sous bénéfice d'inventaire aux allégations des inventeurs de ruches *nouvelles* qui prétendent que leur invention est la meilleure, la seule bonne, la seule assurant des bénéfices extraordinaires. On ne se fiera pas davantage aux recettes et aux secrets merveilleux que prétendent posséder quelques habiles. L'apiculture, depuis qu'elle est devenue un art raisonné qui s'appuie sur la science, n'a plus de secrets pour personne. Tel se prétend sorcier qui n'est souvent qu'un empirique.

Lorsqu'on est bien fixé sur une localité et qu'on a fait les études préliminaires que nous venons d'indiquer, il faut chercher à atteindre le but qu'enseigne l'art apicultural. Voici, à ce propos, des jalons posés par M. Buzairies, qui sont en quelque sorte le *Credo* de l'apiculteur. On ne saurait trop avoir sous les yeux ce tableau, qui en dit beaucoup plus que certains gros livres.

On conserve les ruchées en bon état :

- En limitant leur nombre aux ressources locales ;
- En les dépouillant partiellement et avec modération ;
- En se servant de ruches d'une matière et d'une forme convenables ;
- En augmentant, au besoin, leur population et leurs provisions par des réunions artificielles ;
- En s'opposant à la formation des essaims secondaires ;
- En renouvelant les abeilles mères vieilles et défectueuses.

On augmente la quantité du miel et celle de la cire :

- En travaillant à rendre la récolte des fleurs plus abondante :
  - En plaçant les ruches dans les lieux les plus riches en fleurs ;
  - En multipliant autant que possible les fleurs dans le voisinage des ruches ;
  - En déplaçant les abeilles pour les amener dans les lieux où les fleurs abondent ;
- En ne conservant que des ruches bien peuplées et convenablement approvisionnées ;
- En supprimant l'essaimage et en agrandissant les ruches.

On améliore la qualité du miel et celle de la cire :

- En ne laissant pas séjourner trop longtemps ces produits dans les ruches ;
- En détruisant, aux environs des ruches, les fleurs de mauvaise qualité, et quand on le peut, en les remplaçant par des plantes aromatiques.

<table>
<tr><td rowspan="6">On obtient des essaims volumineux :</td><td>En employant des ruches de grandes dimensions ;</td></tr>
<tr><td>En faisant des essaims artificiels accompagnés de quelques provisions alimentaires ;</td></tr>
<tr><td>En limitant le nombre d'essaims fournis par chaque ruchée ;</td></tr>
<tr><td>En grossissant les essaims naturels par des réunions artificielles ;</td></tr>
<tr><td>En supprimant les essaims superflus ;</td></tr>
<tr><td>En hâtant ou en retardant, selon les besoins, l'époque de l'essaimage.</td></tr>
</table>

Nous insistons particulièrement sur les essaims volumineux ou colonies populeuses, attendu que c'est la clef de voûte de l'industrie abeillère. On est assuré de réussir, autrement dit, on est certain de tirer des bénéfices des colonies populeuses pour peu que la localité soit favorable. Or, comme on peut toujours rendre les colonies populeuses, en faisant des réunions, en n'*étouffant* jamais les abeilles des ruches qu'on récolte, mais en les réunissant à d'autres qui n'ont de provisions que pour passer la mauvaise saison, il est donc à la disposition de tous d'avoir des colonies populeuses, c'est-à-dire de réussir. Mais trop de possesseurs d'abeilles se laissent tenter par la quantité : ayant quelquefois obtenu des essaims secondaires passables, ils conservent tout ce qui leur en vient, espérant que ces essaims se feront bons, et ne tenant pas compte de l'épuisement que ceux-ci occasionnent aux ruches mères. Ils agissent, dans ce cas, comme les gens qui mettent à la loterie de n'importe quel lingot d'or, lesquelles gens ne tiennent pas non plus compte de la somme déboursée, et ont beaucoup d'espérances..., qui ne se réalisent presque jamais.

Nous avons dit précédemment que le nombre des ruchées cultivées en France peut être plus que doublé. Si, par exception, quelques localités possèdent la quantité qu'il leur est possible d'en entretenir, il en est une foule qui peuvent en avoir trois ou quatre fois autant qu'elles en ont. Il en est d'autres qui n'en possèdent pas du tout, et qui peuvent en entretenir un grand nombre avec succès. Les localités qui offrent le plus de ressources en France sont : le Gâtinais, contrée qui s'étend entre Étampes, Fontainebleau, Pithiviers, Orléans, Chartres et Rambouillet. Cultivant beaucoup de sainfoin, cette contrée donne un miel blanc de premier choix. On y paye les bonnes ruchées à conserver de 14 à 18 fr. avant l'hiver, et jusqu'à 22 fr. au mois de mars. La Normandie, principalement les environs de Caen et d'Argences, dont le miel est remarquablement blanc lorsqu'il est butiné sur le sainfoin et est plus commun lorsqu'il provient du colza, offre des ressources aux abeilles. Les ruchées y valent de 12 à 15 fr. avant l'hiver. Dans la basse Normandie, la Manche et une partie de l'Orne, où la culture du blé noir est étendue, les abeilles trouvent amplement à butiner un miel inférieur, il est vrai, mais abondant. Les ruchées s'y vendent de 10 à 15 fr. Beaucoup de localités du Maine (Sarthe, Mayenne) cultivent également le blé noir et possèdent, en outre, de vastes terrains boisés et couverts de bruyères où les abeilles trouvent une nourriture abondante à la fin de l'été. Les ruchées s'y vendent de 12 à 16 fr., selon qu'elles proviennent de crus donnant du miel blanc ou de crus donnant du miel rouge. La Bretagne, avec ses blés noirs et ses landes à perte de vue, offre de bien grandes ressources aux abeilles ; les colonies s'y payent de 8 à 14 fr. La contrée qui s'étend de Bordeaux à Bayonne, avec ses bruyères abondantes et ses arbres verts, n'offre pas moins de ressources à l'apiculture, qui y est dans l'enfance. Le prix des ruchées est à peu près le même qu'en Bretagne. Ces deux provinces offrent d'autant plus de ressources que l'ignorance y est profonde, la routine ancrée. Beaucoup de localités du Midi, qui ont des montagnes couvertes de labiées et des vallées semées de prairies artificielles, peuvent également augmenter le nombre de leurs ruchées. La Provence, avec son sol varié, ses montagnes boisées et ses plaines semées de luzerne et d'autres plantes mellifères, donne un miel supérieur. Maints cantons de la Savoie offrent des ressources apiculturales dont on tirera un jour meilleur parti. Les Alpes, le Dauphiné, la Franche-Comté, le Jura et la plupart des localités qui avoisinent la Suisse offrent aussi de grandes ressources aux abeilles, et donnent un miel généralement beau. Le prix des ruchées y varie de 12 à 18 fr., selon la localité. Au nord-ouest, les Vosges et les Ardennes possèdent des localités très-favorables aux abeilles. Les cantons des départements de l'Aisne et de l'Oise qui cultivent le sainfoin et le colza offrent des pâturages où les abeilles prospèrent. Les colonies s'y payent de 12 à 18 fr. La Champagne, avec son sol et sa culture variée, possède un grand nombre de localités favorables à l'apiculture. Les ruches s'y vendent de 12 à 16 fr. La Sologne et le Berry, avec leurs bruyères immenses et leur sarrasin, peuvent entretenir deux ou trois fois plus de ruchées qu'ils n'en possèdent. Les colonies y valent de 10 à 15 fr. La Bresse et le Bugey, qui cultivent des prairies, le colza, la navette, le sarrasin, etc., peuvent également entretenir plus de ruchées qu'ils en entretiennent. Le Centre a des cantons très-favorables aux abeilles : la Corrèze, la Haute-Vienne et les départements voisins, avec leurs châtaigniers, leurs prairies, leurs blés noirs, leurs fleurs variées, sont susceptibles d'entretenir un grand nombre de colonies, dont le prix varie de 8 à 15 fr. Comme contrée favorable, nous ne devons pas omettre la Corse, où l'agriculture a tout à faire. Les ruchées y valent de 8 à 16 fr. Citons aussi l'Algérie, la patrie par excellence des abeilles. Aussi y prospèrent-elles d'une manière prodigieuse pour peu qu'on en prenne soin. Le prix des colonies y varie de 6 à 15 fr.

Cette topographie des localités favorables aux abeilles est bien succincte et bien incomplète sans doute ; néanmoins elle guidera quelque peu ceux qui sont étrangers à la contrée où ils désirent se fixer.

Nous devons dire un mot des préjugés sur les abeilles. Dans le Midi, beaucoup de gens appartenant à la classe peu éclairée croient encore que les abeilles achetées à prix d'argent ne prospèrent pas. «Tout préjugé, dit Desvaux, a sa source dans des faits certains, mais presque toujours mal interprétés. » Il est à penser qu'un grand nombre d'essaims achetés ont péri la première année, à raison de ce qu'ils étaient faibles ou mal logés, à raison aussi de l'inexpérience de l'acquéreur : de là l'idée que tout acquisition en argent d'abeilles ou de ruches était funeste, et l'on ne voulut plus en faire que par échange. Dans quelques localités, ce n'est pas seulement celui qui achète qui a des appréhensions, c'est aussi celui qui vend, s'imaginant que ce genre de bénéfice sera funeste à son industrie. Ce préjugé sera né sans doute à la suite de ventes où les vendeurs auront fait des pertes remarquables dans leurs ruchers; et de là l'usage propagé dans ces localités d'aimer mieux étouffer les abeilles que de les vendre, lorsqu'on en a plus qu'on ne peut en loger.

Dans quelques localités de l'Ouest, il se trouve encore des cultivateurs assez ignorants pour croire que la présence des abeilles dans leurs champs de *carabin* (sarrasin) à l'époque de la floraison empêche cette plante de grener ; que l'abeille enfin, par ses promenades sur les fleurs, stérilise la récolte. Ce préjugé est nuisible à l'apiculture, en ce sens que les cultivateurs qui en sont imbus font tout ce qu'ils peuvent pour éloigner les abeilles de leur localité, et parviennent souvent à empêcher les simples paysans d'en posséder. Une telle erreur est deux fois répréhensible.

Il est d'autres préjugés plus innocents, tout en étant aussi sots. Bien des gens, par exemple, font porter le deuil à leurs abeilles à la mort du propriétaire de la maison ; ils se figurent que s'ils n'attachaient pas un chiffon noir aux ruches les abeilles ne tarderaient pas à périr ou à se sauver. Ce préjugé a été d'autant plus facile à se perpétuer que souvent, les soins n'étant plus les mêmes, les abeilles ont dû en souffrir. Dans certaines localités, on croit que les abeilles ne peuvent être récoltées que le vendredi. Il existe quelques autres préjugés locaux que nous passons sous silence, parce qu'ils ne portent pas plus à conséquence que ces derniers ; toutefois, ils n'indiquent pas moins que les personnes qui en sont imbues ne doivent pas être prises pour des puits de raison, et que la pratique qu'elles emploient peut bien être défectueuse.

L'ABEILLE ITALIENNE

ET MOYENS DE SE LA PROCURER

L'abeille italienne (*Abeille ligurienne*, Spinola, Latreille ; *Abeille jaune des Alpes*, Hermann ; *Abeille cisalpine*, Mona) a beaucoup fait parler d'elle depuis une trentaine d'années, notamment depuis 1860, époque à laquelle elle a commencé à se propager en France. D'abord ceux qui nous l'ont offerte ont beaucoup vanté ses qualités et surtout son activité ; ensuite elle se distingue de la race commune par une couleur plus claire et deux anneaux jaunes ; puis, elle a le vol plus léger et le port plus gracieux. Enfin elle a permis des études qu'on n'avait pu faire avant son introduction et son mariage avec notre race indigène.

Comme toute race étrangère, qui a à peu près des caractères semblables à la race indigène, l'abeille italienne peut rendre de bons services en l'introduisant dans nos ruchers, non pas dans le but spécial de l'acclimater, mais dans celui de la marier pour améliorer la race du pays. Le mariage des races a souvent ce résultat. On sait d'ailleurs que les races ont été créées pour les climats où elles se trouvent, mais qu'elles peuvent être améliorées soit par le mariage entre elles, soit par le choix des reproducteurs. Dans cette vue, des apiculteurs de l'Autriche sont allés demander au Levant des races ou variétés d'abeilles auxquelles ils ont reconnu des aptitudes plus développées que chez la leur. La Carniole, la Dalmatie et

Smyrne leur ont fourni des types qui sont à la race commune ce que le cheval arabe est au cheval breton ou au cheval boulonnais (*).

C'est en 1843 que la première famille d'abeilles italiennes a franchi les Alpes. Elle a été introduite en Allemagne par M. Baldenstein ; depuis, elle s'est répandue dans les autres régions de l'Europe et en Amérique. Des apiculteurs suisses et italiens en font un commerce considérable. Sa patrie exclusive est l'Italie, y compris la Suisse italienne, cette partie qui avoisine les Alpes. C'est principalement le canton du Tessin qui nous la fournit.

L'abeille italienne se distingue de l'abeille commune (transalpine) par son bourdonnement plus doux et ses allures plus vives. Elle s'en distingue aussi par sa forme plus svelte et surtout par sa couleur, qui est sans comparaison plus jolie (**). Elle a les anneaux supérieurs de l'abdomen colorés en jaune orange ; le reste du corps est couvert de poils gris jaunâtre. L'extrémité de l'abdomen est noir. Plus l'abeille est jeune, plus sa couleur est claire. Dans la vieillesse, elle devient un peu foncée ; mais les signes caractéristiques restent toujours assez saillants pour qu'on puisse distinguer à l'instant les deux races. Des abeilles venant de subir une longue reclusion, surtout par une température fort élevée, n'ont plus cette fraîcheur qu'elles avaient quelques jours avant, au rucher natal. Cela ne doit inspirer aucune inquiétude sur leur dégénérescence, la génération qui va naître conservera tous les caractères de la race. Ce n'est qu'après une longue suite de générations que le climat usera les caractères spéciaux pour les rapprocher de ceux de la race locale.

La taille de l'ouvrière italienne est à peu près celle de l'ouvrière commune ; mais le faux-bourdon italien est un peu plus fort que celui de l'autre espèce. Les cellules d'ouvrières italiennes mesurent 5 millimètres *cinq dixièmes*, tandis

---

(*) Voir l'*Apiculteur*, 18e année, pour l'anoblissement des races d'abeilles et l'amélioration de l'apiculture.

(**) Description empruntée à l'opuscule de M. Mona, intitulé l'*Abeille italienne*.

que celles des ouvrières communes ne mesurent que 5 millimètres *deux dixièmes*. Parmi les mères italiennes il y en a qui ont un cachet bien plus prononcé que d'autres : elles sont presque jaunes, tandis que certaines ne sont guère plus colorées que des mères de la race commune.

On peut se procurer l'abeille italienne par l'achat de colonies au sortir de l'hiver et en automne, époques où le le transport en est possible, et aussi par l'achat et l'introduction de mères fécondées qu'on substitue à des mères indigènes enlevées auparavant. L'envoi de mères italiennes se fait pendant la bonne saison, depuis mars jusqu'en octobre inclusivement. L'italianisation par la substitution de mère coûte moins que par l'achat de colonies entières. Les mères italiennes sont envoyées accompagnées d'un demi cent à un cent d'ouvrières dans de petites boîtes établies pour cet usage. Elles nous arrivent par la poste comme *échantillons*. Les expéditeurs joignent ordinairement une instruction imprimée sur la manière de faire accepter les mères italiennes aux colonies de la race commune. (V. page 259.)

L'accouplement d'une mère italienne avec un faux-bourdon indigène (et *vice versa*) donne un métissage, c'est-à-dire produit des individus qui tiennent de la race italienne et de la race commune. Cela a lieu le plus souvent si l'on n'isole pas les colonies italiennes des colonies indigènes. Il faut donc, pour qu'il n'y ait pas abâtardissement de la race italienne introduite, isoler les colonies de trois ou quatre kilomètres de tout rucher indigène. Mais tous les apiculteurs ne peuvent pas toujours faire cet isolement. Voici alors le moyen qu'ils peuvent employer pour que la fécondation ait lieu entre la même race ; ce moyen consiste à provoquer des sorties de faux-bourdons italiens et de jeunes femelles à une époque de l'année ou à une heure de la journée où les mâles de l'autre race ne sortent pas encore ou bien sont déjà rentrés.

Sitôt qu'une jeune femelle s'approche de l'âge nuptial (cinq ou six jours après son éclosion), on emporte la ruche dans une cave ou autre pièce parfaitement obscure, et on l'y laisse pendant deux ou trois jours, au bout desquels on la rapporte au rucher, ce qui a lieu le soir. Le lendemain, de bonne heure, on administre de bon miel, allongé avec de l'eau tiède, tant à la colonie revenue de la cave qu'à celle possédant de faux-bourdons italiens. Ce nourrissement artificiel échauffe les abeilles et, de part et d'autre, provoque des sorties joyeuses, *une ou deux heures avant l'apparition des faux-bourdons indigènes*. Si la fécondation de la jeune femelle s'accomplit, ce qui a lieu, le plus souvent, pendant ces excursions matinales, la race italienne se conserve dans toute sa pureté, même au milieu de centaines de ruches d'abeilles de l'autre espèce.

Vous possédez, en mars, une ou plusieurs ruchées italiennes venant de traverser plus ou moins heureusement l'hiver. Eh bien, provoquez artificiellement une génération *abondante* et *précoce* de bourdons italiens, destinés à féconder les jeunes femelles italiennes que vous allez créer vers le commencement de mai ou déjà en avril, si la saison et la nature du pays le permettent.

L'essentiel, c'est que la mère italienne soit jeune et robuste (de l'année précédente). Quant à la famille, si elle n'est pas bien populeuse, il faut la fortifier artificiellement par la permutation ou autrement. Je suppose, bien entendu, que la colonie possède du couvain de tout âge, assez de miel, de pollen et de rayons vides, dont un bon nombre à cellules de mâles, au centre de la ruche autant que possible. Les choses ainsi prédisposées, il ne reste qu'à administrer à la colonie, *chaque soir* jusqu'à l'arrivée de la miellée, quelques cuillerées de bon miel allongé d'eau tiède ou du sirop de sucre, et tenir la ruche bien *chaude* et bien *aérée* (non l'un sans l'autre). Vous allez avoir pour résultat l'apparition d'un grand nombre de bourdons italiens à une époque où les mâles des ruchées indigènes sont encore bien rares. Toute femelle arrivant, dans ce moment, à l'âge nuptial, aura beaucoup de chances d'être fécondée par un faux-bourdon italien.

La multiplication des colonies italiennes peut se faire pas l'essaimage artificiel. Chaque colonie fractionnée doit être mise à la place d'une colonie indigène populeuse, et celle-ci portée plus loin.

Les principaux fournisseurs de colonies et de mères italiennes sont : M. Auguste Mona, à Bellinzona, canton du Tessin (Suisse) ; M. le docteur Blumhof, à Bellinzona ;

M. Chevalley, professeur à Giubiasco, canton du Tessin. Les prix de ce dernier sont un peu moins élevés.

Voici le catalogue de M. Mona pour le cours de l'année :

PRIX COURANT DES MÈRES FÉCONDÉES (*franco*)

En mars et 4—15 avril	. . fr. 11 »	16—31 juillet. . fr. 7 »
16—30 —	. . . . 10 »	1er—15 août. 6 50
1er—15 mai	. . . . 9 50	16—31 — . . . . . 6 »
16—31 —	. . . . 9 »	1er—10 septembre. . 5 50
1er—15 juin	. . . . 8 50	11—20 — . . 5 »
16—30 —	. . . . 8 »	21—30 — . . 4 50
1er—15 juillet.	. . . 7 50	1er—15 octobre . . . 4 »
		16—31 — . . . 3 50

Une commande de 10 mères à la fois jouit de 5 pour 100 d'escompte. Une commande de 20 mères jouit de 10 pour 100, etc. — Dans les prix susindiqués sont compris l'emballage et les vivres pour le transport. Les frais du transport sont à la charge du destinataire. — Je garantis la pureté de la race et la fécondité des mères sortant de mon établissement. — Je réponds pour les risques du transport. — Payement par remboursement. La poste française délivre des mandats pour la Suisse. On peut aussi adresser un billet de banque par lettre chargée. — Indiquer si l'on désire avec les mères un ou plusieurs couvercles métalliques pour les présenter aux abeilles indigènes. — Indiquer bien exactement l'adresse (bureau de poste) et affranchir.

COLONIES ITALIENNES

Époque	1 livre d'abeilles et mère fécondée	2 livres et mère f.	3 livres et mère f.
Mars jusqu'au 15 avril.	20 fr.	26 fr.	—
16 au 30 avril. . . .	19	25	—
1er au 15 mai. . . .	18	24	—
20 sept. au 31 octobre.	9	11	13 fr.

Une colonie est expédiée, de règle, dans une simple caisse en bois mince, ne servant que pour ce transport. Pour les amateurs qui désirent être dispensés de transvaser les abeilles à leur réception, l'envoi peut avoir lieu sur demandes : 1° dans une ruchette à rayons mobiles impropolisable, du prix de 4 francs ; 2° une ruche mobile d'exploitation, 6 francs. Colonie en ruche du pays, bien garnie, 35 francs.

Il faut envoyer un mandat de poste en adressant la demande et avoir soin d'indiquer bien exactement le bureau de poste qui dessert la localité du demandeur.

FLORE APICOLE

Plantes les plus mellifères

FIN DE L'HIVER ET COMMENCEMENT DU PRINTEMPS

Coudrier ou *noisetier :* ses fleurs mâles sont des chatons qui donnent beaucoup de pollen, mais souvent le froid empêche les abeilles de les visiter. — *Cornouiller :* pollen. — *Saule ;* il y en a plusieurs variétés : le saule marsault est le plus hâtif et produit du pollen en abondance et, parfois, passablement de miel. — *Orme :* fleurit tôt et donne pollen et miel. C'est à tort qu'on attribue à ce miel de donner la dyssenterie aux abeilles. — *Cytise :* fleurs en grappes qui donnent du miel. — *Groseilliers :* il y en a plusieurs variétés. Celui à maquereau fleurit le premier : miel et pollen. — *Peuplier, tremble :* les chatons de ces arbres donnent beaucoup de pollen ; les boutons du peuplier qui vont se développer donnent de la propolis. — *Amandier, abricotier, pêcher :* ce sont les arbres fruitiers qui donnent les premières fleurs sur lesquelles les abeilles butinent plus de pollen que de miel. — *Buis :* pollen et miel. — *Ajonc :* pollen. — *Romarin :* pollen et miel dans le Midi. — *Perce-neige, violette, primevère, giroflée jaune,* etc.: pollen et miel en petite quantité. — *Mouron :* pollen et miel. — *Corbeille d'argent :* plante de bordure très-fréquentée par les abeilles.

PRINTEMPS

Prunellier et *prunier,* fleurissent à peu près en même temps et donnent souvent plus de pollen que de miel. — *Cerisier* et *poirier, cognassier,* succèdent aux pruniers et donnent miel et pollen assez abondamment lorsque la température est bonne au moment de leur épanouissement. — *Pommier*, fleurit après le poirier et donne quelquefois miel et pollen. Le miel de pommier est comme celui du poirier et celui du cerisier, notamment du guinier, de bonne qualité (blancheur et arome). — *Maronnier :* miel et pollen, ce dernier très-rouge et abondant. — *Erable, sycomore :* pollen et miel. — *Chêne, frêne, bouleau*, etc. : pollen et miel. — *Acacia :* beaucoup de miel en année favorable. — *Sorbier des bois :* miel et pollen. — *Epine blanche, épine-vinette :* miel et pollen. — *Seringa, myrtilles :* miel. — *Fèves, féveroles, lentilles, vesces :* miel et pollen, notamment les féveroles. Les vesces d'hiver produisent du miel sur leurs tiges. — *Navette, colza, choux*, etc.: miel abondant et pollen. — *Trèfles :* le trèfle incarnat fleurit le premier et donne principalement du miel; le trèfle blanc et le trèfle hybride restent longtemps en fleurs et donnent beaucoup de miel; les abeilles butinent peu sur le trèfle commun quoiqu'il produise beaucoup de miel. — *Sainfoin* ou *esparcette*, une des meilleures plantes mellifères : miel de très-bonne qualité et pollen rougeâtre. Le sainfoin à une coupe donne plus de miel que celui à deux coupes. La deuxième coupe en donne beaucoup moins que la première et la qualité en est inférieure. — *Mignonnette, lupuline* ou *minette :* miel et pollen. — *Tulipes, lis*, etc. : miel et pollen.

La deuxième quinzaine de mai et la première de juin offrent aux abeilles une grande quantité de fleurs simples qui donnent miel et pollen. C'est la saison où elles emmagasinent le plus de produits dans les régions du Centre et du Nord.

ÉTÉ

Tilleul : beaucoup de bon miel en année favorable; pollen assez abondant. — *Ailante* (vernis du Japon) : pollen et miel de qualité inférieure. — *Châtaignier :* beaucoup de miel coloré et pollen. — *Framboisier*, commence à fleurir dès mai et continue une partie de l'été. Après en avoir visité les fleurs, les abeilles vont quelquefois sucer le fruit très-mûr; ce qu'elles font aussi pour les cerises et prunes fendillées par la pluie ou crevées par les oiseaux. — *Luzerne :* la première coupe a peu de fleurs; mais la seconde en a beaucoup qui produisent passablement de miel en certaines années. Parfois les abeilles en butinent encore sur la fleur de troisième coupe. — *Méli-lot* blanc et jaune : miel de seconde qualité, mais assez abondant. La fleur dure longtemps, notamment celle du jaune. — *Moutarde* blanche et noire, *sénevé*, etc.: miel et pollen. — *Sauge des prés* et *vipérine :* fleurs bleues en grappe qui restent longtemps épanouies et donnent beaucoup de miel. — *Centaurée :* miel abondant et de deuxième qualité. — *Bourrache :* commence à fleurir au printemps et est encore fréquentée en automne par les abeilles qui y trouvent beaucoup de miel et de pollen blanc. — *Pavot, coquelicot*, etc.: donne un peu de miel et beaucoup de pollen gris ou noir. — *Citrouille, cornichon, concombre :* beaucoup de pollen et de miel. — *Thym, serpolet, sauge, lavande, mélisse* et autres fleurs des prés, des jardins et des montagnes : donnent miel et pollen. — *Ronces, fusain :* miel et pollen.—Des arbres verts, tels que *sapins, pins,* etc., donnent du miel. Les feuilles d'autres arbres sécrètent aussi du miel (miellée ou miellat).

AUTOMNE

Des fleurs de l'été restent épanouies dans la première partie de l'automne. Parmi les plus mellifères, il faut ranger le *blé noir* ou *sarrasin* et la *bruyère ;* le miel en est rouge ou blond. — *Asclépiade :* plante d'agrément qui fournit beaucoup de miel. — *Réséda :* miel assez abondant et pollen coloré. — *Aster :* très-fréquenté des abeilles qui y trouvent miel et pollen.—*Lierre :* pollen. — *Genêt :* quelquefois cette plante, qui fleurit au printemps, donne une seconde émission de fleurs en automne. Il en est de même des sénevés, de la moutarde blanche, etc. Les plantes qui croissent dans les sols secs fournissent plus de miel et de meilleure qualité que celles qui croissent dans des sols humides. Celles qui épanouissent au printemps donnent un meilleur miel que celles qui fleurissent à la fin de l'été ou en automne.

Le possesseur de ruches doit avoir soin de jeter au printemps sur les terrains incultes de sa localité, sur les coteaux et les montagnes engazonnés, de la graine de mélilot, de trèfle blanc, de vipérine. Cette dernière s'accommode des plus mauvais sols. Il forme ainsi de bons pâturages pour ses abeilles.

LOI SUR LES ABEILLES

« La culture des abeilles, comme celle de tous les animaux, n'est soumise à aucune restriction, » a posé en principe la loi du 28 septembre 1791 sur la matière : ce qui veut dire que toute personne a le droit d'entretenir autant de colonies d'abeilles que bon lui semble sur son terrain.

Voici les principales dispositions en vigueur de la loi de 1791 précitée :

« Le propriétaire d'un essaim a le droit de le réclamer et de s'en saisir tant qu'il n'a pas cessé de le suivre; autrement, l'essaim appartient au propriétaire du terrain sur lequel il est fixé.

» Les ruches d'abeilles ne peuvent être saisies ni vendues pour contributions publiques, ni pour aucunes causes de dettes, si ce n'est par celui qui les a vendues ou celui qui les a concédées à titre de cheptel ou autrement.

» Pour aucunes causes, il n'est permis de troubler les abeilles dans leurs courses et travaux (art. 479 du Code civil); en conséquence, même en cas de saisie légitime, les ruches ne peuvent être déplacées que dans les mois de *décembre, janvier* et *février*. »

L'art. 454 du Code pénal inflige la peine de six jours à six mois de prison à tout individu convaincu d'avoir tué *sans nécessité un animal domestique* appartenant à autrui. La Cour de cassation a posé en principe que : « Sous la dénomination générale d'*animaux domestiques*, l'art. 454 du Code pénal comprend les êtres animés qui vivent, s'élèvent, sont nourris, se reproduisent sous le toit de l'homme et par ses soins. Or, comme les abeilles sont logées par l'homme et reçoivent ses soins, elles doivent être considérées comme animaux domestiques. (Arrêt de cassation du 14 mars 1861.)

Art. 54 du Code civil : « Sont immeubles par destination, quand elles ont été placées par les propriétaires pour le service et l'exploitation du fonds..., les ruches à miel. » Dans ce cas, la saisie mobilière ne peut les atteindre. Mais si elles ne sont pas placées par *destination* sur un fonds; si, par exemple, elles sont placées sur un terrain loué, ou si elles sont à cheptel, elles sont meubles et, par conséquent, saisissables dans les saisies mobilières.

Les propriétaires des ruchers sont responsables, aux termes de l'art. 1385 du Code Napoléon, des préjudices que leurs abeilles auront causés à autrui. Sous l'empire de la législation actuelle, l'apiculteur échappe le plus souvent à la teneur de cet article, attendu *qu'on ne peut pas reconnaître ses abeilles;* car isolément, hors de leur ruche, les abeilles n'ont pas de propriétaire. Il n'est responsable que de ses essaims quand il les suit, car alors il en est le propriétaire de par la loi.

Relativement à cette suite qui assure la propriété, il serait à désirer aussi que la loi fût modifiée et qu'on revînt aux *Establissements* de saint Louis, qui conservaient les droits au propriétaire même lorsque les abeilles avaient disparu de sa vue, pourvu toutefois qu'il en prouvât l'identité. Nous avons indiqué dans le corps de cet ouvrage les moyens faciles et infaillibles de reconnaître, pendant les trente-six premières heures, de quelle ruche est sorti un essaim.

En vertu d'un arrêt du Conseil d'Etat du dernier empire, et de l'article 11 de la loi sur la police municipale du 18 juillet 1837, les maires ont le pouvoir de prendre des arrêtés municipaux qui fixent la distance des ruchers aux chemins, places et habitations; c'est-à-dire qu'ils ont la puissance d'annuler la loi de 1791 qui pose en principe « que la culture des abeilles, comme celle de tous les animaux domestiques, n'est soumise à aucune restriction, » et partant, de remplacer le droit commun par *leur bon plaisir*, par l'arbitraire. Ainsi, de par cet arrêt du Conseil d'Etat impérial, les abeilles sont classées parmi les animaux *malfaisants* ou *féroces*. Or, comme cette classification est absolument fausse, l'arrêt est non avenu en bonne justice, et s'il est exécuté, la loi prime le droit, ce qui hélas! arrive trop souvent dans notre législation bariolée de lois romaines, de lois édictées de par la raison du plus fort.

Pour les points de la législation apicole qui ne sont pas traités ici, consulter la collection de l'*Apiculteur*. En ce qui concerne les dégâts attribués aux abeilles sur les fruits : raisins, prunes, etc., V. IIe année de l'*Apiculteur*, p. 71 (jugement du juge de paix de Tours), et XIIe année, p. 228.

INSTRUMENTS APICOLES PERFECTIONNÉS

L'administration de l'*Apiculteur*, journal des cultivateurs d'a-
beilles, fait confectionner et fournit les modèles de ruches et
d'appareils dont la liste suit :

Ruche Lombard-Radouan, belle façon, de 4 fr. 75 à. .   5 »
Ruche à calotte normande (corps et chapiteau). 3 50
   — corps seul. . . . . , ... 2 25
   — Le cent, prises en gare, à Caen.. . . . . 250 »
   — —   Corps de ruche seul, à Caen, de 100 fr. à. 150 »
Ruche à cabochon, façon des Vosges.. . . . . 4 50
Corps de ruche seul. 2 75
Cabochon (chapiteau) 1 25
Ruche à hausses en paille (2 hausses et chapiteau) . . 5 75
   — à 3 hausses, *dito* sans chapiteau.. . . . . 6 »
   — à 3 hausses avec chap. ou à 4 hausses sans chap. 7 »
Ruche à hausses en bois, 3 hausses, façon soignée. . 15 »
   — à 4 hausses, de 18 fr. à. — . . . . 20 »
Ruche d'observation, système Hamet, de 45 fr. à. . . 50 »
Cératome, couteau recourbé à extraire les rayons. . . 3 50
   — *dito* en langue de chat. 3 50
Couteau à lame pliante. . . . . 3 »
Spatule-couteau. 1 25
Camail ordinaire (masque) non garni, de 1 fr. 50 à . . 2 »
   — garni, de 3 fr. à. 4 50
Camail avec oreillettes, non garni. . . . . 3 »
   — garni. 4 75
Camail avec oreillettes et rebord non garni. . . . . . 3 »
   — garni.. . . . . , ... 5 50
Canevas à presser la cire, selon force et larg. de 3 fr. à 7 »
   — à couler le miel et à transp. les abeilles, de 2 fr. à 3 »
Gants en peau tannée. 2 50
Enfumoir en tôle. 3 50
Moule pour couler la cire en briques.. . . . . 2 75

Mellificateur, presse, vis en fer pour presse, épurateur, colonies d'abeilles ordinaires et italiennes, ouvrages sur l'apiculture, etc.

Nota. — Ces objets sont expédiés contre un mandat de poste
ou contre remboursement. L'emballage, lorsqu'il y en a, est à la
charge du destinataire. Indiquer la voie d'expédition.

FABRICANTS D'OBJETS APICOLES RECOMMANDÉS

Ruches à chapiteau et à hausses en paille. — M. Parmentier, à Blercourt, près de Verdun (Meuse), fabrique les hausses et les ruches à chapiteau sur le métier Durant (indiquer les capacités). — M. Émile Beuve, à Creney, près de Troyes (Aube), fabrique des hausses de toutes les dimensions sur le métier Durant modifié ; il fabrique aussi des planchers à claire-voie à juste prix. — M. Jolain, à Rosières-aux-Salines (Meurthe), fournit les ruches à cabochon, belle façon (indiquer la grandeur et faire les commandes dès le début de l'hiver.) — M. Guillaume Julien, fabricant à Sandaucourt, par Châtenois (Vosges), exécute les ruches à chapiteau et à hausses en paille sur forme et grandeur voulues. Il fournit annuellement plus de 1,000 ruches. — Pour les ruches normandes à calotte, s'adresser à M. Peigné, marchand de miel, rue Saint-Jean, à Caen. — M. Augereau, à Saint-Maixent (Deux-Sèvres) fournit le matériel apicole, ruches, etc. — M. Briol, rue d'Arès, 87, à Bordeaux, fournit des ruches à cadres mobiles et autres outils. — *Patrons* pour la fabrication des ruches, M. Cayatte, à Billy, par Spincourt (Meuse). — M. Arviset, ferblantier-apiculteur, à Montigny-sur-Aube (Côte-d'Or), façonne : nourrisseur à cuvette, enfumoir en tôle, mellificateur solaire, moule à fondre la cire, etc.

La maison Moriceau, rue de Rivoli, 82, à Paris, fournit les accessoires apicoles, ruches, etc.

Pots en grès, belle façon, pour miel, M. Salmon, fabricant, route de la Révolte, 10, à Saint-Denis (Seine). — Pots en verre, M. Cænon, rue de la Perle, 7, à Paris. — Fabricants de barils à miel (capacité de 25 ou 50 kilogr.) : MM. Mellion, à Mézidon (Calvados) ; Pitois, à Bretteville-sur-Laize (Calvados). — Métiers à fabriquer des ruches en paille : MM. Lelogeais, à Lagny (Seine-et-Marne) ; Legardeur (métier Durant), à Blercourt, par Verdun. (Meuse).

Canevas en ficelles pour presser le miel et la cire, MM. Poiret, frères, rue Saint-Denis, 95, à Paris. — Tôle perforée, M. Brière, rue Basfroi, 19, à Paris.

Colonies, essaims et mères fécondées d'abeilles italiennes : M. A. Mona, à Bellinzona, 7, canton du Tessin (Suisse) ; Blumhof, id. ; Chevalley, à Giubiasco, canton du Tessin (Suisse).

OUVRAGES D'APICULTURE A CONSULTER

L'Abeille italienne et moyens de la propager, de faire accepter les mères, etc. (extrait de *l'Apiculteur*); br. in-24, par A. Mona. Prix : 1 fr.

Asphyxie momentanée des Abeilles et moyens de la pratiquer. Brochure in-18 jésus avec fig., par H. Hamet. Prix : 50 c.

Calendrier apicole. Almanach des cultivateurs d'abeilles contenant les différents travaux de l'année, par MM. Hamet et Collin. Prix : 50 c.

Cet ouvrage est recommandé pour la propagande.

Le Conservateur, ou *la Culture perfectionnée des Abeilles.* 1 vol. in-12 avec planches, par Gélieu. Prix : 1 75

Cours pratique d'Apiculture, professé au Jardin du Luxembourg. L'ouvrage est divisé en 16 leçons et forme 1 vol. in-18 jésus de près de 400 pages avec 140 fig. intercalées dans le texte et 2 planches représentant les différents systèmes de ruches et les appareils apicoles le plus en usage. Composé en caractères compactes, ce livre renferme la matière d'un fort vol. in-8. Prix : 3 50

Le Guide du propriétaire d'Abeilles, par l'abbé Collin, chanoine à Nancy. (La 4e édition est en préparation.)

Nouvelles observations sur les Abeilles (Genève, 1814). 2 forts vol. in-8 avec planches, par F. Huber. Prix : 10 fr. et franco. 12 fr.

La Ruche de l'École et du Presbytère, traité avec supplément sur les abeilles, de 134 pages in-8°, autog., 32 fig. par M. Cayatte, instituteur à Billy-les-Mangiennes, par Spincourt (Meuse). Prix : 2 fr. 25.

Histoire de mon Rucher, par le même. Prix : 25 cent.

Les Ruches de tous les systèmes, ou Examen et description des ruches anciennes et modernes, par L.-A. Ruzairies, avec des notes par M. H. Hamet. 1 vol. in-8 de 74 pages avec 51 fig. dans le texte. Prix : 1 fr.

Tableau d'Apiculture, contenant les différents systèmes de ruches. Grande feuille par H. Hamet. Prix : 2 fr.

Les trois secrets de l'Apiculteur ou Culture intensive de l'abeille, brochure in-18 jésus par L. Monin. Prix : 1 fr. 75

Traité élémentaire d'Apiculture, ou Art de soigner les abeilles (mouches à miel). 1 vol. in-18 avec fig., 2e édit. du *Petit traité d'Apiculture* (sous presse), par H. Hamet. Prix : 1 fr.

PUBLICATIONS PÉRIODIQUES

L'Apiculteur, journal des Cultivateurs d'abeilles, fondé en 1856 et dirigé par H. HAMET, professeur d'apiculture, avec la collaboration des principaux praticiens des localités apicoles, paraît du 1er au 5 de chaque mois (12 livraisons de 32 pages avec figures et couvertures). Prix : 6 fr. par an. (Chaque année parue, 3 fr. 50 c. pour les abonnés.) — Bureaux : rue Monge, 59, à Paris.

L'*Apiculteur* a été entrepris dans le but de divulguer les meilleures pratiques apiculturales, et avec la ferme conviction que les lecteurs et les collaborateurs ne lui feraient pas défaut. En effet, les uns et les autres sont venus assurer le succès de l'œuvre commencée isolément, et en ont fait les véritables annales de l'apiculture, où tous les amis des abeilles, des praticiens considérables et des apiphiles distingués consignent leurs pratiques éclairées et leurs observations intelligentes. Depuis sa fondation, l'*Apiculteur* s'est appliqué à constater l'état de l'apiculture, à décrire avec clarté tous les progrès accomplis, à signaler tous les systèmes défectueux et à faire toutes les méthodes rationnelles : il est ainsi devenu un recueil indispensable aussi bien aux producteurs qu'aux amateurs. Chaque numéro contient : 1° une chronique apicole dans laquelle sont consignés tous les faits nouveaux ; 2° une dissertation sur la manière d'opérer des principaux apiculteurs de chaque province, tant en France qu'à l'étranger ; 3° une appréciation de chaque système de ruches ; 4° la description avec figures des appareils nouveaux ; 5° le compte rendu des séances mensuelles de la *Société centrale d'apiculture et d'insectologie générale* ; avec les rapports principaux qui sont lus à ses séances ; 6° la bibliographie de tous les ouvrages d'apiculture ; 7° une revue des cours et des produits des abeilles. — Le journal tient ses lecteurs au courant de toutes les améliorations accomplies.

Bulletin de la Société d'apiculture de l'Aube, sous la direction de M. Vignole, président. Paraît tous les trimestres depuis 1865, une feuille ou une feuille et demie in-8°. Prix : 3 fr. par an. Bureau, à Troyes.

Le Rucher du sud-ouest, directeur : M. E. Drory, rue des Nuyens, 32, à La Bastide-Bordeaux ; mensuel. 5 fr. 50 par an.

COURS PUBLIC D'APICULTURE. — Le cours public et gratuit d'apiculture professé dans le jardin du Luxembourg a lieu du 1er avril au 1er juin, deux fois par semaine, le mardi et le samedi, à neuf heures du matin.

TABLE DES MATIÈRES

PAR ORDRE ALPHABÉTIQUE

BIBLIOTHÈQUE DE L'AGRICULTEUR PRATICIEN

NOTA. — Le Catalogue complet de la Librairie est envoyé *franco* sur demande *affranchie.*

PARIS. — IMPRIMERIE PIERRE LAROUSSE, RUE NOTRE-DAME-DES-CHAMPS, 49.

www.ingramcontent.com/pod-product-compliance
Lightning Source LLC
LaVergne TN
LVHW021212170726
843501LV00003B/483